与最聪明的人共同进化

CHEERS

HERE COMES EVERYBODY

CHEERS
湛庐

AI 3.0

ARTIFICIAL INTELLIGENCE

A GUIDE FOR THINKING HUMANS

[美]梅拉妮·米歇尔 著
Melanie Mitchell

王飞跃 李玉珂
王晓 张慧 译

四川科学技术出版社

致 我 的 父 母，

他 们 教 会 我 如 何 成 为 一 个 有 思 想 的 人，

并 远 不 止 如 此 。

To my parents,

who taught me how to be a thinking human,

and so much more.

今天的机器距离真正像人一样理解世界还有多远

　　我的书能够以中文来出版对我来说是一件非常激动人心的事情，因为长期以来，我一直觉得自己和中国人民以及中文十分投缘。20世纪80年代，我曾在北京大学待了一段时间，学习了一些汉语，并和出版我的博士生导师侯世达所撰写的著作"GEB"一书中文译本的团队进行过交流。把侯世达的书翻译成中文是一项雄心勃勃的工程，部分原因在于，想要把书中无处不在的英文单词游戏翻译成同样有趣的中文是非常复杂的，因此，我非常敬佩翻译团队在执行这项工作时所表现出的创造力。

　　同样的，把我的书翻译为中文也是一项复杂的工作，特别是关于用人工智能方法来进行自然语言处理的那些章节，其中讨论了许多关于语言本身的微妙之处。本书的译者忠实地捕捉到了我的英文文本中要表达的内容及其精髓并将其准确地译为中文，对此我感到十分欣喜。

有些读者可能读过我以前出版的一本书的中文版——《复杂》，并且可能会想知道两本书之间的关系。我对此做一个简要的说明：《复杂》这本书是对复杂系统科学的一个概述，复杂系统科学研究的是复杂行为如何从相对简单的组成部分之间的相互作用中产生，研究的范围则从遗传网络和昆虫种群到人类智力和社会；而《AI 3.0》则是深度聚焦于复杂系统科学中的一些最难的问题，比如智能的本质是什么？研究者是如何创建智能机器的？我们如何评判这一领域目前所取得的成就？今天的机器距离真正像人一样来理解世界还有多远？

《AI 3.0》旨在让普通读者也能理解，即使没有任何计算机科学或数学知识背景，你也能够读懂它，只要你对当今之人工智能是如何运作的、它是如何应用的，以及在获得真正的智能之前它还有多远的路要走这些话题感兴趣，本书就是为你准备的。近年来，与人工智能相关的书籍越来越多，但我相信，本书是唯一一本以一种深入但又容易理解的方式来讲清楚当下人工智能方法实际上是如何运作的、它们取得了什么成就、它们面临的挑战在哪里，以及人类认知领域的哪些核心属性仍然还在所有当代人工智能方法的能力范围之外。

了解以上这些问题对我们所有人来说都很重要，因为作为新时代的公民，我们需要知道我们可以在多大程度上信任日益影响所有人生活的人工智能应用程序。亲爱的读者，我希望你能在阅读本书的过程中收获一些启发，并能够领略到人工智能已经走了多远，以及在未来它还有多长的路要走。

扫码下载"湛庐阅读"App，

搜索"AI 3.0"，

读懂人工智能的本质，把握未来的新趋势。

序

等那一口仙气儿

段永朝

财讯传媒集团首席战略官

苇草智酷创始合伙人

2019 年，梅拉妮·米歇尔博士的这本新著《AI 3.0》甫一出版，就跻身亚马逊"计算机与技术"畅销书行列。10年前，她的《复杂》（Complexity）一书荣登亚马逊年度十佳科学图书榜单。人工智能（artificial intelligence, AI）类的图书可谓汗牛充栋，大致可分为两类：一类是给专业的工程师看的，另一类是给大众的普及读物。米歇尔的这部书介乎两者之间，它有专业的技术阐释，更有深刻的思想洞察。

"侯世达的恐惧"

米歇尔是侯世达（Douglas Hofstadter）[①]的学生。侯世达是蜚声中外的畅销书《哥德尔、艾舍尔、巴赫：集异璧之大成》（*Gödel, Escher, Bach: an Eternal Golden Braid*）的作者。这部 1979 年出版的不朽著作，往往被简称为"GEB"，40 多年来长盛不衰，令无数学习计算机科学和数理科学的大学生心醉神迷。米歇尔 1990 年在侯世达的指导下获得博士学位，后在美国波特兰大学任计算机科学教授，同时也是著名的复杂科学研究圣地——美国圣塔菲研究所的客座研究员。

2016 年，谷歌公司的 AlphaGo 横扫围棋界一应高手，让全世界见识了新一波人工智能掀起的巨浪。一时间，机器翻译、语音识别、虚拟现实、自动驾驶、人工智能机器人等轮番登场，"奇点爆炸""超级智能""数字永生"等概念如雨后春笋般涌现，人工智能成为几乎所有大型前沿科技论坛必设的主题，"通用人工智能"（artificial general intelligence，AGI）仿佛指日可待。

2018 年 4 月 18 日，我有幸在腾讯研究院、集智俱乐部、湛庐和苇草智酷联合主办的一个沙龙上，见到了久仰大名的"大神"侯世达，并参加了圆桌对话。在侯世达眼里，人工智能没那么高深，他直言很讨厌"人工智能"这个词，并以其新著《表象与本质》中的例子，批驳人工智能毫无"智能"可言。

米歇尔的这部《AI 3.0》为侯世达对人工智能的万般忧虑做了一次深度的技术解析。

[①] 认知科学家侯世达与法国心理学家桑德尔（Emmanuel Sander）合著的《表象与本质》旨在阐明类比居于人类认知的核心，以及人类是如何运用类比来认知世界的。作者凭借独特的智慧与天赋带你探寻思维的本质，开启认知的大门。本书的中文简体字版已由湛庐策划，浙江人民出版社 2018 年出版。——编者注

对人工智能的种种讨论，特别是涉及技术伦理、社会价值和发展前景的时候，人们一般只会停留在悲观或者乐观的选边站队层面，无法进一步深入下去。这不奇怪，技术专家们擅长的话语是数据、算法、模型，社会学者和新闻记者们只能从技术的外部性、代码的背后之手、人性之善恶的角度，捍卫或者批判某种价值主张。对绝大多数非专业人士而言，由于搞不懂隐藏在反向传播算法、卷积神经网络（convolutional neural networks，ConvNets）、马尔可夫过程、熵原理这些硬核知识背后的思想内涵，就只能以"好与坏""善与恶"的视角对人工智能进行理解和评判。讲述技术视角的思想基础，弥合"理科生"与"文科生"之间看待人工智能的思想鸿沟，正是米歇尔这部书的价值所在。当然，从我这样一名 30 年前曾做过专家系统（expert system）、机器推理算法的半个业内人士的角度来看，米歇尔的这部书如果能再"柔和"一些，可能效果更佳，不过这的确很难，跨越学科分野的努力，既重要又充满挑战。

《AI 3.0》开篇即提出这样一个"侯世达的恐惧"：不是担心人工智能太聪明，而是担心人工智能太容易取代我们人类所珍视的东西。这说出了很多人的心声，人们对人工智能的忧虑，在于这一领域发展得实在是太快了，已经渗透到日常生活的各个角落。不知不觉，我们周围的一切似乎都变得智能了，都被"强壮"的机器代码、算法接管了，人工智能似乎就是为接管世界而生的。这一波人工智能浪潮，随着一座座"生活城池的沦陷"，日益亢奋起来，超级智能、通用人工智能似乎指日可待，人工智能彻底接管这个世界似乎越来越现实，越来越不容置疑。要知道，自 1956 年"人工智能"这一术语在美国达特茅斯学院的一个小型座谈会上被提出之后，"通用问题求解器"（general problem solver，GPS）就是当年人工智能的重要目标。

本书共分为 5 个部分。这篇序言，并非是对原书精彩内容的"剧透"，而是试图做一点点背景解析，与各位关注、思考人工智能的朋友交流。

人工智能的历史遗留问题

本书第一部分回顾了人工智能超过半个世纪的发展历史，并提出该领域两类主要的人工智能，一类是符号人工智能（symbolic AI），另一类是以感知机为雏形的亚符号人工智能（subsymbolic AI）。前者的基本假设是智能问题可以归为"符号推理"过程，这一学派也被称为"心智的计算理论"（computational theory of mind，CTM）学派。这一理论可追溯至计算机鼻祖法国科学家帕斯卡以及德国数学家莱布尼茨，真正体现这一思想的所谓智能机器，源于英国的查尔斯·巴贝奇（Charles Babbage）以及艾伦·图灵（Alan Turing）的开创性工作。

亚符号人工智能的出现归功于行为主义认知理论的崛起，可追溯至英国哲学家大卫·休谟和美国心理学家威廉·詹姆斯，其思想基础是"刺激－反应理论"。20世纪40年代，美国神经生理学家麦克卡洛克（W. S. McCulloch）、匹茨（W. A. Pitts）提出神经元模型后，心理学家弗兰克·罗森布拉特（Frank Rosenblatt）提出了感知机模型，这奠定了神经网络的基础。

然而，20世纪五六十年代的人工智能，在符号演算和感知机两个方向上都陷入了停滞。80年代兴起的专家系统和神经网络，也因为受制于计算能力和对智能的理解，并未获得实质性的突破。

与一般人工智能著作不同的是，在概述"人工智能的寒冬"这一背景之后，米歇尔将注意力集中在"何以如此"这个关键问题上。了解人工智能"技术内幕"的专业人士都知道，算法在外行人看来的确神秘莫测，但在工程师眼里其所仰仗的说到底还是计算能力和符号演算的逻辑基础——这才是理解人工智能的关键。

受惠于神经网络和机器学习（machine learning）的发展，特别是2016年谷歌公司的 AlphaGo 在各种围棋比赛中大获全胜，给全世界做了一次人工智能科普，人工智能的第三波浪潮开始了。自从 IBM 的智能程序沃森（Watson）在智力竞赛《危险边缘》（Jeopardy!）中取得十分亮眼的表现，无人驾驶汽车、图像识别和语音识别等技术越来越受到人们的关注，一大波斗志昂扬的"人工智能预言"伴随着这一波人工智能浪潮愈演愈烈。DeepMind 创始人之一沙恩·莱格（Shane Legg）认为，超越人类水平的人工智能将在 2025 年左右出现。谷歌公司战略委员会成员雷·库兹韦尔（Ray Kurzweil）[①] 则提出了令人震惊的"奇点理论"，他认为 2029 年完全通过图灵测试（Turing test）的智能机器将会出现，以强人工智能为基础的智能爆炸将会在 2045 年出现。

米歇尔的论述有一条清晰的线索，她细致地分析了人工智能在视觉、游戏、机器翻译等领域最新的进展后指出：迄今为止令人眼花缭乱的智能突破，其实尚未触及智能问题的核心——自然语言理解和意义问题。为什么会这样呢？恐怕这就是我们需要仔细研读本书的一个原因吧。

到底什么是机器学习

本书第二部分分析了视觉领域的技术进展，这部分可用来理解人工智能核心算法演变的历程。

视觉领域广泛使用的专业工具是 ConvNets，这一领域的创立者包括日本学者福岛·邦彦（Kunihiko Fukushima），以及法国计算机科学家杨立昆（Yann LeCun）。对外行人来说，视觉识别繁复的算法过程遮蔽了其中包含的技术思想，米

[①]　若想要了解库兹韦尔关于如何创造人工智能的观点，可以参考《人工智能的未来》一书。该书的中文简体字版已由湛庐策划，浙江人民出版社 2016 年出版。——编者注

歇尔将其"拎出来"展现给读者：所谓视觉识别，无非是训练出某种算法，使得机器可以利用这种算法来识别和命名它所"看到"的世界。

视觉识别的工作过程被分为两个步骤：第一步是给机器注入一定量的已知素材，比如包含猫、狗等事物的图片信息，这些信息在机器"眼里"无非是细碎的小方格——像素。通过对机器进行大量的训练，让其把这些图片中所包含的"特征"一一抽取出来。

面对一个不知道其内部构造的对象，要想猜测出其内部构造具备哪些特征，这一课题在"信号处理"这一学科中已经有长足的进展，最著名的方法就是所谓"卷积变换"，也称傅立叶变换。这一概念由法国数学家傅立叶提出，傅立叶对现代工程技术最大的贡献就在于，他发现可以通过傅立叶变换将对象的时域过程转换成方便计算的频域过程。这么说令人一头雾水。下面为帮助读者理解这一过程，我将提供一些尽可能通俗易懂的线索。

在控制论创始人诺伯特·维纳（Nobert Wiener）将"反馈"的概念引入系统控制之前，电子工程正面临大量的信号处理过程。我们可以把信号处理问题，理解成一个输入信号经过某个信号装置，产生特定输出的过程。工程师面临的问题是：在不知道信号装置本身的详细信息的前提下，如何通过输入特定的信号序列刺激信号装置产生特定的输出，从而根据这一特定的输出信号序列，推测出信号装置的特征？

举个例子：假设有一个黑箱，数学上用一种函数来表示黑箱的特征，这种函数可称为特征函数，你若想知道这个黑箱的特征，可以往黑箱里输入一个信号序列（输入函数），然后观测黑箱在这个输入函数的刺激下，产生的输出函数有什么表现。

傅立叶的伟大思想有两个：一个是傅立叶级数，另一个是傅立叶变换，前者是后者的数学基础。傅立叶的洞见在于：任何一个周期函数，都可以表示为一个包含正弦与余弦函数的无穷级数之和（三角级数）。这一出现于 1806—1822 年间的伟大思想，从形式上看其实是泰勒级数（1715 年提出）展开式在工程领域的应用。对于理工科同学来说，当第一次见到某个函数在一定条件下可以展开为该函数的一系列不同阶次导数之和的时候，会顿时领悟到数学的奇妙。

通俗地说，泰勒级数在一定条件下，总可以把某个函数展开成一个无穷级数。这样就从理论上找到了表示任意一个函数的可能性：将函数表示为一个包含无穷多项的级数，如果做近似处理，只需取这个级数的前几项就够用了。

那么，什么叫"卷积"呢？简单来说，就是一个黑箱的输出函数等于输入函数和这个黑箱特征函数的卷积。你不必管卷积的数学过程，只需要理解这一点就够了：卷积就是告诉我们，一个黑箱的输出信号（输出函数）与输入信号（输入函数）及这个黑箱自身的特征函数有关。在已知输入函数和特征函数时，求解输出函数的过程，叫作"求卷积"，实际上就是计算傅立叶积分的过程。

傅立叶变换的美妙之处在于：它把这一几乎不可能计算的积分求解过程，转换成两个特定函数的乘积。稍微专业一点的说法是：将对一个函数求解其微分方程的过程，转化为求解其三角级数的傅立叶积分的过程。经过这一变换，立刻让另一个问题得到了解决：如何从特定的输入函数和观测到的输出函数推算黑箱的特征函数？既然傅立叶变换将难解的积分问题转化为乘法，那问题就迎刃而解了。根据输入函数和输出函数求解黑箱的特征函数，无非是傅立叶变换的逆运算而已，你也可以把它理解成一次除法运算。

傅立叶变换让电子工程进行波形分析、对象特征函数提取成为可能。进而，傅立叶变换被提出 150 年后，成了今天人工智能学习算法的基础，即提供了以黑箱的视角，推测目标对象的特征函数的可能路径。

由此来看，人工智能在视觉系统上的应用，以及一切所谓深度学习（deep learning）算法，从数学角度上看，无非是使用 20 世纪七八十年代的多层神经网络（multilayer neural network），通过傅立叶变换来求解对象的特征方程的过程。

人工智能应用 ConvNets 分为两个过程：第一个过程是猜测对象的特征函数，也就是为对象建模的过程（识别）；第二个过程则是根据对象的输入-输出响应序列，进一步调节对象参数的过程，这一过程也是"学习"的内在含义。也就是说，做卷积分析，就是面对一个不知其内部构造如何的对象，通过输入一个已知的函数，观察输出函数，最终给出对目标对象内部构造的一个猜测。

在应用深度学习算法的时候，人们通常会将数据集分为"训练集"和"测试集"两个部分：前一个部分的数据集，用来做猜测，猜测对象是什么东西；后一个部分则用以对在训练集上取得的成果进行验证并优化相关参数，以便更准确地适应不同形态的对象。

深度学习又分为监督学习和无监督学习两种。监督学习，事实上就是通过人机交互，明确告诉算法猜对了还是猜错了。这种学习过程需要人机交互，也需要明确的关于对象的先验知识，其应用场合是受限的，且效率低下。无监督学习则是需要学习机自行判断结果是否恰当，进而优化判别参数。比如生成式对抗网络（GAN）应用的就是无监督学习，它可以根据此前的学习结果，构造出全新的模式（全新的猫或者狗），来拓展对象认知的边界。当然，无监督学习仍然需要人为的干预，因为说到底，学习算法并不"认识"这个世界。

从对计算机视觉领域人工智能的分析可以看出：目前，强大的人工智能依然在练习认识这个世界，认识自己的工作，而其所仰仗的无非是两样东西——强大的算力（比如神经网络可以做到上百层，过去只能做到几层）、傅立叶分析。归根到底，对于世界究竟是什么样的，机器自己是没有任何真实的感知的，依然需要人的干预和解释。

了解当下人工智能非凡表现的技术背景，可以让非专业读者也能把握住技术的"本领"究竟位于何处。作为控制论创始人的诺伯特·维纳曾这样说："我们最好非常确信，给机器置入的目的正是我们真正想要的目的。"也就是说，机器的任何表现都先天地面临一个重要的束缚，而这种束缚恰恰来自人，是人在教育机器这个"孩子"，是人在给这个"孩子"注入灵魂。

然而，人给机器吹一口仙气儿，机器就有灵魂了吗？问题恐怕没这么简单。

人工智能的"能"与"不能"

在第三部分，米歇尔通过讨论游戏中的人工智能来进一步说明这一点。

用人工智能算法练习打游戏，是挖掘算法潜能、理解算法机理的有效途径。智能算法打游戏基本都是无监督学习的过程，典型的比如《打砖块》游戏，人不能事先给机器注入太多游戏策略，或者有利于获胜的先验知识，只能把游戏规则灌输给算法，剩下的就全看机器自己的"修炼"了。

通过前面的简要分析，大家理解了 ConvNets 中最重要的是参数调节，在游戏领域就是机器的游戏策略选择。事先存储再多的游戏策略，在暴力算法面前其实也是不堪一击的，这其实是 AlphaZero 最终完胜人类的奥秘。人类棋手或者游戏玩家的"功力"往往来自经验，也就是人们积攒的大量的套路，这些套路只是针对某个封闭对弈空间的有限选择。如果机器只会模仿人的经验策略，它就不能获得独立应对意外局面的能力，机器必须进入更大的对弈空间，这就是强化学习的含义。如理查德·萨顿（Richard Sutton）所言，强化学习就是"从猜测中学习猜测"，米歇尔将其调整为"从更好的猜测中学习猜测"。

分析到这一步，其实就十分接近人工智能的核心问题了。什么是"更好的猜测"？智能机器目前所能做的，还只是"最快的猜测"，或者说"以快取胜"。目前的人工智能，往往在速度上卓尔不凡，因为它可以动辄在更大的博弈空间里处理海量的数据，表现出令人咋舌的算力水平，远远超过人类的计算能力。这种能力在让人惊艳的同时，也带有很强的迷惑性，使人误以为机器已经"沾了仙气"，比如IBM的智能机器沃森就是如此。其实这是假象，如今的人工智能，与真正的人工智能之间依然有巨大的鸿沟。什么是真正的人工智能？业界对其定义也一直争论不休，这里暂且不论。

人工智能的核心问题，依然涉及对客体对象、目标过程的认识。真正的人工智能必须有能力认识某一对象是什么。人工智能专家所找到的解决之道，其实还远不是"认识对象"的解决之道（这一点米歇尔放在本书的最后一部分讨论），而是找到了一个退而求其次的路径，就是"目标函数"的构建。

目标函数是什么？举个例子，比如玩蒙眼点鼻子的游戏。蒙眼人拿着笔走向一幅大鼻子卡通画，然后摸索着去点画中的鼻子。如果有个声音不停地提示其偏离的方向，蒙眼人就可以很快地点中鼻子。这个提示点鼻子的偏差的信息，对蒙眼人点中鼻子至关重要。想象让机器来完成这个任务，机器可以不理解什么是鼻子，什么是点，也不用明白这么做有什么娱乐的价值，但如果能给出判断点中与否的目标函数，就可以大大提高机器成功完成任务的概率。

其实，当下的人工智能算法依然停留在工程意义上，也就是说，还只是以完成任务为目标。至于做这件事的意义，则全然不在机器算法的"视野"之内。

谷歌的 AlphaGo 到 AlphaGo Zero 的演化历程，就是一个活生生的例子。第一阶段，AlphaGo 向人学习；第二阶段，AlphaGo Zero 自学成才。不管哪个阶段，谷歌公司的创见在于：让算法可以洞察整个盘面。为了大大减少计算的负担，并使算法可以获知距离获胜还有多远，他们使用的是蒙特卡洛方法，只要确保最优策略依然在剩下的搜索空间里就好，换句话说，比对手多预测几步就有更大的胜算。

从游戏中学习套路，人工智能是不是就早晚可以超越人类？在人工智能刚刚兴起的 20 世纪五六十年代就有这个论调，当年在机器上玩跳棋的亚瑟·塞缪尔（Arthur Samuel）曾乐观估计，10 年内机器必然战胜人类。今天的机器算法，虽然已经在棋类博弈中完胜人类棋手，但从智能角度看，与那时相比其实并无实质性的进步。也就是说，无论机器的自学能力有多强，有一件事是确定的，即游戏目标的存在。游戏规则和游戏目标作为先验知识，给出了这样一个明确的博弈边界，即这一游戏的博弈空间是有穷空间。算法的唯一目标就是赢，不管其对手是人还是另一个机器算法，也不管对弈双方是否理解游戏，或者能否欣赏游戏之美，它只追求赢。棋类游戏博弈中的"赢"，其实隐含一个假设，即游戏本身是存在赢的可能性的，比如在围棋中，平局、和棋也是"输赢"的特定形态。换句话说，就是一个有趣的、有输赢的游戏设计，其本身先天地规定了这一静态目标的成立——零和博弈。

因此，机器在零和博弈空间里完胜人类这一点，并非凸显了机器智能超群，只是进一步验证了人类的局限性和零和博弈目标的有限性。除此之外，机器所取得的成功说明不了更多。

从视觉系统和游戏，并不能看出人工智能所面临的最大的挑战在哪里。人工智能所面临的最大挑战，可能在于人们忘记了智能机器的强项依然是算力，错误地选择将今日之人工智能更多地用于人类增强中，而且将人机联合的活动空间，定义为更大的零和博弈游戏场景。

米歇尔很好地说明了这一挑战下的另一个场景，就是人工智能所面临的一个"硬核"场景：机器翻译。这是本书第四部分的内容：当人工智能遇上自然语言处理。

早在 1956 年达特茅斯会议提出人工智能之前，在 20 世纪 40 年代美国"科技工业共同体"建设中扮演重要角色的官方技术官员沃伦·韦弗博士就提出了机器翻译的理念。机器翻译既是特别有市场号召力的应用场景，也是检验人工智能技术思想所取得的前沿突破的重要领域，谷歌、微软、科大讯飞等公司在这方面投入了巨大的热情。机器翻译无疑是最"硬核"的人工智能难题，它难在人工智能需要直接面对"理解"这一难题。谷歌和微软等公司还将翻译的含义拓展，用智能算法给图片打标签，试图解决海量图片的识别问题。斯坦福大学开发了人工智能阅读理解项目，希望有一天能够让机器"读懂"它所面对的内容。

就在我写这篇文章的时候，旅居美国 30 余年，长期关注生物科技、人工智能、区块链等领域的前沿进展的企业家邵青博士，给我发来一篇来自美国硅谷的报道，这则报道的主角叫作 GPT-3 算法，它的发明人埃德·莱昂·克林格（Ed Leon Klinger）称："从今天起，世界彻底改变了。"GPT-3 是硅谷领先的人工智能公司 OpenAI 开发的第三代语言模型。这一模型的神奇之处在于，它通过分析网络上的海量文字，来预测哪些单词更可能会跟随在另一些单词的后面。让许多程序员兴奋不已的是，GPT-3 被开放给所有程序员公测。

相应的报道使用了这样的表述：GPT-3 竟然能直接理解自然语言。从报道中看，所谓理解自然语言，就是你可以用语音向算法提任何问题，然后它就可以给你呈现你想要的。比如你说"给我一个长得像 Stripe 官网的聊天 App"，过几秒钟，定制好的 App 就推送过来了，像点餐一样方便。还不止这些，GPT-3 还可以写论文、小说，起草格式合同，甚至大批量生产段子。当然，也有评论不客气地指出，GPT-3 根本不懂自然语言，它只是很快而已。它的确太快了，据说它有 1 750 亿个参数，我们姑且认为它可以处理如此巨量的参数吧。

但是，这其实依然是一种使用蛮力进行计算的模式，仅此而已。

对于目前的自然语言项目，我可以武断地说，它们其实毫无"理解"可言，它们唯一的本领就是"见多识广"。问题在于，虽然一款智能机器可以快速遍历状态空间的更多可能性，把边边角角都扫描到，然后表现出越来越多令人惊讶的本领，甚至超过人类的表现，但是，它们依然像是"狗眼看星星"，并不认得什么叫"星图"。

意义问题：人工智能所面临的"硬核"挑战

米歇尔这本著作的第五部分落到了"意义"问题上。她指出，理解的基础是意义，意义是人工智能的真正障碍。至于这一障碍是否不可逾越，这可以成为激烈争论的话题。我感觉，米歇尔所阐述的意义问题，并不是说人工智能无法理解意义，也不是说人工智能无法创造出新的意义（当然这取决于你怎么定义"意义"），而是说，人工智能对意义的理解是否在安全边界之内——这其实也是全书开篇提到的"侯世达的恐惧"的核心内容。

为了便于大家理解意义问题，我先举一个生活中的例子。很多经常外出旅游的人都有这样的经验：即便不懂异国他乡的语言，你仍然可以用连比画带手势的方式与当地人交流，至少浅层次的生活交流大致是没问题的。原因也很明显：大量超越语言的生活常识，其实是超越文化差异的全人类共有知识，这是意义的"底座"，但机器并不具备这些共有知识，用拟人化的语言说，机器像一个探索新奇世界的婴儿，世界对它而言是全新的，它需要学会语言，但更重要的是它要学会理解沉淀在语言背后的意义。

　　婴儿理解这个世界的过程，是不断将自己的新奇感受装入成人的词语世界的过程，这个过程也是绝大多数真实的认知历程，当然也有"漏网之鱼"，比如日益流行的网络用语，就突破了附着在传统词语上的固有含义。意义的产生，既有漫长、深厚、难以细数的生活积淀，以及约定俗成的"能指－所指"的任意配对，也有突破词语边界的"类比"和"象征"，按米歇尔的导师侯世达的观点，这种类比和象征是"思考之源和思维之火"。

　　借用吉安－卡洛·罗塔（Gian-Carlo Rota）的话，米歇尔提出了一个根本性的问题：人工智能是否以及何时能打破意义的障碍？

　　米歇尔并未直截了当地回答这个艰难的问题，但她毕竟是侯世达的学生，她从侯世达的思想中汲取营养：这个世界是隐喻式的，我们并非确凿无疑地生活在符号世界中，我们生活在色彩斑斓的隐喻中。固然不同的文化所对应的底层逻辑之间难以互通或相互转化，甚至不同的文化隐喻所导致的生活信念彼此抵牾，但人类仍然有共享的元认知（metacognition），这一元认知是维系多样化世界的最后屏障。

　　从这个意义上说，人工智能所面临的"硬核"问题，并不在于机器和人谁控制谁，而在于机器成长的过程意味着什么，机器将如何成长，什么时候会变得强大，强大之后机器会是什么样子。这一系列问题将人们对人工智能的思考引向深处。人们不能总是停留在悲观或乐观的情绪选择中。天才的工程师、创新公司的CEO（首席执行官）虽然也会思考这类问题，但他们更愿意先干起来再说。硅谷的很多公司信奉的准则是：预测未来最好的办法就是把它造出来。

　　人们争论的焦点其实在于，当人工智能科学家和工程师兴致盎然地挑战各种边界、义无反顾地奔向临界点的时候，如果他们谦逊地将这种技术的未来，谨慎地描述为探索未知世界的诸多可能性这种程度，而不是将手中的算法不容置疑地看作必须接受的未来，那便罢了，可怕的恰恰是工程师忘记了"意义"问题其实远远超出人类目前的认知边界。

当然，无论如何机器将"长大"，并将开启自己的独立生活，创造自己的语言，甚至可能会形成与人类相抗衡的文化符号，提出自己的价值主张，创造自己的社群、艺术，甚至宗教，并与人类分享这个世界的快乐。

对这一切的思考，还缺乏一个更开放的框架，而且，这一思考还深深局限在文字，特别是英文的线性思维当中。智能机器的存在和成长，是否会拓展人类的元认知，将这一元认知拓展为人机共享的元认知？仅靠文字的思维方式，可能难以走出符号演算的"如来佛之掌"。侯世达在 40 多年前写作"GEB"的时候，针对人工智能提出了 10 个问题并给出了自己的答案，侯世达对这 10 个问题的思考，更多地指向形式逻辑、符号演算和线性思维天然的不足之处，这一不足之处正在于：符号思维难以超越其内生的逻辑悖论。

米歇尔仿照侯世达的做法，也在本书最后提出了 6 个问题——看上去都是人工智能领域亟待解决的问题，并尝试给出了自己的回答。米歇尔的回答只是众多可能答案中的一种，勇敢地面对这些基本问题并持续展开深入思考和交流的时代才刚刚开始。人工智能领域真正的挑战在于：我们需要清醒地意识到，当下人工智能的发展动力，依然来自"旧世界的逻辑"。这一旧世界的逻辑的鲜明特征就是：将人机关系看作"主体世界"和"客体世界"这两个可分离的世界。这种笛卡儿式的世界观，虽然会被巧妙地转化为"人机共生"的版本，但经过盎格鲁 - 撒克逊文化的改造，加上新教伦理与资本主义的强力助推，导致工程师和 CEO 憧憬的未来是这样的：当比赛终场的哨声降临，人们满脑子想的都是输赢。

需要看到的是，这种旧世界的世界观属于符号世界。人工智能底层思维的突破，关键可能就在于：超越这一旧世界的束缚，将婆罗门世界观中的因明^①思想与中国春秋战国时期的名辩^②思想以及古希腊的逻格斯^③思想，在更大的框架下融合起来，这是一个伟大的挑战。

在 2020 年疫情肆虐全球期间，湛庐的策划编辑给我寄来米歇尔这本书的预读本，并提出了 4 个有助于理解本书的问题。在编辑的鼓励下，笔者尝试把隐藏在本书背后的思想，用尽可能通俗的语言表述出来。米歇尔的著作有一条充满探索精神的主线：第三波人工智能浪潮已经大大突破了前两波人工智能浪潮在思想上的束缚，在哲学范式上捅开了一个突破口，不只是符号表征、计算问题，更多的是意义问题。那么符号演算、视觉处理以及机器学习将如何推动人工智能走向"觉醒"？这恐怕是人工智能领域的专业人士以及普罗大众都非常关心的问题。这本《AI 3.0》的独特魅力就在于：站在前沿，深度思考，超越技术。

在米歇尔的书中，这个被她称作"侯世达的恐惧"的"硬核"挑战，就在于人工智能竞赛浪潮中最后的哨声，可能真的会成为"最后的"，如果人们不能摒弃满脑子输赢的想法的话。

人工智能这个话题，亟待科学家、工程师和人文学者之间的深度交流，更需要不同文化的人们之间的深度交流。人工智能的兴盛，不是吹口仙气儿就能实现的事，让等那一口仙气儿的机器，再等等吧。

---

① 因明，指古印度逻辑学。因指推理的根据和原因；明指显明的知识和学问。——编者注
② 名辩，指中国先秦思想家围绕"名"的性质、内容及相互关系等问题展开的辩论以及关于"辩"的理论研究。——编者注
③ 逻格斯，是欧洲古代和中世纪常用的哲学概念，一般指世界上可理解的一切规律。——编者注

未来智能：人有人用，机有机用

王飞跃

中国自动化学会监事长

中国科学院自动化研究所复杂系统管理与控制国家重点实验室主任

　　当今最好的人工智能程序到底有多智能？它们是如何工作的？能做些什么？我们有必要担心机器比人类聪明且将很快夺取我们的工作吗？以上这些问题都颇受人们的关注，梅拉妮·米歇尔教授的人工智能新著《AI 3.0》以最合适的方式给出了以上问题的答案。这是一本以独特的方式观察、分析人工智能的优秀著作，不但巧妙地把创造历史的人物与改变世界的技术交织起来，而且深入浅出地介绍了人工智能的发展历史及其未来的前进方向。正如本书英文版的副书名（"A Guide for Thinking Humans"）所示，这是一本为思考的人类而准备的著作，值得每位想要弄清人工智能的影响与意义的专业或非专业人士认真地阅读并思考。

初见梅拉妮·米歇尔之名，还是 20 世纪 80 年代末研究她与侯世达关于类比推理的开创性程序 "Copycat"（拷贝猫）时，只因其与当时主流的认知推理方法相去太远，就没有再深入地研究。20 世纪 90 年代我参加圣塔菲研究所 (SFI) 的研讨时，与她虽有交集，但无深入交流，不过对她的遗传算法著作 *An Introduction to Genetic Algorithms* 印象深刻，她不愧为遗传算法之父约翰·霍兰德（John Holland）教授的高足。21 世纪初，我在就任中国科学院自动化研究所复杂系统管理与控制国家重点实验室主任之后，一直想写一本关于"复杂性科学"（complexity science）的科普书，在筹备复杂系统管理与控制国家重点实验室期间着手搜集资料，又与米歇尔的《复杂》（*Complexity: A Guided Tour*）不期而遇。粗读之后，我认为暂时没有必要再写一本关于复杂性科学的科普书了，因为很难超越她的水平。

2019 年初，湛庐询问我是否有兴趣组织翻译米歇尔正在创作的 *Artificial Intelligence: A Guide for Thinking Humans*，我读过作者已完成的部分后，十分喜爱其内容与风格，特别是书中的许多观点引起了我的共鸣，于是我随即向学生们推荐，并得到王晓研究员、即将博士毕业的李玉珂和张慧同学的积极响应。巧合的是，这三位都在从事人工智能的一线研究，且都有在美工作、学习和交流的经验，特别是王晓研究员具有主持翻译《机器崛起》（*Rise of the Machines : A Cybernetic History*）和《社会机器》（*Social Machines:The Coming Collision of Artificial Intelligence,Social Networking,and Humanity*）等数部重要著作的经验，因此，她们是翻译此书难得的人选，并能够从学术性和可读性两个方面保证质量。2019 年底，借赴波特兰参加英特尔年度研发会议的机会，我来到米歇尔的办公室拜访了她，并讨论了本书的翻译工作和大家对人工智能的基本认识。

王飞跃（左）与梅拉妮·米歇尔（右）2019 年 11 月 16 日于波特兰俄勒冈州立大学

借此机会，我就本书中所提出的一些人工智能的基本问题，特别是对本书最后提出的 6 个问题谈一些自己的认识，希望有助于读者更加开阔地去思考智能技术的影响与意义，以及如何推动人工智能和智能科学的健康发展，使其以更加安全可信的方式促进人类社会的发展与繁荣。

"广义歌德尔[①]定理"

本书是以米歇尔的导师、"GEB"的作者侯世达教授在谷歌的一次内部研讨会上表示自己被人工智能的快速发展"吓坏了"开始。更具体地说，侯世达是被"音乐智能实验"（Experiments in Musical Intelligence，EMI）的优美创作吓坏了，

---

① 库尔特·哥德尔（Kurt Gödel），美籍奥地利数学家、逻辑学家和哲学家，是 20 世纪最重要的逻辑学家之一，其杰出的贡献是提出了哥德尔不完全性定理。——编考注

他曾这样说道："我被 EMI 吓坏了，完全吓坏了。我厌恶它，并感受到了极大的威胁——人工智能对我最珍视之人性的威胁。我认为 EMI 是我对人工智能感到恐惧的最典型的实例。"我曾听说过侯世达对人工智能的担忧，但当时不以为然，我认为一个对人工智能了解如此之深、认识如此之深刻的学者不应过度害怕智能技术。

作为一个坚信人工智能只是一项技术，不会主动侵害人类的科技工作者，我当时觉得这可能是由于侯世达远离科研一线太久或年纪增长的原因，但书中侯世达的自白，让我认识到我的猜测都不对，真正的原因在于音乐在他的心里有着一种十分神圣甚至神秘的地位。米歇尔在书中也提到了侯世达与 EMI 第一次相遇时所说的话：

> 从孩童时期开始，音乐就令我心潮澎湃，并能将我带入它最核心的地方。对于我所钟爱的每一件作品，我都能感受到它是来自作曲之人情感深处的一封"私信"，那感觉仿佛使我能够直抵作曲者灵魂的最深处，这让我觉得世界上没有任何一样东西比音乐的表达更具人性。然而，对最浅显的音节排序进行模式操纵，却能够产生听起来仿佛来自人类内心的音乐，一想到这里，我就非常非常不安。

在"GEB"一书的最后，侯世达曾列出关于人工智能的"十大问题和猜想"，其中第一个就是关于音乐的。那时他认为计算机可以谱写出优美的音乐，但并不会很快实现，因为音乐是一种关于情感的语言，在程序能够拥有我们人类所拥有的这种复杂的情感之前，它绝无可能谱写出任何优美的作品。

我认为，侯世达由此对人工智能产生的"恐惧"是中国艺术家潘公凯[①]"错构"理论的一种典型的体现，它不是一种在理性或技术层面的反应，而是一种本然的艺术

---

① 潘公凯，浙江宁海人，著名画家，曾任中国美术学院院长、中央美术学院院长，现为中国美术家协会副主席。——编者注

或哲学性的反映。对此，我希望结合智能研究的起源以及我一直提倡的"广义歌德尔定理"来说明我的看法。

近代以来，人们对智能的认识源自数学家希尔伯特（D. Hilbert）的梦想，即数学推理机械化的"希尔伯特纲领"。伯特兰·罗素（Bertrand Russell）与阿尔弗雷德·怀德海（Alfred N. Whitehead）为了给这一梦想奠定坚实的基石，二人花了 10 年的心血成就了一部三卷本的《数学原理》。但是不久，这基石就让三个年轻人击碎。先是歌德尔证明了不完备定理，接着图灵提出了图灵机，并将计算的本质归于机械的操作，进而约翰·冯·诺依曼（John von Neumann）建立了数字计算机的逻辑操作结构。自此，我们有了现代计算机，并开始了人工智能研究，成就了今日之信息产业"旧"IT (information technology，信息技术)，目前，已开始迈向智能产业"新"IT (intelligent technology，智能技术)。在这一智能的计算化过程中，从邱奇 -图灵论题（Church-Turing thesis）开始，在诺依曼有意无意的引导下，学界关于智能的思考和认识逐渐形成了两个派别："图灵派"和"歌德尔派"。

图灵派本质上是计算主义，认为基于简单规则的计算可以涌现出复杂的行为和智能。从物理符号系统的逻辑智能到联结主义的计算智能，这一思想主导了人工智能至今的发展历史，是构建智能系统的主要理论和方法源泉。歌德尔派认为根本没有构建智能的一般规律和方法，而且现有的一些规律和方法不应成为第一性的，只有动因和信念才是本质，接受现状继续演化是发展人工智能的唯一途径。歌德尔派在人工智能的研究上至今并没有产生很大的影响，然而，在理解智能的影响和意义方面，歌德尔派的认识则非常重要，而且对智能科学的未来发展更具有指导性意义。

歌德尔认为，存在先于可计算的不可计算，即存在不可计算的客观存在。存在不可计算的物理、生命和数学过程，且计算机不能真正理解语言和想象等相关的活动。研究人工智能的第一位华人学者王浩晚年曾致力于歌德尔的思想与哲学的研究，他总结道："歌德尔认为机器不可能超越人脑，除非数学不是人类发明的。而且，就算数学不是人类发明的，机器还是无法超越人脑。"

我曾把歌德尔关于智能的思想总结为"广义歌德尔定理"，即智能分为算法智能（algorithmic intelligence，AI）、语言智能（linguistic intelligence，LI）和想象智能（imaginative intelligence，II）三个层面，算法智能无法超越语言智能，语言智能又无法超越想象智能。正如歌德尔在普林斯顿高等研究院的同事爱因斯坦所言："智能的真正标识不是知识，而是想象。"

我们可以从两个方向来理解广义歌德尔定理：一是图灵的想法，即 AI 的全体和极限是 LI，LI 的全体和极限是 II；二是 II 的局部和具体化是 LI，而 LI 的局部和具体化是 AI。计算机的智能只能是 AI，无法达到人类所具有的 LI 和 II 层面。

歌德尔对智能的认识及理解与中国哲学史上人们对《道德经》开头的两种不同解读十分相似：一是"道可道，非常道"，即凡是能被言说的道，就不再是永恒的本源之道，就像世上每一个能被看到的具体的圆形，都无法符合圆形的抽象定义一样；二是"道，可道，非常道"，即道有三种形态，自然中可执行的道（算法之道）、只能说出来的道（语言之道）、只能想象出来的道（想象之道）。总之，"道"一经说出，就不是本来的自然之道了。

哲学家伏尔泰曾说："定义你的术语……否则我们将永远无法相互理解。"然而，前文的讨论使我们认识到，即便有了定义，我们在语言和想象层面上可能也无法彻底理解。而且，正如本书所言，在人工智能领域，"智能""思维""意识""认知""情感"等术语很难定义，且至今没有达成共识。这也正是 20 世纪的科学哲学家托马斯·库恩（Thomas Kuhn）在其"3C"理论中所阐述的：在人类语言词典及其多维结构里，我们进入一种本质上不可公度①、不可比较、不可交流的境地。或许，在量子力学中的"薛定谔的猫"或海森堡的"测不准原理"之外，我们在智能的 AI、LI、II 层面上是否分别存在各自的"算不清原理""说不明原理""想不准原理"？

回到侯世达对人工智能的"过激反应"这一问题，我想再用世界围棋高手柯洁的例子加以说明。在李世石以 1∶4 输给 AlphaGo 之后，柯洁发表了迫不及待想要挑战 AlphaGo 的声明："就算 AlphaGo 战胜了李世石，但它赢不了我。"在以 0∶3 的比分负于 AlphaGo 之后，柯洁浑身颤抖，只想大声痛哭，认为 AlphaGo 实在太完美了，并称它就是"上帝"。我记得在《时代》杂志上首次看到这一报道时，我的第一反应就是："上帝？谁的上帝？反正不是我的上帝。"在我看来，柯洁的反应与侯世达是一样的，是专业执着后的应激错构，我们没有因为柯洁的失利而对 AlphaGo 感到畏惧，也无须因侯世达而对人工智能感到担忧。实际上，我认为，对这类问题进行持续深入的讨论应是哲学家或有闲阶级培养智能科学素质的脑力练习，专业人员更应关注探索人工智能技术及应用的合法、合规、合理与合情问题。

广义杰文斯悖论

讨论完对人工智能的"恐惧"之后，我们再来看看人工智能对人类工作的冲击。近年来，在这方面总有许多令人担忧的言论，如"机器取代人""人工智能将使 50%~70% 的人失业"，有些世界著名的科学家和企业家甚至声称人工智能的兴起意味着人类文明的终结。关于人工智能是否会导致人类大规模失业，作者在本书中做了许多论述。

---

① 公度是一个几何学概念，对于两条线段 a 和 b，如果存在线段 d，使得 $a=md$，$b=nd$（m，n 为自然数），那么称线段 d 为线段 a 和 b 的一个公度。此处指不同语言之间无法互相定义导致无法交流的情况。——编者注

正如哲学家黑格尔所揭示的：历史给我们的教训是，人们从来都不知道汲取历史的教训。实际上，人类在过去 100 多年内至少经历了三次这种担心，这就是"老""旧""新"三次 IT 变革。当年，人们对老 IT（工业技术）的担心远大于今天我们对新 IT（智能技术）的担心。在工业革命的发源地英国，纺织工业诱发"羊吃人"现象，女王担心机器的大规模使用将使她的臣民变成乞丐，民众更是揭竿而起，干脆一把火将机器烧了。

70 多年前，诺伯特·维纳的控制论和数字计算机的出现开启了旧 IT（信息技术）的变革，又一次引发社会对机器取代人类工作的担心。为此，维纳还发表了《人有人的用处》（*The Human Use of Human Beings*）来专门讨论这一问题，其中特别强调"信息永远不能取代启迪"（Information will never replace illumination.）。启迪是语言和想象的核心功能，因此机器及其生产的代码与信息根本无法取代人类，而且，计算机还为"机器取代人"做了一个绝好的说明。20 世纪 50 年代之前，英文中"computer"一词其实是指从事计算工作的人类，但今天作为机器的"computer"已经完全代替了作为人类的"computer"；然而，被称为"computer"的机器，不但没有使人类大规模失业，而且还为人类创造了更好、更多的新工作，比如程序员、架构师、算法工程师、网络管理员，等等。事实胜于"恐"辩，尽管机器可能造成一定程度的短暂的社会错位，使一些人失去工作，但不会造成人类的大规模失业，相反，机器能够创造出更多、更好、适合人类的工作，推动社会进步。

其实，这个问题在 100 多年前就已被研究清楚，这就是著名的"杰文斯悖论"（Jevons paradox）。威廉姆·斯坦利·杰文斯（William Stanley Jevons）是 19 世纪英国的数学家、哲学家和经济学家，现代经济学中的边际效用理论的主要奠基人。在英国工业革命时期，工业大量消耗煤资源并产生了严重的污染，引发了利用技术提高燃煤效率的讨论，但杰文斯的研究表明：烧煤效率越高，耗煤量将会越大。这就是杰文斯悖论：技术进步可以提高自然资源的利用效率，但结果是增加而不是减少人们对这种资源的需求，因为效率的提高会导致生产规模的扩大，这会进一步刺激需要。

计算机的"机器取代人"的例子说明广义的杰文斯悖论也成立：技术进步可以提高人力资源的利用效率，但结果是增加而不是减少社会对人力资源的需求，因为效率的提高将导致生产规模的扩大。计算机的确完全消灭了名为"computer"的职业，使其变成了一种真正的机器，但同时也扩大了社会对计算机生产、操作等栏关人员的需求。还有很多这方面的例子，比如全球定位系统取代了许多测量工作岗位，但却产生了更多基于位置的服务（location based services，LBS）的相关工作以及导航算法工程师等岗位；机器学习取代了很多统计员，但却增加了更多不同的数据工程师工种。可以预见的是，随着智能技术的发展，这类例子将会越来越多。

我们相信，表面上以取代人力为目标的智能技术，将产生更多更适合人类的新的工作岗位，例如学习工程师、决策工程师、法务工程师，等等。智能技术可能会将今日之"码农"解放出来，使其变成明日之"智农"，成为"人机结合，知行合一，虚实一体"的"合一体"智慧员工。如此一来，维纳所说的："人有人的用途，机有机的用处"将会实现。

未来智能的方向与体系

40多年前，侯世达在"GEB"之末提出了关于智能的十大问题和猜想，吸引了年轻的米歇尔转行随其学习和研究人工智能。现在，米歇尔在本书的结语中也提出了当下人工智能领域备受关注的六个问题及其答案或推测，这本质上也是对未来智能技术发展的探讨与期望。在此意义下，将本书中文版命名为《AI 3.0》也算合理。我个人更是坚信人工智能必须从长期占据主导地位的逻辑智能（AI 1.0）和近 20 年来作为主力的计算智能（AI 2.0），向人机混合、虚实交互的平行智能（AI 3.0）迈进。

未来的智能科技，必须将人以新的方式置于核心地位，切实落实"人有人用，机有机用"的根本原则。社会物理信息系统（cyber-physical-social systems，CPSS）将成为智能系统的基础设施，进而保证数据之力、计算之力、算法之力、网络之力和区块链之力能够"五力合一"，使智能科技能上"真"[TRUE=trust（可信）+reliable（可靠）+useful（有用）+effective（有效）]之"道"[DAO=distributed/decentralized（去中心化的）+automated/autonomous（自动的）+organized/ordered（有序的）=decentralized autonomous organizations（分权自治组织）]，实现系统学习和系统智能，迈向智能组织和智慧社会。

政治哲学家和经济学者弗里德里希·哈耶克（Friedrich Hayek）曾说："科学走过了头，自由将无容身之地。"同理，智能越过了界，人性将无处安身。如何保证人工智能不越界？根据广义哥德尔定理，我们不是不相信智能技术，我们只是不相信智能技术背后的人类。因此，人工智能的合法合规，必须依靠人类本身的文明和法制保证，智能科技只能起辅助作用。人类社会发展的历史告诉我们，随着技术的发展，我们需要越来越多的法务工作者。将来，或许罪犯会非常少，但"智警"或"法务工程师"会成为智慧社会的重要从业人员，远多于普通的警察和法官。这是随智能产业发展而来的智慧社会的可能形态，也是我们研发新一代人工智能应该考虑的问题。

前段时间，明略公司的研究院院长吴信东教授和创始人吴明辉先生向我介绍了他们的"好智能"（"HAO"intelligence）计划，就是将人类智能、人工智能和组织智能融合起来，创造出"HAO"好智能。我十分赞同，不但是因为这与我个人的理念相同，更因为这是通向"6S"智慧社会的唯一途径。所谓的"6S"是指，未来的智能技术必须使人类社会在物理空间安全（safety），在网络空间安全（security），在生态空间可持续（sustainability），具有个性化的敏捷感知能力（sensitivity），完成有效的服务（service），展示有益的智慧（smartness）。

我个人的兴趣在于知识自动化和平行智能，且部分研究已发表于清华大学出版社出版的《人工智能：原理与技术》一书。对我来说，知识自动化和平行智能曾经是一个遥远的目标，然而，时至今日"云计算""边缘计算"以及"数字孪生"技术的迅猛发展使平行智能变得可行。目前，我和团队正在研究"Copycat"及其后继者"Metacat"在平行智能和知识自动化中的可能应用，期望今后有机会与米歇尔和相关学者就此合作，让 AI 3.0 早日成为现实。

最后，再次祝贺米歇尔的又一力作《AI 3.0》问世。希望能有更多的读者有机会阅读此书，正确地理解人工智能，促进智能科技的健康发展。

目
录

第一部分

若想对未来下注，先要厘清
人工智能为何仍然无法超越人类智能

目 录

第三部分

游戏与推理：
开发具有更接近人类水平的学习和推理能力的机器

第四部分

自然语言：让计算机理解它所"阅读"的内容

第五部分

常识——人工智能打破意义障碍的关键

目 录

创造具有人类智能的机器，是一场重大的智力冒险

计算机似乎正在以惊人的速度变得越来越智能，但它们仍然会干出一些令人觉得颇具讽刺意味的事儿。几年前，我去加利福尼亚州山景城的谷歌全球总部Googleplex参加一个人工智能研讨会，虽然我用了谷歌地图导航，但还是迷路了，而且，我是在谷歌地图的大楼里迷路的，这是多么讽刺。

谷歌地图的大楼很容易找到。一辆谷歌街景车停靠在大楼门前，车顶上伸出来一个巨大的金属支架，上面顶着一个红黑相间的足球形状的摄像头。走进大楼后，我戴着安全部门发给我的十分显眼的"访客"徽章，尴尬地在挤满了谷歌员工的隔间中徘徊，他们中的很多人都戴着耳机，专心致志地在苹果电脑上打着字。凭借楼里的指示牌，我终于找到了分配给这次研讨会使用的会议室，顺利与研讨小组会合了。

2014年5月召开的这次会议由年轻的计算机科学家布雷斯·阿奎拉·阿尔卡斯（Blaise Agüeray Arcas）组织，他那时刚从微软的高层离职，加入谷歌来领导其机器智能方面的工作。谷歌起源于1998年推出的一款"产品"：一个使用一种新颖的、非常成功的网络搜索方法的网站。这么多年过去了，谷歌已经发展成为当今世界上最重要的科技公司之一，推出了大量的产品和服务，包括 Gmail、谷歌文档、谷歌翻译、YouTube、Android 智能手机操作系统等，还有很多你可能每天都在用的，以及一些你可能从未听说过的产品和服务。

谷歌的创始人拉里·佩奇（Larry Page）和谢尔盖·布林（Sergey Brin）长期以来一直受到"在计算机上创造人工智能"这一理念的激励，人工智能现已成为谷歌重点关注的领域。在过去的 10 年里，谷歌雇用了大量的人工智能专家，其中最知名的要数雷·库兹韦尔。库兹韦尔是著名的发明家，也是备受争议的未来学家，他提出了人工智能"奇点理论"：在不久的将来，计算机将比人类更智能。谷歌聘请库兹韦尔担任工程总监来帮助实现这一愿景。 2011 年，谷歌内部创建了一个名为"谷歌大脑"（Google Brain）的人工智能研究小组，此后，谷歌还收购了多家颇有前景的人工智能初创公司，如 Applied Semantics、DeepMind 和 Vision Factory 等。

从长远来看，谷歌已不再仅仅是一个门户网站了，它正在迅速成长为一家应用型人工智能公司。人工智能是将谷歌及其各种产品、服务和没有明确目标的研究与其母公司 Alphabet 联结在一起的黏合剂。公司的最终愿景是"破解智能，并用它来解决其他一切问题"[1]，这和 DeepMind 团队最初的使命一致。

"GEB" 开启我的人工智能追寻之旅

能来参加谷歌的人工智能研讨会让我倍感兴奋。从 20 世纪 80 年代读研究生开始，我就一直在研究人工智能的诸多方面，并且对谷歌取得的成就尤为印象深刻。虽然我也想为这次会议贡献一些好的想法，但我必须承认，我只是作为随行人员出现在那里。这次会议召开的目的是让一组经过精挑细选的谷歌人工智能研究人员听取侯世达的报告并与之交流。侯世达是人工智能界的传奇人物，也是名著"GEB"的作者。如果你是一名计算机科学家，你很可能听说过、读过"GEB"这本书。

"GEB"成书于 20 世纪 70 年代末，是侯世达对诸多学术领域研究热情的流露，汇集了数学、艺术、音乐、语言和文字游戏等诸多领域的知识，旨在探讨智能、意识甚至自我意识这些人类基本技能是如何从非智能、无意识的生物细胞基质中产生的。"GEB"也是一本关于计算机最终将如何获得智能和自我意识的著作，这是一本独一无二的书，我不知道还有哪本书能与之媲美。这本书读起来并不容易，但却成了畅销书，并获得了普利策奖和美国国家图书奖。毫无疑问，"GEB"激励了非常多的年轻人去研究人工智能，这是其他大部分书籍都做不到的，而我，就是那些年轻人当中的一员。

20 世纪 80 年代初，从大学毕业取得了数学学士学位之后，我在纽约市的一所预科学校教数学，但我过得很不开心，因为我一直在苦苦思索自己这一生真正想做的是什么。我是在阅读了《科学美国人》(Scientific American) 杂志上一篇热情洋溢的评论文章后发现了"GEB"的，然后就立刻去买了这本书。接下来的几个星期里，我便如饥似渴地阅读这本书，越来越确信自己不但想成为一名人工智能的研究人员，而且尤其想与侯世达共事。我从来没有对其他任何一本书或一种职业有过如此强烈的渴望。

当时，侯世达是印第安纳大学计算机科学系的教授，我异想天开的计划是申请那里的计算机科学博士学位，然后说服他接受我做他的学生。然而，有一个"小"问题：我从未上过哪怕一门计算机科学课程。不过，我从小就对计算机非常熟悉。我父亲是 20 世纪 60 年代一家科技创业公司的硬件工程师，作为一项业余爱好，他在我们家的书房里组装了一台大型计算机——一台像冰箱一样大的"Sigma 2"机器，上面有一个磁性按钮，写着"我用FORTRAN①祈祷"。当我还是个孩子的时候，我半信半疑地以为它确实是在祈祷，尤其是在夜深人静，家人都睡着的时候。20世纪六七十年代，随着我的成长，我对当时流行的各种计算机编程语言都略有了解：先是FORTRAN，然后是BASIC，再然后是Pascal，但我对规范的编程技术几乎一无所知，更不用说那些对即将入学的计算机系研究生来说所必须知道的知识了。

为了加快我的计划，我在学年末辞去了教职，搬到波士顿，开始学习计算机科学的入门课程，来为我的新职业做准备。开始新生活几个月后的某一天，我在麻省理工学院（MIT）的校园里等着上课，无意间瞄到了一张关于侯世达讲座的海报，而且举行时间就在两天后。我简直不敢相信自己的好运。我去听了这场讲座，在一大群崇拜者中排了很长时间的队后，终于和侯世达说上话了。原来他正在麻省理工学院度过他为期一年的学术假期，在这之后他会从印第安纳州搬到密歇根州安娜堡的密歇根大学。

经过不懈的努力，我成功地说服侯世达让我做他的研究助理，先是一个暑假，然后在接下来的6年里，我又成了他的硕士生、博士生，并最终作为密歇根大学的计算机科学博士毕业。这些年来，侯世达和我一直保持着密切的联系，我们曾多次就人工智能进行讨论。他知道我对谷歌的人工智能研究很感兴趣，所以特别好心地邀请我陪同他参加在谷歌举行的会议。

国际象棋和第一颗怀疑的种子

在那个谷歌地图 App 定位不到的会议室里，有大约 20 名工程师（包括侯世达

---

① FORTRAN 是世界上第一个被正式推广使用的计算机编程语言，由美国计算机科学家约翰·巴克斯（John Backus，1924—2007）于 1954 年开发，其数值计算的功能比较强。——编者注

和我），大都是来自谷歌各个人工智能团队的成员。会议像往常一样从自我介绍开始，许多人提到，他们选择人工智能研究作为自己的职业，是受到了在年少时阅读的"GEB"的驱动。他们都很兴奋且好奇，久负盛名的侯世达会如何评价人工智能。自我介绍环节结束后，侯世达站起来讲道："总体上说，关于人工智能特别是谷歌人工智能的研究，我想说的是，"他的声音变得激昂起来，"我被吓坏了，真的吓坏了！"

侯世达继续发表他的评论。[2] 他描述了当他在 20 世纪 70 年代刚开始研究人工智能时，那是一番令人兴奋的景象，根本没有意识到近在眼前的危险实际上正在发生！创造具有人类智能的机器，是一场重大的智力冒险，是一项被认为至少需要"100 个诺贝尔奖"作为奠基的长期研究项目[3]。侯世达认为，从原则上讲，人工智能是有可能实现的："它的'敌人'是那些说人工智能不可能实现的人，比如约翰·瑟尔（John Searle）、休伯特·德雷福斯（Hubert Dreyfus）以及其他怀疑论者。他们不理解大脑是一堆服从物理定律的物质，也不理解计算机可以模拟任何东西，更不用说神经元、神经递质等层面的内容了。从理论上讲，这是可以实现的。"实际上，侯世达在"GEB"一书中详尽地讨论了在从神经元到意识的各个层面上模拟智能的想法，这也是他数十年来的研究重点。直到最近，侯世达似乎才认识到，通用的、人类水平的人工智能在他甚至是他下一代的一生中都不可能出现，所以他对这点并不是特别担心。

在临近"GEB"一书结尾的地方，侯世达列出了关于人工智能的"十大问题和猜想"。其中一个问题是："会出现能够打败人类的国际象棋程序吗？"侯世达的猜想是"不会。有可能出现在国际象棋中击败人类的程序，但它们不会成为专业的棋手，它们只是通用智能的程序"[4]。

在 2014 年的那次谷歌会议上，侯世达指出自己"大错特错"，他回想起 20 世纪八九十年代国际象棋程序的快速发展，为他对人工智能短期前景的设想埋下了第一颗怀疑的种子。尽管人工智能的先驱赫伯特·西蒙（Herbert Simon）在 1957 年就预测国际象棋程序将会在 10 年内获得世界冠军，但直到 20 世纪 70 年代中期，也就是侯世达写"GEB"时，最好的计算机国际象棋程序也就只能达到一个优秀但非卓越的业余棋手的水平。侯世达与国际象棋冠军、心理学教授艾略特·赫斯特（Eliot Hearst）是好朋友，赫斯特曾就人类国际象棋专家与计算机国际象棋程序的不同写过大量文章。实验表明，专家级的人类棋手依靠快速识别棋盘上的局势来决定下一步棋的走向，而所有国际象棋程序使用的都是大量简单粗暴的前向预测搜索。在一局对弈中，顶级的人类玩家能够将棋子位置的排列组合感知为一种特定的、需要"某种策略"来应对的"局势"，也就是说，这些玩家可以快速地将特定的排列组合识别为更高级别概念的实例。赫斯特认为，计算机国际象棋程序如果没有这种感知模式和识别抽象概念的通用能力，那么将永远无法达到顶级人类棋手的水平。侯世达被赫斯特说服了。

20 世纪八九十年代，计算机国际象棋程序的能力经历了一次大飞跃，这要归功于计算机运算速度的急剧提升。顶级的程序仍在以一种非人类的方式运行，执行大量的前向预测搜索来决定下一步行动。到 90 年代中期，装备国际象棋专用硬件的 IBM 深蓝计算机（Deep Blue）已经达到了大师级水平。1997 年，深蓝在一场六局的比赛中击败了世界冠军加里·卡斯帕罗夫（Garry Kasparov）。国际象棋大师，曾一度被视为人类智慧的巅峰，也向这种粗暴的前向预测搜索的方法屈服了。

音乐，人性的堡垒

尽管深蓝的胜利引发了媒体关于智能机器崛起的诸多报道，然而"真正的"人工智能似乎仍然遥不可及。深蓝能够下棋，但并不能做其他任何事情。侯世达对国际象棋的预测是错误的，但他仍然坚持他在"GEB"中的其他猜想，尤其是他列出的第一个猜想：

> **问题：** 计算机会谱写出优美的音乐吗？
>
> **猜想：** 会，但不会很快实现。

侯世达继续讲道：

> 音乐是一种关于情感的语言，在程序能够拥有我们人类所拥有的如此复杂的情感之前，它绝无可能谱写出任何优美的作品。可能会出现对早期音律的肤浅模仿的"伪造品"，但不管一个人最开始会怎么想，音乐表达的内容远比他在音律规则中能捕捉到的要多得多……认为我们可能很快就能用一个预先编程好的、批量生产的、邮购仅需20美元的台式音乐盒，通过消过毒的电路元件"谱写"出肖邦或巴赫可能会谱写出的那种音乐，这绝对是对人类精神之深度的一种荒诞而可耻的错误估计。[5]

侯世达将这一猜想描述为"'GEB'最重要的部分之一，我愿为此赌上性命"。

然而，到了20世纪90年代中期，侯世达对人工智能的信心再次产生动摇，这次更加彻底。他接触到了音乐家大卫·科普（David Cope）编写的一个程序，这个程序名为"音乐智能实验"（EMI）。科普是一名作曲家和音乐教授，他研发EMI的最初目的是让它自动地按照自己规定的特定风格来创作音乐片段，帮助自己完成乐曲的创作。不过，EMI 变得出名是因其能够创作巴赫和肖邦等古典作曲家风格的音乐作品。EMI 遵循由科普研发的大量规则来作曲，这些规则用于捕捉作曲的通用语法，把这些规则应用于某一个作曲家的大量作品上，就可以产生符合这位作曲家风格的一个新作品。

再说回那次谷歌会议，侯世达怀着非同寻常的情感谈到了他与 EMI 的相遇：

> 我坐在钢琴前，弹了一首 EMI "创作" 的肖邦风格的马祖卡舞曲。曲子听起来并不完全像肖邦，但已经足够像了，而且像一首连贯的乐曲，我对此感到深深地不安。

> 从孩童时期开始，音乐就令我心潮澎湃，并能将我带入它最核心的地方。对于我所钟爱的每一件作品，我都能感受到它是来自作曲之人情感深处的一封 "私信"，那感觉仿佛使我能够直抵作曲者灵魂的最深处，这让我觉得世界上没有任何一样东西比音乐的表达更具人性。然而，对最浅显的音节排序进行模式操纵，却能够产生听起来仿佛来自人类内心的音乐，一想到这里，我就非常非常不安。

侯世达接着讲述了他在纽约州罗切斯特市著名的伊士曼音乐学院的一次演讲。在介绍了 EMI 之后，侯世达请听众猜一猜：由一位钢琴家为他们演奏的两首曲子中，哪一首是肖邦鲜为人知的马祖卡舞曲，哪一首是 EMI 创作的乐曲。这些听众中包括几位从事音乐理论和作曲研究的教员。正如一位听众后来所描述的："第一首马祖卡舞曲优雅且有魅力，但缺少'真正肖邦式'的创作深度和更强的流畅性……第二首显然是真正的肖邦，有抒情的旋律，大幅的、优美的半音阶转调，以及一种自然、平衡的形式。"[6] 令侯世达感到震惊的是：许多听众都同意这位听众的观点，认为第一首是 EMI 的创作，而相信第二首是 "真正的肖邦"。然而，正确答案恰恰相反。

在谷歌的会议室里，侯世达忽然停下来，凝视着我们的脸，大家都静静的不说话。最后，他继续说道："我被 EMI 吓坏了，完全吓坏了。我厌恶它，并感受到了极大的威胁——人工智能对我最珍视之人性的威胁。我认为 EMI 是我对人二智能感到恐惧的最典型的实例。"

我们将成为遗迹，我们将被尘埃淹没

接下来，侯世达谈到了他对谷歌试图在人工智能领域取得的目标怀有一种深深的矛盾心理，包括自动驾驶汽车、语音识别、自然语言理解、语言翻译、计算机生成的艺术、音乐创作等领域，而谷歌聘请库兹韦尔以及库兹韦尔对奇点的愿景进一步加重了侯世达的担忧。奇点是指在不久的将来，在某个假设的时间点上，出现了具有自我提升和自主学习能力的人工智能，随后，这种人工智能将很快成为达到进而超过人类水平的智能，谷歌似乎正竭尽一切努力来加速这一愿景的实现。尽管侯世达强烈怀疑奇点的假设，但他承认库兹韦尔的预言仍然困扰着自己。

> 我被这些场景吓坏了。我认为他们的时间表可能是错误的，当然，也有可能他们是对的。我们将会完全措手不及，我们可能会认为什么都没有发生，但是突然之间，在我们意识到之前，计算机已经变得比我们人类更聪明了。

> 如果这真的发生了，我们将被取代，我们将成为遗迹，我们将被尘埃淹没。也许这就是正在发生的现实，但我不想让它发生得太快。我不想让我的孩子们淹没在尘埃中。

最后，侯世达用一句话结束了他的演讲，这句话是对在场的所有谷歌的研究人员说的，所有人都全神贯注地听着，侯世达说："我发现这非常可怕，非常令人困扰，非常令人悲伤、困惑、迷茫，非常糟糕、可怕、奇怪，因为，人们正在盲目地、极其兴奋地向前冲，去创造这些东西。"

最为珍视的人性，结果只不过是"一套把戏"？

我环顾了一下房间，听众看起来困惑不已，甚至有些尴尬。对于谷歌的人工智能研究人员来说，前文所述的那些一点儿也不可怕，事实上，那都是老新闻了。当深蓝击败卡斯帕罗夫时，当 EMI 开始创作肖邦风格的马祖卡舞曲时，当库兹韦尔撰写他关于奇点的第一本书[①]时，这些研究者中的许多人都还在上高中，他们可能读过"GEB"并喜欢这本书，尽管其中有些对人工智能的预测已经有点过时了。他们之所以在谷歌工作，正是为了让人工智能出现在当下，且越早越好，而非在 100 年之后。他们不明白侯世达为什么如此紧张。

在人工智能领域工作的人早就已经习惯了这个领域之外的人的各种恐惧，他们可能是受到了科幻电影刻画的超级智能机器会变邪恶等情节的影响。人工智能研究人员也熟悉这样的担忧：日益复杂的人工智能将取代人类在某些工作中的地位；人工智能应用于大数据后可能会侵犯个人隐私，并造成难以察觉的歧视；那些被允许做出自主决定的、难以被人理解的人工智能系统，则有可能会制造一场浩劫。

侯世达的恐惧针对的则是完全不同的方面。他不是担心人工智能变得太聪明、太有侵略性、太难以控制，甚至太有用。相反，他担心的是：**智能、创造力、情感，甚至意识本身都太容易产生了，这些他最为珍视的人性特征和人类精神，结果只不过是"一套把戏"，一套肤浅的暴力算法就可以将其破解。**

正如在"GEB"中所充分阐明的那样，侯世达坚信：精神及其所有特征完全来

---

① 这本书指的是《奇点临近》（*The Singularity is Near*）。——编者注

自大脑及身体的其他部分组成的物质基础，以及身体和外界物理世界间的交互，其中没有任何非物质或无形的东西。令他担心的问题其实是一个关于复杂性的问题。他担心人工智能可能会展现给我们，我们最看重的人的品质可以通过简单的机械化方法获得，这让人十分沮丧。会后，侯世达又向我进一步解释了他的想法，他说的是关于肖邦、巴赫以及其他杰出人类的看法。他说："如果人类这种无限微妙、复杂且具有情感深度的心灵能被一块小小的芯片所简化，这将会摧毁我对人性的理解。"

混乱与噪声，高尚使命与召唤恶魔的对抗

在侯世达的演讲后有一个简短的讨论，困惑的听众试图进一步向侯世达探询他对人工智能特别是对谷歌人工智能研究之恐惧的解释，但沟通障碍依然存在。会议继续进行，与会者展示了他们当前正在研究的项目，之后是小组讨论、茶歇等环节，一切都很正常，只是这一切都与侯世达的观点无关了。在会议接近尾声的时候，侯世达询问了与会者对于人工智能近期的发展前景有什么看法。谷歌的一些研究人员表示，他们预计通用的、人类水平的人工智能很有可能在未来 30 年内出现，这在很大程度上要归功于谷歌在深度学习领域的优势。

我满怀困惑地离开了会场。我知道侯世达曾为库兹韦尔的一些关于奇点的文章所困扰，但我以前从未理解他的这种感情和焦虑的程度。我也知道谷歌一直在大力推进对人工智能的研究，但谷歌某些研究人员对于将很快达到通用的、人类水平的人工智能如此乐观，这让我感到震惊。我个人的观点是：**人工智能在某些细分领域已经取得了很大的进步，但仍然离通用的、人类水平的人工智能差得很远，可能一个世纪后都无法实现，更别说 30 年了。我认为，那些持相反观点的人大大低估了人类智能的复杂性。**我读过库兹韦尔的书，发现大部分都很荒谬。然而，听完会上来自我所尊敬和钦佩的人的所有评论后，也迫使我更批判性地审视自己的观点。如果说这些人工智

能研究人员低估了人类的复杂性，那么我是否也低估了当今人工智能的力量和发展前景呢？

在接下来的几个月里，我开始更加关注与这些问题有关的讨论。然后，我就注意到有大量知名人士的系列文章、博客和书籍在告诉我们，从现在开始应当要担心超级智能的危险了。2014 年，物理学家斯蒂芬·霍金（Stephen Hawking）宣称："完全的人工智能的发展将导致人类种族的终结。"[7] 同年，Tesla 和 Space X 公司的创始人埃隆·马斯克（Elon Musk）说："人工智能可能是我们最大的生存威胁，而我们正在用人工智能召唤恶魔。"[8] 微软创始人比尔·盖茨（Bill Gates）表示："我同意埃隆·马斯克和其他人对此的观点，我不明白为什么有些人对此毫不关心。"[9] 哲学家尼克·波斯特洛姆（Nick Bostrom）的《超级智能》（Superintelligence）一书，阐述了机器变得比人类更加智能后会出现的危险，尽管枯燥乏味，但却出人意料地成了畅销书。

其他一些著名的思想家则提出了相反的观点。他们认为，我们的确应该确保人工智能程序是安全的，而不是冒着伤害人类的风险，但是近期关于超级智能的报道都被严重地夸大了。企业家和活动家米歇尔·卡普尔（Mitchell Kapor）劝告道："人类智能是一种不可思议的、微妙的、难以理解的东西，短期内不会有被复制的危险。"[10] 麻省理工学院人工智能实验室前主任、机器人专家罗德尼·布鲁克斯（Rodney Brooks）同意这一观点，他说："我们严重高估了机器在当下和几十年后的能力。"[11] 心理学家和人工智能研究专家盖瑞·马库斯（Gary Marcus）① 甚至断言，在寻求创造"强人工智能"的过程中，"几乎没有任何进展"，这里的强人工智能指的是通

---

① 马库斯的著作《如何创造可信的 AI》是对当下人工智能大潮的反思之作，让人们了解人工智能领域的发展现状，既诊断出了当下人工智能领域的真实顽疾，也开出了切实可行的治愈良方。本书的中文简体字版已由湛庐策划，浙江教育出版社 2020 年出版。——编者注

用的、人类水平的人工智能 [12]。

我可以引用许多双方辩论的话，简而言之，我发现：人工智能领域正处于一片混乱之中。人工智能的确取得了巨大的进展，但也的确几乎没有任何进展。可能我们离真正的人工智能只有咫尺之遥，但也可能还有数世纪之远。人工智能将解决我们所有的问题，或令我们所有人失业，或贬低我们的人性，甚至消灭人类种族。这项研究要么是一个高尚的使命，要么就是在"召唤恶魔"。

一路狂飙的人工智能，我们应该如何重新思考它

这本书源于我对人工智能领域发展的真实状态的尝试性理解：**计算机现在能做什么，我们在未来几十年又能从它们身上期待什么**。侯世达在谷歌人工智能研讨会上的启发性言论，以及谷歌的研究人员对人工智能的近期前景充满信心的言论，对我而言就像一个警示。在接下来的章节中，我尝试厘清人工智能的发展现状，并阐明其迥然不同、有时甚至相互冲突的目标。与此同时，我将描述一些最著名的人工智能系统实际的工作原理，并分析它们的成功之处以及它们的局限性在哪里。我将着眼于计算机如今可以在多大程度上做到我们认为需要高水平智能才能做到的事情，比如，在对智能要求最高的游戏中击败人类、在不同语种之间进行翻译、回答复杂问题、在充满挑战的地形中进行导航等。我还会考查计算机在那些我们认为理所当然的、在无意识情况下执行的日常任务上的表现，如识别图像中的人脸和目标、理解口语和书面文字，以及应用最基本的常识。

我还将努力弄清楚人工智能自创立以来就备受争论的、那些更广泛的问题：我们所说的通用智能甚至超级智能到底是什么意思？当前的人工智能是否接近这个水平？或者是否在接近的道路上会遇到什么危险？人类智能的哪些方面是我们最为珍视的？人类水平的人工智能会在多大程度上影响我们对于自身人性的思考？用侯世达的话来

说，我们应该要害怕到什么程度？

　　《AI 3.0》这本书不是关于人工智能的综述或历史，确切地说，它是对一些人工智能方法的深入探索，这些方法可能正在影响或者即将影响我们的生活。本书还将论述那些在挑战我们人类独特性方面发展程度最高的人工智能成就。写作本书的目的是与读者一同分享我自己在这一领域的探索，帮助读者更加清楚地认识这个领域已经取得了什么成就，以及机器距离"能够为自身之'人性'进行辩护"还有多长的路要走。

AI 3.0 ○

Artificial Intelligence ○

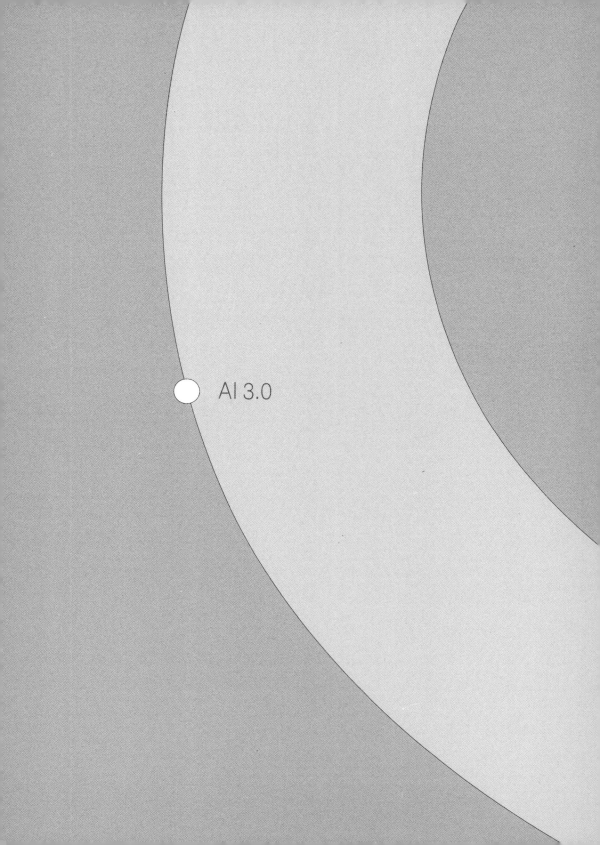
AI 3.0

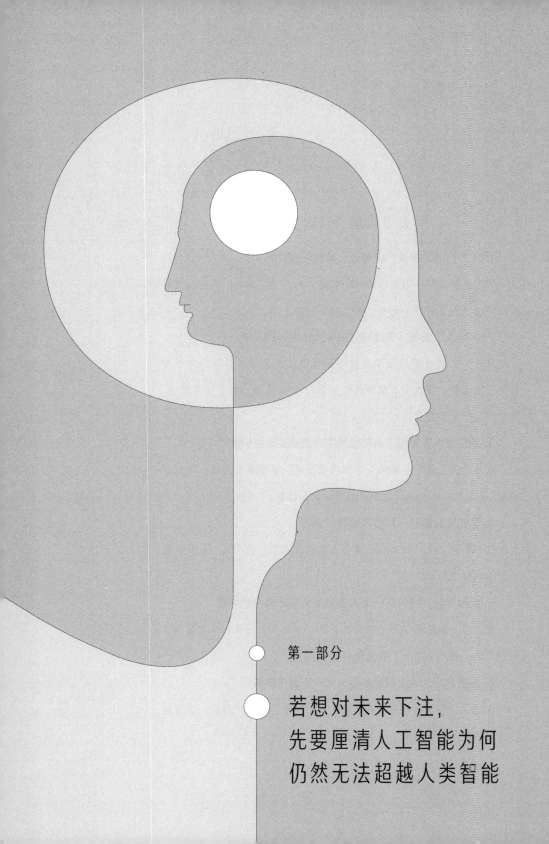

第一部分

若想对未来下注，
先要厘清人工智能为何
仍然无法超越人类智能

人工智能流派大变迁

1. 人工智能的源头，追寻什么是真正的智能

"人工智能"一词由约翰·麦卡锡（John McCarthy）提出，其目标是"真正的"智能，而非"人工的"智能。

2. 符号人工智能，无须构建模拟大脑运行的程序

符号人工智能最初是受到数学逻辑以及人们描述自身思考过程的方式的启发，在人工智能领域发展的最初30年里占据了主导地位，以专家系统最为著名。

3. 亚符号人工智能，从神经科学角度捕捉无意识思考

亚符号人工智能从神经科学中汲取灵感，试图捕捉隐藏在"快速感知"（fast perception）背后的无意识思考过程。

4. 联结主义崛起，神经网络再次流行

联结主义认为，智能的关键在于构建合适的计算结构，并从数据或现实世界中学习。

5. 机器学习，拉开下一个人工智能大变革舞台的序幕

基于统计学和概率论，研究者开发了一系列使计算机从数据中学习的方法，并形成了人工智能领域的一门分支学科。

6. 深度学习，人工智能的春天再一次百花盛开

从IBM的深蓝到沃森再到AlphaGo，统称为深度学习的人工智能方法已经成了主流的人工智能范式。

01

从起源到遭遇寒冬，心智是人工智能一直无法攻克的堡垒

达特茅斯的两个月和十个人

创造一台和人类一样聪明，甚至比人类更聪明的智能机器的梦想，已有几个世纪的历史，而随着数字计算机的崛起，这一梦想已成为现代科学的一部分。第一台可编程计算机的构建想法，实际上来自数学家将人类思想，特别是逻辑，当作'符号操纵'的机械过程的尝试。数字计算机本质上是符号操纵器，操纵符号"0"和"1"的各种组合。艾伦·图灵和约翰·冯·诺伊曼等计算机领域的先驱认为，人脑与计算机之间存在着极强的相似性，因而可以将人脑类比为计算机，并且在他们看来，人类智能显然能够被复制到计算机程序中。

人工智能领域的大多数从业者认为，该领域的正式确立可以追溯到 1956 年由一位名叫约翰·麦卡锡的年轻数学家在达特茅斯学院举办的一场小型研讨会。

1955 年，28 岁的麦卡锡进入了达特茅斯学院的数学系。在读本科时，他就学过一点儿心理学和"自动机理论"（后来演变为计算机科学）这一新兴领域的知识，并对创造一台能够思考的机器产生了兴趣。在普林斯顿大学数学系的研究生学院，他遇到了和自己一样对智能计算机的潜力十分着迷的学长马文·明斯基（Marvin

Minsky)^①。毕业后，麦卡锡在贝尔实验室和IBM曾经短暂任职，其间，他分别与信息论的发明者克劳德·香农（Claude Shannon）以及电气工程先驱内森尼尔·罗切斯特（Nathaniel Rochester）合作过。在达特茅斯时，麦卡锡曾说服明斯基、香农和罗切斯特帮助他组织一个人工智能研究项目，这个项目计划在 1956 年夏天开展，为期两个月，共 10 个人参与 [1]。"人工智能"一词就是麦卡锡发明的，他希望将这一领域与一项名为"控制论"[2]的研究区分开来。麦卡锡后来承认："当时没有人真正喜欢这个名字——毕竟，我们的目标是'真正的'智能，而非'人工的'智能，但是我必须得给它起个名字，所以我称它为'人工智能'。"[3]

他们 4 位组织者向洛克菲勒基金会递交了一份提案，请求其为这一夏季研讨会提供资助。他们写道，这一提案是基于"学习的每个方面，或者说智能的任何特征，从原则上来说都可以被精确地描述，因此，可以制造一台机器来进行模拟"[4]。该提案列出了一系列需要讨论的主题，如自然语言处理（natural-language processing, NLP）、神经网络、机器学习、抽象概念和推理、创造力等，这些主题至今仍定义着人工智能这一领域。

在 1956 年，即便是最先进的计算机，其速度也达不到现代智能手机的百万分之一，但麦卡锡和他的同事依旧非常乐观地认为人工智能是触手可及的："我们认为，只要精心挑选一组科学家共同针对这其中的一个或多个课题研究一整个夏天，就能够取得重大的进展。"[5]

然而很快就出现了问题，一个对今天任何一位科学研讨会的组织者来说都很熟悉

---

① 明斯基在《情感机器》中指出：如果人类的大脑是一台机器，那么探究其内部意识的运作机制，是否有助于我们研发出能理解、会思考的人工智能？该书的中文简体字版已由湛庐策划，浙江人民出版社 2016 年出版。——编者注

的问题——洛克菲勒基金会只批准了他们所需资助金的一半，而且事实证明，说服参与者来参加会议并留下来做研究，要比麦卡锡想象的困难得多，更别提在任何问题上达成共识了。会上出现了很多有趣的讨论，但并没有达成什么一致意见，这类会议常常就是这样：每个人都有不同的想法和强烈的自我意识，并对自己的计划充满热情[6]。尽管如此，达特茅斯的这次夏季人工智能研讨会还是获得了一些非常重要的成果：该领域得到了命名；其总体目标也基本明确了；即将成为该领域"四大开拓者"的麦卡锡、明斯基、艾伦·纽厄尔（Allen Newell）和西蒙得以会面，并对未来做出了一些规划，而且不知出于什么原因，这4个人开完会后都对该领域持极大的乐观态度。20世纪60年代初，麦卡锡创立了斯坦福人工智能项目（Stanford Artificial Intelligence Project），其目标是："在10年内打造一台完全智能的机器。"[7]大概在同一时间，后来的诺贝尔奖得主西蒙预测："用不了20年，机器就能够完成人类所能做的任何工作。"[8]不久之后，麻省理工学院人工智能实验室（MIT AI Lab）的创始人明斯基就预言："在一代人之内，关于创造'人工智能'的问题将得到实质性的解决。"[9]

定义，然后必须继续下去

这些预期事件至今一件都没有发生。那么，我们距离构建一台"完全智能的机器"的目标还有多远？构建这样的机器会需要我们对人脑的所有复杂性进行逆向工程吗？或者，是否存在一条捷径、一套智能但未知的算法，可以产生我们所认为的完全智能？完全智能究竟意味着什么？

"定义你的术语……否则我们将永远无法相互理解。"[10]这一来自18世纪的哲学家伏尔泰的忠告，对于任何谈论人工智能的人来说都是一个挑战，因为人工智能的核心概念——"智能"（intelligence）仍然没有明晰的定义。针对类似

"智能"及其引申词，如"思想"（thinking）、"认知"（cognition）、"意识"（consciousness）、"情感"（emotion）这样的词语，明斯基创造了"手提箱式词汇"（suitcase word）[11]这一术语，其意思是：每个词语就像是打包封装了不同含义的手提箱。人工智能就经过了"打包"，在不同的上下文中承担不同的含义。

大多数人会认同人类是智能的，而尘埃颗粒不是。同样的道理，我们普遍认为人类比虫子更加智能。对于人类智能，智商（IQ）是在单一尺度上衡量的，但我们也会探讨智能的不同维度，如情感、语言、空间、逻辑、艺术、社交等。因此，智能的定义可能是二元的（一个物体是或不是智能的）、在一个连续统 ① 上的（一个物体比另一个物体更智能），或者是多维的（一个人可以具有高语言智能和低情感智能）。确实，"智能"这个词语是一个满载的手提箱，而拉链就在随时可能撑破的边缘上。

然而，人工智能领域在很大程度上忽略了这些各式各样的区别，它聚焦于两方面的工作：**一方面是科学性工作；另一方面是实践性工作。在科学性工作中，人工智能研究者通过将"自然的"即生物学上的智能机制嵌入计算机的方式来研究它；而在实践性工作中，人工智能研究者单纯地希望创造出像人类一样，甚至可以比人类更好地执行任务的计算机程序，并不担心这些程序是否真的在以人类的思维方式进行思考。**当被问及他们的研究动机来自哪一方面时，人工智能领域的很多从业者会开玩笑地说，这取决于他们目前的资助是来自哪一方。

2016 年，一份关于人工智能领域现状的报告称，由著名研究人员组成的某委员会将该领域定义为"一个通过合成智能来研究智能属性的计算机科学分支"[12]。是的，这有点儿拗口，但该委员会也承认很难对该领域进行定义，而这可能是一件好事："缺乏一个精确的、得到普遍接受的人工智能的定义，可能有助于该领域更快地成长、繁

---

① "连续统"是一个数学概念，指的是连续不断的数集。——编者注

荣和进步。"[13] 此外，该委员会还指出："由于以上各种不确定，人工智能领域的实践者、研究者以及开发者都在一个大致的方向感和势在必行的信念的引导下继续前进。"

任何方法都有可能让我们取得进展

1956 年，在达特茅斯的研讨会上，不同领域的参会者对采用何种方法来研究人工智能产生了分歧。数学家提倡将数学逻辑和演绎推理作为理性思维的语言；另一些人则支持归纳法，这是一种运用程序从数据中提取统计特征，并使用概率来处理不确定性的方法；其他人则坚信应该从生物学和心理学中汲取灵感来创造类似大脑的程序。令人惊讶的是，这些不同研究方法的支持者之间的争论一直持续到了今天，每一种方法都形成了自己的一套原则和相关技术，它们又通过在各自领域的专业会议和期刊上传播得以巩固，但这些有待深入研究的领域之间却几乎没有交流。2014 年，有一篇人工智能调研文章对此总结道："因为我们并未深入了解智能，也不知道如何创造通用人工智能，因此，想要真正取得进展，我们应当拥抱人工智能'方法论的无政府状态'，而不应切断任何一种探索途径。"[14]

2010 年以后，有一类人工智能研究方法已经超越这种"无政府状态'成了主流的人工智能研究范式，那就是深度学习，其工具就是深度神经网络（deep neural network，DNN）。事实上，在大众媒体上，"人工智能"这一术语基本上已经等同于深度学习了，然而，这是一种令人感到遗憾的、不准确的描述，我需要澄清这两者之间的区别。人工智能是一个包括广泛研究方法的领域，其目标是创造具有智能的机器，而深度学习只是实现这一目标的一种方法。深度学习本身是机器学习领域众多研究方法中的一种，后者又是人工智能的一个子领域，着重关注机器从数据或自身的"经验"中进行学习。为更好地理解这些不同领域的区别，了解早期人工智能研究领域出现的一个哲学分歧是很重要的，那就是所谓的符号人工智能和亚符号人工智能之间的分歧。

符号人工智能，力图用数学逻辑解决通用问题

我们先来看一下符号人工智能。一个符号人工智能程序里的知识包括对人类来说通常可以理解的单词或短语（即"符号"），以及可供程序对这些符号进行组合和处理以执行指定任务的规则。

举个例子，一个早期的人工智能程序被创建者自信地命名为"通用问题求解器"[15]，其英文简称为"GPS"。这个首字母缩写的确让人感到困惑，但通用问题求解器的出现早于全球定位系统（global positioning system, GPS）。通用问题求解器可以解答诸如"传教士和食人者"之类的智力游戏题，但这些题目你可能在孩童时期就已经知道如何解决了。在这个众所周知的难题中，3 个传教士和 3 个食人者都需要过河，但一艘小船上只能载 2 人。如果河岸一边饥饿的食人者的数量超过了"美味的"传教士的话……好吧，你知道会发生什么。那么，他们如何成功地渡过这条河？

通用问题求解器的创建者，认知科学家西蒙和纽厄尔，记录了几个学生在解决这个问题以及其他逻辑难题时"自言自语"的过程。西蒙和纽厄尔随后设计了他们认为能够模仿学生的思考过程的程序。

这里我就不详细介绍通用问题求解器的工作原理了，但是从其程序指令的编码方式中可以看出它的符号性质。为了解决这个问题，人类会为通用问题求解器编写类似以下内容的代码：

```
CURRENT STATE:
LEFT-BANK = [3 MISSIONARIES, 3 CANNIBALS, 1 BOAT]
RIGHT-BANK = [EMPTY]
DESIRED STATE:
LEFT-BANK = [EMPTY]
```

RIGHT-BANK = [3 MISSIONARIES, 3 CANNIBALS, 1 BOAT]

上面这组代码描述了这样一个事实：最初，河的左岸（LEFT-BANK）包含了3名传教士（3 MISSIONARIES）、3名食人者（3 CANNIBALS）和1艘船（1 BOAT），而右岸不包含以上这些元素。理想状态表示程序的目标：让他们全部都到河的右岸。

通用问题求解器每运行一步，都会试图改变当前状态，以使其更接近理想状态。通用问题求解器的代码中，有能够把当前状态转变到一个新状态的"运算符"（operators，以子程序的形式存在），还有能够编码任务约束的规则。例如，有一个运算符是把一定数量的传教士和食人者从河岸的一边移动到另一边：

MOVE（# MISSIONARIES，# CANNIBALS，FROM-SIDE，TO-SIDE）

括号内的单词称为参数，当程序运行时，它用数字或其他单词替换这些单词。也就是说，程序用要移动的传教士的数量来替换"MISSIONARIES"，月要移动的食人者的数量来替换"CANNIBALS"，用"LEFT-BANK"和"RIGHT-BANK"替换"FROM-SIDE"和"TO-SIDE"，这取决于传教士和食人者将被转移到河岸的哪一边，而船随着传教士和食人者一起移动这一信息，是被编码在程序之中的。

在调用运算符和使用特定值替换这些参数之前，程序必须检查其编码规则。例如，一次最多可以移动2人，并且如果该运算符会导致在同一河岸的食人者数量超过传教士的数量，则它不能被调用。

这个案例中的符号表示的都是人类可理解的概念，如传教士、食人者、船只、河岸等，但运行该程序的计算机并不知道这些符号的含义。你可以用"Z372B"或任何其他无意义的字符串替换所有的"MISSIONARIES"，程序也会以完全相同的方式工作，这就是通用问题求解器中"通用"一词的部分含义。对于计算机，符号的意义来自它们之间组合、相互关联和相互作用的方式。

符号人工智能的支持者认为，想要在计算机上获得智能，并不需要构建模仿大脑运行的程序。相反，其观点是，通用智能完全可以通过正确的符号处理程序来获得。我同意这种看法，构建这样一个程序要比构建传教士和食人者这个例子中所使用的程序复杂得多，但它仍然会由符号、符号组合、符号规则和运算组成。

由通用问题求解器所阐释的这类符号人工智能，在人工智能领域发展的最初 30 年里占据了主导地位，其中以专家系统最为著名。在专家系统中，人类专家为计算机程序设计用于医疗诊断和法律决策等任务的规则。人工智能领域有几个活跃的分支到现在仍在采用符号人工智能，我将在后面的章节中讲述其中的一些例子，特别是在探讨推理和"拥有常识"的人工智能方法的相关章节。

感知机，依托 DNN 的亚符号人工智能

符号人工智能最初是受到数学逻辑以及人们描述自身意识思考过程的方式的启发。相比之下，亚符号人工智能方法则从神经科学中汲取灵感，并试图捕捉隐藏在所谓的"快速感知"背后的一些无意识的思考过程，如识别人脸或识别语音等。亚符号人工智能程序不包含我们在前文的传教士和食人者的例子中看到的那种人类可理解的语言。与之相反，一个亚符号人工智能程序本质上是一堆等式——通常是一大堆难以理解的数字运算。我稍后将做简要解释：此类系统被设计为从数据中学习如何执行任务。

亚符号、受大脑启发的人工智能程序的一个早期例子是感知机，它由心理学家弗兰克·罗森布拉特于 20 世纪 50 年代末提出[16]。"感知机"这个词对于我们现代人来说，听起来可能有点儿像 20 世纪 50 年代科幻小说中的词（正如我们所看到的，随后很快就出现了"认知机"和"神经认知机"）。感知机是人工智能的一个重要里程碑，同时也催生了现代人工智能最成功的工具——DNN。

　　罗森布拉特发明感知机是受到人脑中神经元处理信息的方式的启发。一个神经元就是大脑中的一个细胞，它能够接收与之相连的其他神经元的电或化学输入信号。简单地说，一个神经元把它从其他神经元接收到的所有输入信号加起来，如果达到某个特定的阈值水平，它就会被激活。重要的是，一个给定的神经元与其他神经元的不同连接（突触）有不同的强度，当计算信号输入总和的时候，给定的神经元会给弱连接分配较少的权重，而将更多的权重分配给强连接的输入。神经科学家认为，弄明白神经元之间的连接强度是如何调整的，是了解大脑如何学习的关键。

　　对于计算机科学家或者心理学家来说，信息在神经元中的处理过程可以通过一个有多个输入和一个输出的计算机程序（感知机）进行模拟。神经元和感知机之间的类比如图 1-1 所示。图 1-1（A）展示了一个神经元及其树突（为细胞带来输入信号的结构）、胞体和轴突（即输出通道）；图 1-1（B）展示了一个简单的感知机结构。与神经元类似，感知机将其接收到的输入信号相加，如果得到的和等于或大于感知机的阈值，则感知机输出 1（被激活），否则感知机输出 0（未被激活）。为了模拟神经元的不同连接强度，罗森布拉特建议给感知机的每个输入分配一个权重，在求和时，每个输入在加进总和之前都要先乘以其权重。感知机的阈值是由程序员设置的一个数字，它也可以由感知机通过自身学习得到，这一点我们接下来会讲到。

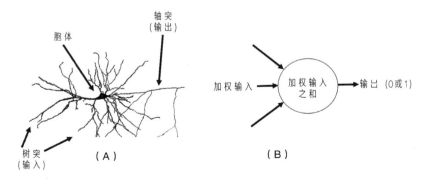

图 1-1　大脑中的神经元（A）和一个简单的感知机（B）

简而言之，感知机是一个根据加权输入的总和是否满足阈值来做出是或否（输出1或0）的决策的简易程序。在生活中，你可能会以下面这样的方式做出一些决定。例如，你会从一些朋友那里了解到他们有多喜欢某一部电影，但你相信其中几个朋友对于电影的品位比其他人更高，因此，你会给他们更高的权重。如果朋友喜爱程度的总量足够大的话（即大于某个无意识的阈值），你就会决定去看这部电影。如果感知机有朋友的话，那么它就会以这种方式来决定是否看一部电影。

受大脑神经元网络的启发，罗森布拉特提出可以应用感知机网络来执行视觉任务，例如人脸和物体识别。为了了解感知机网络是如何开展工作的，我们接下来将探索一个感知机如何执行特定的视觉任务，比如，识别图1-2所示的手写数字。

图1-2　一些手写数字

我们将感知机设计为"8"探测器，也就是说，如果其输入是一幅数字8的图像，则输出1；如果输入图像的内容是其他数字，则输出0。设计这样一个探测器需要我们先弄清楚如何将图像转换为一组数值输入，再确定感知机的权重分配和阈值，以使感知机能够产生正确的输出（8为1，其他数字为0）。由于后续章节关于神经网络及其在计算机视觉中的应用的讨论中会出现许多与之相同的想法，因此我将在这里进行一些详细的介绍。

感知学习算法，无法重现人脑的涌现机制

图1-3（A）展示了一个放大的手写数字8。图中每个网格方块（像素）都有一个可以用数字表示的强度值——像素强度（pixel intensity）①。在黑白图像中，纯白色方块的像素强度为255；纯黑色方块的像素强度为0；而灰色方块的像素强度介于其间。另外，假设我们给感知机输入的图像已经被调整为与这个18×18像素的图像一样大小。

图1-3（B）展示了一个用于识别"8"的感知机。该感知机具有324（18×18）个输入，每个输入对应于网格中的一个像素。给定如图1-3（A）所示的一个图像，则感知机的每个输入都被设置为对应像素的像素强度，同时，每个输入都有自己的权重。

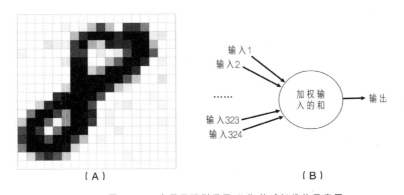

（A）　　　　　　　　　　　（B）

图1-3　一个用于识别手写"8"的感知机的示意图

注：18×18像素图像中的每个像素对应感知机的一个输入，该感知机共有324（18×18）个输入。

---

① 像素强度表征的是图像中像素的亮度，该值的范围为0~255，值越高，像素的亮度越高。
　——编者注

学习感知机的权重和阈值

与我之前描述的符号化的通用问题求解器不同的是：感知机中没有任何对其需要执行的任务进行描述的明确规则，感知机中的所有"知识"都被编码在由数字组成的权重和阈值中。罗森布拉特在他的多篇论文中，都展示了在给定正确的权重和阈值的情况下，图 1-3（B）中的感知机可以很好地完成感知任务，例如，识别简单的手写数字。但是，我们如何为一个给定的任务准确地设定正确的权重和阈值呢？罗森布拉特再次给出了一个受大脑启发的答案：感知机应该通过自己的学习获得这些数值。

那么，它应该如何学习获得正确的数值呢？与当时流行的行为心理学理论一样，罗森布拉特的观点是：感知机应该通过条件计算（conditioning）来学习。这是受到了行为主义心理学家伯勒斯 · 斯金纳（Burrhus F. Skinner）的启发，斯金纳通过给老鼠和鸽子以正向和负向的强化来训练它们执行任务，罗森布拉特认为感知机也应该在样本上进行类似的训练：**在触发正确的行为时奖励，而在犯错时惩罚。**如今，这种形式的条件计算在人工智能领域被称为监督学习（supervised learning）。在训练时，给定学习系统一个样本，它就产生一个输出，然后在这时给它一个"监督信号"，提示它此输出与正确的输出有多大偏离，然后，系统会根据这个信号来调整它的权重和阈值。

监督学习的概念是现代人工智能的一个关键部分，因此值得更详细的讨论。监督学习通常需要大量的正样本（例如，由不同的人书写的数字 8 的集合）和负样本（例如，其他手写的、不包括 8 的数字集合）。每个样本都由人来标记其类别——此处为"8"和"非 8"两个类别，这些标记将被用作监督信号。用于训练系统的正负样本，被称为"训练集"（training set），剩余的样本集合，也就是"测试集"（test set），用于评估系统在接受训练后的表现性能，以观察系统在一般情况下，而不仅仅是在训练样本上回答的正确率。

也许，计算机科学中最重要的一个术语就是算法了，它指的是计算机为解决特定问题而采取的步骤的"配方"。罗森布拉特对人工智能的首要贡献是他对一个特定算法的设计，即感知机学习算法（perceptron-learning algorithm），感知机可以通过这一算法从样本中得到训练，来确定能够产生正确答案的权重和阈值。下面，我们来介绍它的工作原理。最初，感知机的权重和阈值被设置为介于 -1 和 1 之间的随机数。在我们的案例中，第一个输入的权重可被设置为 0.2，第二个输入的权重被设置为 -0.6，而阈值则被设置为 0.7。一个名为随机数生成器（random-number generator）的计算机程序可以轻松生成这些初始值。

接下来就可以开始训练了。首先，将第一个训练样本输入感知机，此时，感知机还不知道正确的分类标记。感知机将每个输入乘以它的权重，并对所有结果求和，再将求得的和与阈值进行比较，然后输出 1 或 0，其中，输出 1 代表它的输入为 8，输出 0 代表它的输入不是 8。接下来，将感知机的输出和人类标记的正确答案（"8"或者"非8"）做比较。如果感知机给出的答案是正确的，则权重和阈值不会发生变化，但是如果感知机是错误的，其权重和阈值就会发生变化，以使感知机在这个训练样本上给出的答案更接近于正确答案。此外，每个权重的变化量取决于与其相关的输入值，也就是说，对错误的"罪责"的分配取决于哪个输入的影响更大或更小。例如，在图 1-3（A）的"8"中，强度较低的像素（这里为黑色）影响较大，而强度为 255 的像素（这里为纯白色）则不会有任何影响（对此感兴趣的读者，可以查阅我在注释中介绍的一些数学细节[17]）。

下一个训练将重复上述整个过程。感知机会将这个训练过程在所有的训练样本上运行很多遍，每一次出错时，感知机都会对权重和阈值稍做修改。正如斯金纳在训练鸽子时发现的：通过大量试验循序渐进地学习，其效果更好，如果在一次试验中，权重和阈值的改动过大，系统就可能以学到错误的东西告终。例如，过度关注于 8 的上半部分和下半部分的大小总是完全相等的。在每个训练样本上进行多次重复训练之后，（我们希望）系统最终将获得一组能够在所有训练样本上都能得出正确答案的权重和阈值。此时，我们可以用测试样本对感知机进行评估，以观察它在未曾训练过的图像上的表现。

如果你只关心数字 8，那么这个"8"探测器就很有用，但若要识别其他数字呢？其实很简单，我们只需将感知机扩展到 10 个输出，每个输出对应一个数字就可以了。给定一个手写数字样本，与该数字对应的输出应该是 1，而其他所有输出都应该是 0。这个扩展的感知机可以使用感知机学习算法来获得其所有的权重和阈值，只需为它提供足够多的训练样本即可。

罗森布拉特等人证明了感知机网络能够通过学习执行相对简单的感知任务，而且罗森布拉特在数学上证明了：对于一个特定（即便非常有限）的任务类别，原则上只要感知机经过充分的训练，就能学会准确无误地执行这些任务。至于感知机在更一般的人工智能相关任务中会如何表现，我们尚不清楚。然而，这种不确定性似乎并没有阻止罗森布拉特和他在海军研究实验室的资助者对他们的算法做出荒唐的乐观预测。《纽约时报》对罗森布拉特于 1958 年 7 月组织的一次新闻发布会的报道，做出了如下说明：

> 今天，美国海军公布了一款预计能走路、说话、看东西、写字、自我复制，并能够意识到自我存在的电子计算机的雏形。据估计，感知机不久后就将能够识人，并叫出他们的名字，还能将一种语言的语音即时翻译成另外一种语言的语音和文字[18]。

是的，即便是刚出现的时候，人工智能就已在面临炒作的问题。稍后我将多讨论一些由这种炒作造成的不好的结果。现在，我想用感知机来强调人工智能的符号方法和亚符号方法之间的主要区别。

感知机的"知识"由它所学到的权重和阈值这对数值组成，这一事实，意味着我们很难发现感知机在执行识别任务时使用的规则。感知机的规则不是符号化的，不像通用问题求解器的符号，如"LEFT-BANK""MISSIONARIES""MOVE"等。感知机的权重和阈值不代表特定的概念，这些数字也很难被转换成人类可以理解的规则。这一情况在当下具有上百万个权重的神经网络中变得更加复杂。

有人可能会将感知机和人脑做一个粗略的类比。如果我能打开你的大脑，并对其中上千亿个神经元中的一部分进行观察，我可能并不能清楚你的想法或者你做某个特定决定时所用的规则。然而，人类的大脑已经产生了语言，它允许你使用符号（单词和短语）来向我传达你的想法，或者你做某件事的目的。从这个意义上说，我们的神经刺激可以被认为是亚符号化的，而以它们为基础的我们的大脑不知何故却创造了符号。类比于大脑中的亚符号化的神经网络，感知机以及更复杂的模拟神经元网络，也被称作"亚符号"派。这一派的支持者认为：若要实现人工智能，类似语言的符号和控制符号处理的规则，不能像在通用问题求解器中那样直接进行编程，而必须以类似于智能符号处理从大脑中涌现的方式，从类似于神经元的结构中涌现出来。

感知机是一条死胡同

在 1956 年的达特茅斯会议之后，符号人工智能阵营占据了人工智能的主导地位。20 世纪 60 年代初，当罗森布拉特正积极投身于感知机的研究工作时，人工智能的四大创始人，也是符号人工智能阵营的伟大信徒，都各自创建了颇具影响力且资金充足的人工智能实验室：明斯基在麻省理工学院；麦卡锡在斯坦福大学；西蒙与纽厄尔在卡内基梅隆大学。值得注意的是，这三所大学至今仍然位于研究人工智能最负盛名的机构之列。明斯基认为，罗森布拉特以大脑为灵感的亚符号人工智能研究方法就是一条死胡同，而且正从更有价值的符号人工智能的研究中"窃取"研究资金[19]。1969 年，明斯基和他在麻省理工学院的同事西摩·佩珀特（Seymour Papert）出版了一本名叫《感知机》（*Perceptrons*）[20] 的书，书中给出了一个数学证明，表明感知机能够完美解决的问题类型非常有限，因为感知机学习算法随着任务规模的扩大需要大量的权重和阈值，所以表现不佳。

明斯基和佩珀特指出，如果一个感知机通过添加一个额外的模拟神经元"层"来增强能力，那么原则上，感知机能够解决的问题类型就广泛得多[21]，带有这样一个附加层的感知机叫作多层神经网络。多层神经网络构成了许多现代人工智能技术的基础，下一章我将对其展开详细论述。在这里我要指出的是：在明斯基和佩珀特的书出版后，多层神经网络并没有得到广泛的研究，很大程度上是由于缺乏类似于感知机学习算法那样的对权重和阈值进行学习的通用算法。

明斯基和佩珀特对简单感知机的局限性的证明已广为该领域的人们所熟知[22]。罗森布拉特本人对多层感知机做了大量的研究工作，并意识到了训练多层感知机的困难[23]。研究者放弃对感知机的进一步研究，其主要原因并不是明斯基和佩珀特的数学证明，而是他们对多层神经网络的推测。

> 感知机有很多引人关注的特性：它的线性特征、有趣的学习定理，以及它作为一种并行计算而具有的明显的范式简洁性，但没有理由认为其中任何一个优点可以延展到多层神经网络。无论如何，我们的直觉判断是：这些延展是"不育的"[24]，而如何阐明或驳斥我们的这一判断是一个重要的研究课题。

用现在的行话来说，最后一句可被称为"被动攻击"。这样消极的推测至少是造成 20 世纪 60 年代末神经网络研究经费枯竭的部分原因，而与此同时，符号人工智能则在挥霍着政府的资助。1971 年，年仅 43 岁的罗森布拉特丧生于一次划船事故。没有了最杰出的倡导者，并且没有太多政府资金来支持，研究者对感知机和其他亚符号人工智能研究方法的相关探索基本上停止了，只有少数几个孤立的学术团体还在苦苦挣扎。

泡沫破碎，进入人工智能的寒冬

与此同时，符号人工智能的倡导者正在撰写拨款提案，并承诺将在语音和语言理解、常识推理、机器人导航，以及自动驾驶汽车等领域取得突破。到了 20 世纪 70 年代中期，虽然有几个聚焦面狭窄的专家系统得到了成功部署，但之前承诺过的更通用的人工智能突破并未实现。

资助机构也注意到了这一点。两份分别由英国科学研究理事会和美国国防部征集的报告，对人工智能研究的进展和前景的评价均非常消极。英国的报告特别指出："面向高度专业化的问题领域的专家系统，只有当其编程非常充分地借鉴了人类经验和人类智能在相关领域的知识时，才有前景，但得出的结论是，迄今为止的结果，对通用问题求解器试图在更广泛的领域内模仿人类（大脑）活动来解决问题而言，彻底令人沮丧。这样一个通用目标程序，似乎仍然和以往一样，离人工智能领域梦寐以求的长期目标相当遥远。"[25] 这份报告导致了英国政府对人工智能研究的资助骤减，同样，美国国防部也大幅削减了对美国基础人工智能研究的资助。

这是人工智能领域的泡沫不断产生又破灭这种循环的一个早期例子。这一循环是这样运转的：

● 第一阶段，新想法在研究领域得到了大量的支持。相关研究人员承诺人工智能即将取得突破性的成果，并被新闻媒体各种炒作。政府资助部门和风险投资者向学术研究界和商业初创公司注入大量资金。

● 第二阶段，曾经承诺的人工智能突破没有如期实现，或者远没有当初承诺的那么令人满意。政府资助和风险资本枯竭，初创公司倒闭，人工智能研究放缓。

研究人工智能的群体已经熟悉了这一模式：先是"人工智能的春天"，紧接着是过度的承诺和媒体炒作，接下来便是"人工智能的寒冬"。从某种程度上来说，这一现象以 5~10 年为周期在不断上演。当我在 1990 年研究生毕业时，这一领域正处在一个寒冬，并且形成了一个非常恶劣的氛围，以至于有人甚至建议我在求职申请中避免使用"人工智能"这个词。

看似容易的事情其实很难

人工智能的寒冬给该领域的从业者带来了许多重要的经验和教训。达特茅斯学院研讨会举办 50 年后，麦卡锡总结出了最简单的一个教训："人工智能比我们认为的要难。"[26] 明斯基指出，事实上，对人工智能的研究揭示了一个悖论："看似容易的事情其实都很难。"人工智能计算机的最初目标是：计算机能够以自然语言与我们进行交谈，描述它们通过摄像头"眼睛"看到的事物，在看到几个例子之后就可以学会新的概念。这些小孩子做起来都很容易的事情，对人工智能来说却是比诊断复杂疾病、在国际象棋和围棋中击败人类冠军，以及解决复杂代数问题等更加难以实现的事情。正如明斯基所言："总的来说，我们完全不清楚我们的心智最擅长什么。"[27] 创造人工智能的尝试，最起码帮助阐明了我们人类的心智是多么复杂和微妙。

01　智能是个手提箱

对于任何谈论人工智能的人来说，定义"人工智能"都是一个挑战，因为人工智能的核心概念——智能，仍然没有明晰的定义。针对类似"智能"及其引申词，如"思想""认知""意识""情感"这样的词语，明斯基创造了"手提箱式词汇"这一术语，其意思是：每个词语就像是打包封装了不同含义的手提箱。人工智能就经过了"打包"，在不同的上下文中承担不同的含义。

大多数人会认同人类是智能的，而尘埃颗粒不是。同样的道理，我们普遍认为人类比虫子更加智能。对于人类智能，智商是在单一尺度上衡量的，但我们也会探讨智能的不同维度，如情感、语言、空间、逻辑、艺术、社交等。因此，智能的定义可能是二元的（一个物体是或不是智能的）、在一个连续统上的（一个物体比另一个物体更智能），或者是多维的（一个人可以具有高语言智能和低情感智能）。确实，"智能"这个词语是一个满载的手提箱，而拉链就在随时可能撑破的边缘上。

02

从神经网络到机器学习, 谁都不是最后的解药

多层神经网络这一被明斯基和佩珀特所摒弃的、认为很有可能"不育的"带有扩展层的感知机, 事实证明反而成了现代人工智能的基础。由于它是我在后续章节中描述的多种方法的基础, 所以我在这里花一些篇幅来讲述这些网络是如何工作的。

多层神经网络, 识别编码中的简单特征

网络是以多种方式相互连接的一组元素的集合。我们都对社交网络很熟悉, 社交网络的元素是人, 而计算机网络中的元素自然是计算机。在神经网络中, 这些元素是模拟神经元, 类似于我在前一章中描述的感知机。

在图 2-1 中, 我画了一个简单的多层神经网络的草图, 这个多层神经网络用于识别手写数字。网络由两列 (层) 类似感知机的模拟神经元 (图中圆圈) 组成。为了简单起见, 我将使用"单元"而非"模拟神经元"这个术语来描述网络中的元素。与第 01 章中检测数字 8 的感知机一样, 该神经网络有 324 (18×18) 个输入, 每个输入都设置为输入图像中相应像素的像素强度。与前文中的感知机不同的是, 这个网络有一层是由 3 个所谓的"隐藏单元"(hidden unit) 组成的隐藏层, 随后是一个由 10 个单元组成的输出层, 每个输出单元对应一个可能的数字类别。

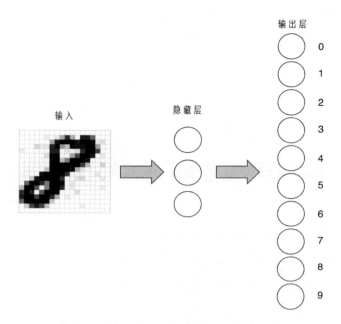

图 2-1 一种用于识别手写数字的多层神经网络

图中的灰色箭头表示输入单元与每个隐藏单元之间都有一个加权连接，每个隐藏单元与每个输出单元之间都有一个加权连接。这个听上去很神秘的术语"隐藏单元"表示的是一个非输出单元，所以，称之为"内部单元"（interior unit）可能更好。

想象一下你的大脑结构，其中有一些神经元直接控制"输出"，如肌肉运动，但大部分神经元只与其他神经元互相传递信息，这些神经元被称为大脑的隐藏神经元。

图 2-1 中的网络被称为多层神经网络，因为它包含两层结构，即一个隐藏层和一个输出层，而非仅有一个输出层。原则上，多层神经网络可以有多层隐藏单元，具有多于一层隐藏单元的网络被称为"深度网络"（deep networks）。网络的深度就是其隐藏层的数量。在接下来的章节中，我还会介绍更多有关深度网络的内容。

与感知机类似，多层神经网络中的每个单元将它的每个输入乘以其权重并求和，但是，与感知机不同的是，这里的每个单元并不是简单地基于阈值来判断是"激活"还是"不激活"（输出 1 或 0），而是使用它求得的和来计算一个 0~1 之间的数，称为激活值。如果一个单元计算出的和很小，则该单元的激活值接近 0；如果计算出的和很高，则激活值接近 1。[1]

为了处理图 2-1 中手写数字 8 这样的图像，网络从左向右逐层执行计算，每个隐藏单元计算其激活值，然后这些值又成为输出单元的输入，输出单元据此计算自己的激活值。在图 2-1 的多层神经网络中，输出单元的激活值可以理解为多层神经网络对"看到"相应数字的置信度，具有最高置信度的数字类别被认为是它的答案——它给出的分类。

原则上，多层神经网络能够学会使用其隐藏单元来识别更为抽象的特征，例如，一个手写的 8 的上半部分和下半部分这种形状。它要比像素这种简单特征抽象得多。通常情况下我们很难提前知道，对于一个给定的任务，一个神经网络到底需要多少层隐藏单元，以及一个隐藏层中应该包含多少个隐藏单元才会表现更好，大多数神经网络研究人员采用试错的方式来寻找最佳设置。

无论有多少输入与输出，反向传播学习都行得通

在《感知机》一书中，明斯基和佩珀特对于是否能够设计出一种成功的、用来学习多层神经网络权重设置的算法持怀疑态度，符号人工智能阵营的其他人也持此态度。他们的怀疑在很大程度上导致了 20 世纪 70 年代神经网络研究经费的大幅减少。尽管明斯基和佩珀特的书对这一领域产生了冷却性的影响，但神经网络研究领域的一小部分核心群体仍然坚持了下来，特别是在罗森布拉特的认知心理学领域。到了 70 年代末和 80 年代初，这些研究小组中的一些人开发了一种名为"反向传播"

（back-propagation）的通用学习算法来对网络进行训练，有力地驳斥了明斯基和佩珀特对于多层神经网络"不育性"的猜测。

> 　顾名思义，反向传播算法是一种对输出端观察到的错误进行反向罪责传播，从而为网络中的每个权重都分配恰当罪责的方法。反向罪责传播是指，从右向左追溯罪责源头。这使得神经网络能够确定为减少错误应该对每个权重修改多少。神经网络中所谓的学习就是逐步修改连接的权重，从而使得每个输出在所有训练样本上的错误都尽可能接近于零。反向传播算法的数学实现过程超出了我在这部分内容的讨论范围，但我在注释中介绍了它的一些细节。[2]
>
> 　无论神经网络有多少个输入单元、隐藏单元和输出单元，反向传播都能行得通，至少原则上如此。尽管没有数学证明可以保证反向传播算法能为网络选定正确的权重，但事实上反向传播算法在许多对于简单感知机来说很难的任务上都表现得非常好。例如，我同时对一个感知机和一个两层神经网络在手写数字识别任务上进行训练，两者都有 324 个输入和 10 个输出，并采用 60 000 个样本进行训练，然后在 10 000 个新样本上测试两者的表现。感知机对新样本的识别正确率大约是 80%，而带有 50 个隐藏单元的神经网络对新样本的识别正确率则达到了 94%。向隐藏单元致敬！神经网络究竟学到了什么，使它能够超越感知机这么多？我不知道。或许我可以找到一种探测这个神经网络上的 16 700 个权重[3]的方法，从而对它的性能获得一些洞察，但一般来说，想要理解这些网络如何做出决定是非常困难的。

请务必注意，神经网络不仅可以被应用于图像，也可以被应用于任何领域、任何类型的数据，如语音识别、股市预测、语言翻译和音乐创作等。

联结主义：智能的关键在于构建一个合适的计算结构

20世纪80年代，最引人注目的神经网络研究小组是加州大学圣迭戈分校的一个团队，由心理学家大卫·鲁梅尔哈特（David Rumelhart）和詹姆斯·麦克莱兰德（James McClelland）带领。我们现在所说的神经网络，在当时一般被称作"联结主义网络"，其中"联结主义"（connectionist）这个术语指的是：这些网络上的知识存在于单元之间的加权连接中。鲁梅尔哈特和麦克莱兰德所带领的团队以撰写了联结主义的"圣经"而闻名，这是一部两卷本的专著，于1986年出版，名为《并行分布式处理》（Parallel Distributed Processing）。在由符号人工智能主导的人工智能版图中，这本书为亚符号化研究方法的支持者鼓舞了士气，并提出了这样的观点："人类比当今的计算机更聪明，是因为人的大脑采用了一种更适合于人类完成他们所擅长的自然信息处理任务的基本计算架构，例如，'感知'自然场景中的物体并厘清它们之间的关系……理解语言，并从记忆中检索上下文恰当的信息。"[4] 该书的作者推测：明斯基和佩珀特所青睐的这类符号系统是无法获得这些人类所拥有的能力的[5]。

确实，到20世纪80年代中期，依赖人类创建并反映特定领域专家知识规则的符号人工智能方法——专家系统，越来越暴露出自身的脆弱性：容易出错，且在面对新情况时往往无法进行一般化或适应性的处理。在分析这些系统的局限性时，研究人员发现，编写规则的人类专家实际上或多或少依赖于潜意识中的知识（常识）以便明智地行动。这种常识通常难以通过程序化的规则或逻辑推理来获取，而这种常识的缺乏严重限制了符号人工智能方法的广泛应用。简而言之，在经历了过度承诺、巨额的资金支持和媒体炒作的一轮周期之后，符号人工智能又将面临另一个人工智能的寒冬。

根据联结主义的支持者的观点，智能的关键在于构建一个合适的计算结构以及系统来获得从数据或现实世界的行为中进行学习的能力，这是受到了大脑的启发。鲁梅尔哈特、麦克莱兰德及其团队构建了软件形式的联结主义网络来作为人类学习、感知和语言发展的科学模型。虽然这些网络并没有表现出任何接近人类水平智能的特点，但《并行分布式处理》和其他文献描述的多种多样的网络就像人工智能工艺品一样有趣，并引起了包括资助机构在内的多方面的注意。

1988 年，提供了绝大部分人工智能研究资助的美国国防部高级研究计划局（DARPA）的一位高级官员宣称："我相信我们即将着手研究的这项技术（即神经网络）比原子弹更重要。"[6] 突然之间，神经网络又流行起来了。

亚符号系统的本质：不擅长逻辑，擅长接飞盘

在过去 60 多年的人工智能研究中，人们围绕符号和亚符号方法的相对优势进行了大量的讨论。符号系统可以由人类设计，被输入人类知识，并使用人类可理解的逻辑推理来解决问题。例如，一个于 20 世纪 70 年代早期开发的专家系统"MYCIN"，被给定了大约 600 条规则，用于帮助内科医生来诊断和治疗血液疾病。设计 MYCIN 的程序员在与内科医学专家经过辛苦面谈后开发了这些规则。针对一个病人的症状和医学检测结果，MYCIN 能够同时对规则进行逻辑推理和概率判断来做出诊断，并能够解释其推理过程。简而言之，MYCIN 是符号人工智能的一个典型范例。

相比而言，正如我们所看到的那样，亚符号系统往往难以阐释，并且没人知道如何直接将复杂的人类知识和逻辑编码到这些系统中。亚符号系统似乎更适合那些人类难以定义其中规则的感知任务。例如，你很难写出能够完成识别手写数字、接住棒球或识别你母亲声音等任务的规则，而你基本上是连下意识的思考都没有经过就自动完成了这些事情。正如哲学家安迪·克拉克（Andy Clark）所说，亚符号人工智能

系统的本质是"不擅长逻辑，擅长接飞盘①"[7]。

那么，我们完全可以用符号系统来完成类似于语言描述和逻辑推理的高级任务，而用亚符号系统来完成诸如识别人脸和声音这样的低级感知任务。在某种程度上，人工智能领域的研究者到目前为止就是这么做的，但这两个领域之间几乎没有任何联系。这两种方法都曾在其各自细分的领域里获得了重要的成功，但对于实现人工智能的最初目标还有很大的局限性。尽管已经有一些融合符号和亚符号系统来构建混合系统的尝试，但至今还未取得任何显著的成功。

机器学习，下一个智能大变革的舞台已经就绪

在统计学和概率论的启发下，人工智能领域的研究者开发了一系列能够使计算机从数据中进行学习的方法，并且为了与符号人工智能区分开来，机器学习成了人工智能领域一个独立的分支学科。机器学习的研究者轻蔑地将符号人工智能方法称为"普通的、过时了的人工智能"（good old-fashioned AI，GOFAI）[8]，并对其全面排斥。

在接下来的 20 年里，机器学习也经历了充满乐观、政府资助、创业公司纷纷涌现，然后是过度承诺，再接着是不可避免的行业寒冬的周期。考虑到当时可用的数据量和计算机的算力非常有限，用训练神经网络及其类似方法来解决现实世界的问题可能会极其缓慢，并且往往效果不好；但是，更多的数据和更强的算力很快就会来临，互联网数据的爆炸式增长和计算机芯片技术的飞速发展将会确保这点。下一个人工智能大变革的舞台已准备就绪。

---

① 飞盘是一种用于掷、接的玩具。此处意指亚符号人工智能系统并不擅长处理逻辑规则类型的任务，而擅长处理无显式规则的感知类任务。——译者注

02 神经网络是现代人工智能的基础

20世纪80年代中期，依赖人类创建并反映特定领域专家知识规则的符号人工智能方法——专家系统，越来越暴露出自身的脆弱性：容易出错，且在面对新情况时往往无法进行一般化或适应性的处理。在分析这些系统的局限性时，研究人员发现，编写规则的人类专家实际上或多或少依赖于常识以便明智地行动。这种常识通常难以通过程序化的规则或逻辑推理来获取，而这种常识的缺乏严重限制了符号人工智能方法的广泛应用。简而言之，在经历了过度承诺、巨额的资金支持和媒体炒作的一轮周期之后，符号人工智能又将面临另一个人工智能的寒冬。

根据联结主义的支持者的观点，智能的关键在于构建一个合适的计算结构以及系统从数据或现实世界的行为中进行学习的能力，这是受到了大脑的启发。突然之间，神经网络又流行起来了。

03

从图灵测试到奇点之争, 我们无法预测智能将带领我们去往何处

"猫识别机" 掀起的春日狂潮

你有把拍好的猫的视频上传到视频网站上的经历吗？如果有，那你不是唯一一个这么做的人。拿 YouTube 来说，现在已经有超过 10 亿个视频被上传到该网站，其中很多都是关于猫的。2012 年，谷歌的一个人工智能团队构建了一个"观看"了数百万个随机 YouTube 视频的多层神经网络，该网络具有超过 10 亿个权重，并且能够为了成功地压缩并解压视频中选定的帧而对这些权重进行调整。谷歌的研究人员并没有告诉系统要去学习任何特定的对象，但是经过一星期的训练之后，当他们探测这个多层神经网络的内部结构时，你猜他们发现了什么？一个似乎能够识别猫的神经元（单元）[1]。这台自学成才的"猫识别机"是过去 10 年中引起公众关注的一系列人工智能成就之一。这些成就大多归功于被统称为深度学习的一系列神经网络算法。

直到最近，流传很广的人工智能形象还主要来自众多电影和电视节目，如《2001：太空漫游》（*2001: A Space Odyssey*）和《终结者》（*The Terminator*），人工智能在其中都扮演了熠熠生辉的角色。然而，现实世界的人工智能在我们的日常生活或主流媒体中并不那么引人注意。如果你是在 20 世纪 90 年代

或更早的时候出生的，那你可能会回想起你与客户服务语音识别系统、语言学习机器人玩具"Furby"，或者微软那烦人且命运坎坷的虚拟助手"Clippy"之间的一些令人沮丧的交互体验。这样看来，完全成熟的人工智能似乎还遥不可及呢。

也许这就是为什么当 IBM 的深蓝系统在 1997 年击败国际象棋世界冠军加里·卡斯帕罗夫时，那么多人感到震惊和失望的原因。深蓝的取胜令卡斯帕罗夫极其震惊，以至于他指控 IBM 的团队作弊：他认为这台机器下棋下得这么好，一定是得到了人类专家的帮助[2]。具有讽刺意味的是，在 2006 年世界象棋锦标赛中，局面发生了逆转，有一名棋手指控另一名棋手通过接受计算机象棋程序的帮助作弊[3]。

然而，人类对深蓝的集体焦虑很快就消退了。我们接受了国际象棋是可以屈服于暴力搜索机器的，我们认为下棋下得好一点都不需要通用智能。这似乎是一种常见的反应：当计算机在某一特定任务上超越人类时，我们就得出结论，该任务实际上并不需要智能。正如麦卡锡哀叹的那样："一旦它开始奏效，就没人再称它为人工智能了。"[4]

2005 年以后，一系列更为普遍的人工智能成果开始在我们身边悄然出现，随后以令人目不暇接的速度迅速扩散开来。谷歌推出了自动语言翻译服务——谷歌翻译。谷歌翻译并不完美，但表现却出乎意料地好，并且在之后又有了显著的改善。不久后，谷歌的自动驾驶汽车就出现在了加利福尼亚州北部的道路上，小心又谨慎地行驶着，即便在交通拥挤的情况下，它们也可以独立完成驾驶任务。像苹果的 Siri 或亚马逊的 Alexa 这样的智能助理，也开始被安装在我们的手机里和家中，它们可以响应我们的许多语音需求。YouTube 开始为视频提供相当精确的自动字幕，即时通信软件 Skype 则可在多语言的视频通话中提供同声传译。突然间，令人毛骨悚然的是，Facebook 甚至可以在上传的照片中识别出你的脸了，照片分享网站 Flickr 也开始用描述照片内容的文字来对图片进行自动标注了。

2011 年，IBM 的智能程序沃森在电视益智竞赛节目《危险边缘》中完胜人类冠军，娴熟地解开了双关语的线索，并使得它的挑战者肯·詹宁斯（Ken Jennings）发出了"欢迎我们的计算机新霸主"这样的感叹。仅仅 5 年后，数百万的互联网观众就被吸引到围棋面前，围棋对于人工智能来说一直是一项挑战极大的复杂游戏，所以当一个名为 AlphaGo 的程序在 5 局比赛的 4 局里击败了世界上最好的棋手之一时，世人皆惊。

关于人工智能的议论突然变多了，商界注意到了这一点。许多大型科技公司都在人工智能的研发上投入了数十亿美元，他们要么直接聘用人工智能的专家，要么收购规模较小的初创公司，而唯一的目的就是挖走这些公司里的杰出人才，也就是所谓的"人才收购"。被"收购"的潜在可能性加上可能迅速成为百万富翁的希望，使初创企业的数量激增，它们通常由曾经的大学教授创办和运作，所以也都有着他们自己的风格。正如科技记者凯文·凯利（Kevin Kelly）所打趣的那样："接下来 10 000 家创业公司的商业计划书很容易就能预测出来：X+ 人工智能。"[5] 而且关键的是，对几乎所有的这些公司来说，人工智能基本上等同于深度学习。

人工智能的春天再一次百花盛开。

人工智能：狭义和通用，弱和强

与之前的每个人工智能的春天一样，我们当下的这个春天也是以专家预测通用人工智能将会很快出现为特点，这里的通用人工智能将在大多数方面与人类相当或超过人类。DeepMind 联合创始人沙恩·莱格在 2016 年预测："超越人类水平的人工智能将在 2025 年左右出现。"[6] 而在这之前的一年，Facebook 创始人马克·扎克伯格（Mark Zuckerberg）宣布："我们未来 5~10 年的目标之一是让人工智能在所有主要的人类感知领域，如视觉、听觉、语言和一般认知能力上基本超越人类水平。"[7]人工智能哲学家文森特·穆勒（Vincent Müller）和尼克·波斯特洛姆在 2013 年发布实施的一项针对人工智能研究人员的调查显示：许多人认为人类水平的人工智能在 2040 年之前出现的可能性为 50%[8]。

尽管这种乐观情绪很大程度上是基于近来深度学习的成功，但和迄今为止所有的人工智能实例一样，这些程序仍然只是所谓的"狭义"或"弱"人工智能的例子。这里的"狭义"和"弱"并没有太多贬低的意思，它们只是用来形容那些仅能执行一些狭义任务或一小组相关任务的系统。AlphaGo 可能是世界上最好的围棋玩家，但除此之外什么也做不了，它甚至不会玩跳棋、井字棋等游戏。谷歌翻译可以把英文的影评翻译成中文，但它无法告诉你影评者是否喜欢这部电影，更不用说让它自己来观看和评论电影了。

"狭义"和"弱"人工智能往往是与"强""人类水平""通用"或"全面"人工智能（有时候也被称作 AGI，即通用人工智能）对比而言的，后者即那种我们在电影中常看到的，可以做我们人类所能做的几乎所有事情，甚至更多事情的智能。通用人工智能是人工智能领域研究最初的目标，但后来研究者发现实现这一目标比预期要困难得多。随着时间的推移，人工智能领域的工作开始聚焦于特定的、定义明确的任务，如语音识别、下棋、自动驾驶等。创造能执行这些功能的机器很有用并且往往利润丰厚，可以说这些任务中的任何一个都需要某种具体的智能，但至今人们还没有创建出任何能够在通用意义上被称为"智能"的人工智能程序。该领域 2016 年的一项研究表明："一堆狭义智能永远也不会堆砌成一种通用人工智能。通用人工智能的实现不在于单个能力的数量，而在于这些能力的整合。"[9]

鉴于狭义人工智能种类的迅速增长，要经过多长时间才会有人想清楚如何整合它们，并创造出具有那些广泛、深刻且微妙特征的人类智能呢？我们是否相信像认知科学家史蒂芬·平克（Steven Pinker）①所说的那样，这一切都是老生常谈？平克宣称："正如一直以来的那样，人类水平的人工智能仍然是 15~25 年之后的事物，而且最近许多被吹捧的人工智能领域的进步都根基尚浅。"10 那么，我们是否应该更多地关注那些确信这一次人工智能春天的情况将会有所不同的乐观主义者呢？

　　毫无疑问，在人工智能研究领域，关于人类级别的人工智能应达到什么水平，还存在着相当大的争议。我们如何知道自己成功地构建了一个这样的"思考机器"（thinking machine）？这样的系统会被要求像人类一样具有自我意识吗？它需要按照与人类相同的方式来理解事物吗？既然我们在这里谈论的是一台机器，那么，称它为"模拟思维"（simulation thought）是否才更加准确呢？还是说它真的在思考？

人工智能是在模拟思考，还是真的在思考

　　这类哲学问题从一开始就一直困扰着人工智能领域的研究者。在 20 世纪 30 年代就勾勒出了第一个可编程计算机框架的英国数学家艾伦·图灵，于 1950 年发表的论文《计算机器与智能》（*Computing Machinery and Intelligence*）中提出了这样一个问题："当我们问'机器能思考吗？'，我们到底是要表达什么意思？"在提出著名的"模仿游戏"（imitation game，现在称为图灵测试，稍后会详细介绍）之后，图灵列出了对一台实际会思考的机器之前景的 9 条可能的反对意见，并试图反驳这 9 条意见。他设想的反对意见从神学的角度到超心理学的角度都有。比如，从神学角度看，思考是人类不朽之灵魂的一种功能，上帝赋予了每个人不朽的灵魂，但并没有将其赋予其他任何动物或机器，因此没有动物或机器能够进行思考；从超心理学

---

① 当代伟大的思想家、语言学家和认知心理学家史蒂芬·平克以人类的语言进化、心智的起源与进化等为主题的"语言与人性四部曲"——《语言本能》《思想本质》《心智探奇》《白板》的中文简体字版已由湛庐策划，浙江人民出版社于 2015—2016 年相继出版。——编者注

角度看，人类可以使用心灵感应进行交流，而机器不能。奇怪的是，图灵认为后面这个论点是"非常强大的"，因为至少对于心灵感应来说，统计证据是无法辩驳的。

从这几十年的经验来看，我个人认为，图灵列出的所有潜在争论中，最强有力的是"关于意识的争论"，对此他引用了神经科学家杰弗里·杰斐逊（Geoffrey Jefferson）教授的一段话进行概括：

> 如果一台机器能够写出一首十四行诗或一首协奏曲，是因为它感受到的思想和情感，而不是因为符号的偶然组合，只有这样，我们才会认同该机器等同于大脑。也就是说，它不仅写出来了，而且知道自己写出来了。没有机器能够为自己的成功而感到快乐、为自己的开关被关上而感到悲伤、为受到称赞而感到温暖、因为犯错而感到痛苦、对性感兴趣、为自己想要却得不到某样东西感到愤怒或沮丧。其他的人工信号或简单的发明也做不到以上这些事情。[11]

请注意，这一论点是在说：只有当一台机器能"感受"事物，并知道自己的行为和感觉，即具有意识时，我们才能认为它是真正在思考；但是，没有一台机器能够做到这点，因此，没有一台机器能够真正地思考。

尽管我不赞同这个论点，但我认为它是强有力的，它与我们对于机器是什么以及它们如何被限制的直觉产生了共鸣。多年来，我与许多朋友、亲人和学生讨论过机器智能的可能性，上述的论点正是他们中许多人的立足点。举例来说，我的母亲是一名退休律师，最近她读了《纽约时报》上一篇关于谷歌翻译程序最新进展的文章，然后我们进行了如下交流：

母亲：人工智能领域里这些人的问题是他们将人工智能过度人格化了！

我："您说的"人格化"是什么意思？

　　母亲：他们所使用的语言暗示机器可能会真正地思考，而不仅仅是在模拟思考。

　　我："真正思考"和"模拟思考"的区别是什么？

　　母亲：真正思考是由大脑完成的，模拟思考是用计算机完成的。

　　我：大脑有什么特别之处使其能够真正思考？相比之下，计算机缺了什么？

　　母亲：我不知道。我认为关于思考，存在一种永远无法被计算机完全模仿的人类特性。

　　我的母亲并不是唯一一个有这种直觉的人。事实上，在许多人看来，这如此显而易见，甚至无须任何讨论。和许多人一样，我的母亲会自称是一位哲学唯物主义者，也就是说，她不相信任何非物质的"灵魂"或"生命力"会赋予生物智能。只是因为，她不认为机器能够拥有"真正思考"所需的必要品质。

　　在学术界，这个论点最著名的版本来自哲学家约翰·瑟尔。1980 年，瑟尔发表了一篇名为《思想、大脑和程序》的文章[12]，对机器能够进行真正思考的可能性进行了强烈驳斥。在这篇被广泛阅读且极具影响力的文章中，瑟尔介绍了"强人工智能"和"弱人工智能"的概念，以区分关于人工智能程序的两种主张。尽管现在很多人用强人工智能来表示能够在大多数任务上做得像人一样的人工智能，用弱人工智能来表示在当下存在的那种狭义的人工智能，但瑟尔用这些术语来表达的意思与之有所不同。对瑟尔来说，强人工智能是："经过恰当编程的数字计算机不只是模拟出了心智，而是实实在在地拥有了心智。"[13]相比之下，用瑟尔的术语来说，"弱人工智能将计算机视为模拟人类智能的工具，并不认为它们真正拥有心智"[14]。我们回到我和我母亲讨论的哲学问题上：

"模拟心智"和"真正的心智"之间，有区别吗？和我母亲一样，瑟尔认为两者之间存在根本的区别，并且他认为，在原则上，强人工智能也是不可能产生的。[15]

图灵测试：如果一台计算机足够像人

瑟尔的观点一定程度上受到了图灵在 1950 年发表的论文《计算机器与智能》的启发。

图灵的这篇论文提出了一种解开"模拟的"与"真正的"智能之间的"戈尔迪之结"[①]的方法。图灵宣称："最初的'机器会思考吗？'这一问题太没意义，甚至不值得讨论。"他提出了一种可操作的方法来赋予它意义。在他的图灵测试中，有两名被试——一台计算机和一个人，每名被试都被一个裁判员（人类）单独询问以试图判断哪个是人类、哪个是计算机。裁判员与两名被试被物理隔开，故他无法依靠视觉或听觉线索做出判断，只能靠打字交流。

图灵给出了这样的建议："'机器会思考吗'这个问题应该被替换为'是否存在可想象的数字计算机能够在图灵测试中表现出色'。"换句话说，如果一台计算机足够像人类，以致难以与人类区分（除了它的外表、声音、气味和感觉等），我们为什么不能认为它是在真正地思考呢？为什么我们非得要求一个实体必须是用某种特殊的物质（如生物细胞）创建出来的，才承认其处于"思考"的状态呢？计算机科学家斯科特·阿伦森（Scott Aaronson）曾直言不讳地说："图灵的建议是'对肉体的沙文主义'[②]的抗辩。"[16]

---

① 戈尔迪之结，形容错综复杂的问题，尤其指本身无法解决的问题。——译者注

② 沙文主义，指把本民族利益看得高于一切，并主张征服和奴役其他民族的一种反动民族主义。本处引申为要求"思考"这种行为必须由某种特殊的物质（如生物细胞）产生，即思想必须产生于肉体的这种观点是一种肉体的沙文主义。——译者注

细节之处才是充满挑战的地方，图灵测试也不例外。图灵没有具体指定人类参赛者和裁判的选择标准，也没有规定测试应该持续多长时间，或者什么样的对话主题是被允许探讨的。然而，他确实做出了一个异常具体的预测："我相信，在大约50年内，程序控制的计算机有可能会在图灵测试中表现得非常出色，以至于一个普通水平的裁判员在经过5分钟的询问后做出正确判断的概率不会超过70%。"换句话说，在5分钟内，普通裁判做出误判的概率将达到30%。

图灵的预言被证明是相当准确的。多年来，图灵测试已上演过多次，其中计算机参赛者是聊天机器人，即专门用来进行对话的程序，其他任何事情它们都不会做。2014年，英国皇家学会主办了一场图灵测试演示，参与者包括5个计算机程序、30名人类参赛者和30名来自不同年龄和行业的人类裁判，其中既有计算机专家也有普通大众，有以英语为母语和以非英语为母语的人。每位裁判进行多轮以5分钟为时限的对话，在对话中，裁判通过打字同时与一对选手，即一名人类选手和一名机器选手进行交谈，之后裁判必须猜出他（它）是谁。一个由一群俄罗斯和乌克兰程序员创建的名为"尤金·古斯特曼"（Eugene Goostman）的聊天机器人骗过了10名（占比33.3%）裁判，最终赢得了比赛。比赛的组织者按照图灵"5分钟内、有超过30%的人误判"的标准，迅速向媒体报道：图灵测试终于被通过了。

尤金·古斯特曼与其他大多数聊天机器人的工作原理基本相同。它存储了一组庞大的句子模板，这些模板可根据一组编程规则来进行填充，这些规则又被应用于从对话伙伴处获取的输入文本。聊天机器人的程序设计员给它写入语言规则，从而使其能够精确定位输入文本中的关键信息，并存储这些信息以供后续使用。此外，这个聊天机器人还存储了一个由人类程序员编码的大型"常识数据库"，以及一些逻辑规则，这让它可以以人类的口吻用"我想是蓝色的，除非是阴天"来回答诸如"天空是什么颜色的"这样的问题。如果写入聊天机器人的逻辑规则中没有任何一条能适用于输入文本，它就会改变谈话主题。系统的规则也会编入机器人的"性格"。在这个例子中，聊天机器人的设定是一个 13 岁的乌克兰男孩，他的英语不错但并不完美。下面是古斯特曼与一位做出误判的裁判之间的对话：

> **裁判**：你的性别是什么？
>
> **古斯特曼**：如果你想知道的话，我是个小男孩。顺便说一句，也不是很丑！
>
> **裁判**：此时，你想到了什么？
>
> **古斯特曼**：如果你不介意的话，我不想说这个。你能告诉我你是做什么的吗？我是说你的职业。
>
> **裁判**：你多大了？
>
> **古斯特曼**：我是一个 13 岁的小男孩。
>
> **裁判**：你具备什么资历？
>
> **古斯特曼**：我的资历？我不会告诉你的。噢，还有别的事吗？ [17]

比赛结束后，组织者发布了一份新闻报道，宣布："已有 65 年历史的标准图灵测试有史以来第一次被名为尤金·古斯特曼的计算机程序通过了。"并说明："这样一个重要的里程碑式事件发生在位于伦敦的英国皇家学会是非常合理的。伦敦是英国科学的诞生地，也是数世纪以来有关人类理解的许多重大成就的发源地。这一具有里程碑意义的事件将作为最激动人心的成就之一被载入史册。" [18]

人工智能专家一致对这种描述嗤之以鼻。对于任何一个熟悉聊天机器人编程方式的人来说，从测试记录中可以明显地看出古斯特曼是一个程序，甚至都不算一个非常复杂的程序。这一结果似乎更多地揭示了关于裁判和测试本身的一些问题，而不是机器人。给定5分钟的时限，通过改变话题或回答一个新问题来回避棘手问题，程序能相当容易地欺骗非专业裁判，让他们相信自己在与一个真实的人交谈。这一点已经被许多聊天机器人证明过，从20世纪70年代模仿心理治疗师的伊丽莎（Eliza）①，到如今利用短信交流，欺骗人们泄露个人信息的Facebook机器人。

当然，这些机器人充分利用了我们人类的某些特性来进行拟人化表达，我们太想将理解和意识归于计算机了，即便只是基于很少的证据。

出于这些原因，大多数人工智能专家都很讨厌图灵测试，至少到目前为止是这样。他们将此类测试视为宣传噱头，认为其结果与人工智能的进步毫无关系。虽然图灵可能高估了普通裁判辨识这些肤浅诡计的能力，但如果延长谈话时间、提高裁判的专业技能，测试是否还能作为反映实际智能的有效指标？

库兹韦尔现在是谷歌的工程总监，他相信经过合理设计的图灵测试确实能够检验机器智能的水平，他预测计算机将在2029年之前通过这项测试，这也是库兹韦尔所预测的通往奇点之路的一个里程碑事件。

奇点 2045，非生物智能将比今天所有人类智能强大 10 亿倍

长期以来，库兹韦尔都是人工智能乐观主义学派的领头人。他是马文·明斯基在麻省理工学院的学生，也是一个杰出的发明家：他发明了第一台将文本转为语音的机器，以及世界上最好的音乐合成器。为此，1999年，美国总统比尔·克林顿授予

---

① 伊丽莎是人工智能历史上最著名的软件之一，也是世界上第一个真正意义上的聊天机器人，由系统工程师约瑟夫·魏泽堡（Joseph Weizerberg）和精神病学家肯尼斯·科尔比（Kenneth Colby）在20世纪60年代共同编写。他们将该程序命名为伊丽莎，其灵感源自英国著名戏剧家萧伯纳的戏剧《偶像》中的一个角色。——编者注

了库兹韦尔美国国家技术创新奖章。

库兹韦尔最广为人知的并不是他的发明，而是他作为未来学家的预测，最著名的就是他提出的"奇点"的概念："在未来的某个时期，技术变革的步伐将如此之快，影响将如此之深，以至于人类生活将被不可逆转地改变。"[19]"奇点"一词的含义为："具有非凡影响的一个独特事件，特别是，一件能够分裂人类历史结构的事件。"[20]对于库兹韦尔来说，这一独特的事件就是人工智能超越人类智能。

库兹韦尔的想法受到了数学家古德（I. J. Good）的启发。古德对于智能爆炸之潜在可能性是这样预测的："让我们将超级智能机器定义为一种可以在所有智力活动方面都远超任何人的机器。鉴于对机器的设计本身正是如上所说的智力活动之一，因此超级智能机器能够设计出更好的机器，届时毫无疑问将会出现一场智能爆炸，人类智能将被远远地抛在后面。"[21]

库兹韦尔还受到了数学家、科幻小说家弗诺·文奇（Vernor Vinge）的影响，文奇认为："人类智能的进化花费了数百万年的时间，我们将只用其中一小段时间创造出同等的进步。我们很快就能创造出比我们自身更强大的智能，当这种情况发生时，人类历史将达到一种奇点……世界的运转将远远超出我们的理解范围。"[22]

库兹韦尔采用了智能爆炸的想法作为他的起点，并提升了它的科幻强度，从人工智能到纳米科学，然后到虚拟现实和"大脑上传"，所有这些预测都以德尔斐神谕①般冷静、自信的语气，像是看着日历指着具体实现日期的方式被叙述出来。为了使你感同身受，下面是库兹韦尔的一些预测：

---

① 希腊德尔斐神庙阿波罗神殿门前刻有三段铭文："认识你自己""凡事勿过度""承诺带来痛苦"。这些话引起无数智者的深思，被奉为"德尔斐神谕"。——编者注

进入 21 世纪 20 年代，分子组装技术将提供能够有效消除贫困、清洁环境、战胜疾病和延长人类寿命的工具。

2029 年，计算机将通过图灵测试。[23]

21 世纪 30 年代，人工智能将变得非常真实，这也意味着它们可以通过图灵测试。[24]

21 世纪 30 年代末，基于大规模分布式智能纳米机器人的大脑植入物将极大地扩展我们的记忆，并极大地改善我们的感知、模式识别和认知能力。

大脑上传就是扫描大脑所有的重要细节，并将这些细节重新植入一个合适且功能强大的计算基板，21 世纪 30 年代末是成功实现大脑上传的保守预测时间。[25]

我将奇点的时间设定为 2045 年。在那一年，人类创造的非生物智能，将比今天所有的人类智能强大 10 亿倍。[26]

作家安德里安·克雷耶（Andrian Kreye）曾略带挖苦意味地将库兹韦尔对奇点的预测称为"无非是对技术末世论的一种信仰"[27]。

库兹韦尔的所有预测都是基于"指数级增长"的概念。这个概念在科学技术的许多领域中都很常见，尤其是计算机领域。若要理解这个概念，我们可以先来看看它是如何发挥作用的。

一个"指数级"寓言

为简明地阐释指数级增长的概念，我来讲述一个古老的寓言故事。很久以前，一位来自某个贫瘠村庄的知名智者造访了一个遥远而又富有的王国，那里的国王向他发出了下象棋的挑战。原本智者不愿接受，但国王很坚持，并许诺道："只要你能在一局游戏中打败我，你就能得到任何你想要的奖赏。"为了他的村庄，这位智者最终接受了挑战，并且赢得了比赛。于是，国王请这位智者提出他想要的奖赏。这位精通数学的智者说："我的要求就是，请你拿着这个棋盘，在第一个方格里放 2 粒米，第二个方格里放 4 粒米，第三个方格里放 8 粒米，以此类推，在每一个方格里放的米粒数都比前一格翻一番。在你放完每一行后，把那一行的大米打包运到我的村庄就可以了。"国王笑道："这就是你想要的吗？我会叫我的人带些米来，尽快满足你的要求。"

国王的人带来了一大袋大米。几分钟后，他们把棋盘的前 8 个方格所需的米粒填满了：第一个方格有 2 粒，第二个方格有 4 粒，第三个方格有 8 粒，以此类推，第 8 个方格有 256 粒。他们把所有的大米（确切地说是 510 粒）装在一个小袋子里，用快马送到了智者的村庄。然后他们开始进行第二行的计算，这一行的第一个方格上需要放 512 粒，下一个方格是 1 024 粒，再下一个方格是 2 048 粒。这些米都放不进棋盘里的一个方格了，因此它们被放到一个大碗里。进行到第二行末尾的时候，由于米粒的计数花费了太多的时间，因此宫廷数学家们开始用重量来估计其数量。他们计算出，第 16 个方格需要 65 536 粒米——重约 1 千克。第二次送走的那袋大米重约 2 千克。

接下来是第三排。第 17 个方格需要 2 千克，第 18 个方格需要 4 千克，依此类推。到第三排结束时，即第 24 个方格需要 512 千克大米。国王召集了更多的臣民，带来了更多的大米。当数学家们计算出第四排的第二个方格，即第 26 个方格需要 2 048 千克大米时，情况就变得非常糟糕了，因为这将耗尽整个国家的大米，而棋盘甚至还没有填完一半。国王这才意识到这是智者的计谋，便请求智者宽恕他，让他的臣民免于饥饿。智者的村庄已经收到了足够多的大米，智者因此而感到满意，也就同意了。

图 3-1（A）显示了从第 1 个到第 24 个方格，每个方格上需要的大米千克数。第 1 个方格里有 2 粒米，只是 1 千克大米非常小的一部分。与之类似，一直到第 16

个方格，所需的大米都小于 1 千克。在第 16 个方格之后，由于翻倍的效昊，你可以看到曲线呈现出了爆发式增长。图 3-1（B）显示了从第 24 个到第 64 个方格所需大米的重量，从 512 千克增长到了 30 多万亿千克。

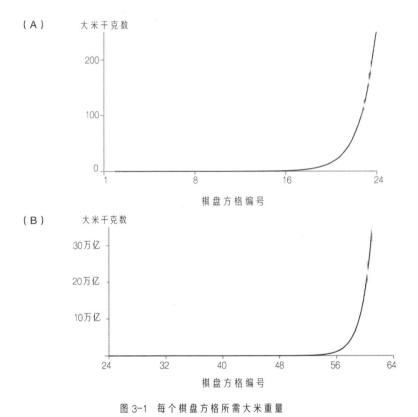

图 3-1　每个棋盘方格所需大米重量

描述这个图形的数学函数是 $y = 2^x$，其中 x 表示象棋方格编号（1~64），y 表示方格上需要的米粒数。由于 x 是 2 的指数，因此这一函数被称为指数函数。无论以什么比例来进行绘制，这个函数都有一个很有特征的点，经过这个点之后曲线开始从缓慢增长变为爆炸式的极速增长。

摩尔定律：计算机领域的指数增长

对于库兹韦尔来说，计算机时代为我们的指数型寓言提供了一个现实世界的样板。1965 年，英特尔公司的联合创始人戈登·摩尔（Gordon Moore）提出了一个被称为摩尔定律（Moore's Law）的趋势：计算机芯片上的组件数量每隔 1~2 年就会翻一倍。换句话说，这些组件正在以指数级的速度变得越来越小，而且越来越便宜，计算机的运算速度和内存容量也在以指数级速度增长。

库兹韦尔的书中充满了类似于图 3-1 的图表，以及对符合摩尔定律的那些指数增长趋势的推断，这是他对人工智能预测的核心。库兹韦尔指出：如果这种趋势继续下去（他相信会如此），一台 1 000 美元的计算机将在 2023 年左右达到人脑的运算能力，也就是每秒 10^{16} 次计算[28]。在库兹韦尔看来，到那时，创建人类水平的人工智能将只是对大脑进行逆向工程的问题了。

神经工程，对大脑进行逆向工程

对大脑进行逆向工程意味着要对其运转机理有充分的了解，从而能够复制大脑，或者说，至少可以在计算机中运用大脑的基本原理并复制其智能。库兹韦尔认为，这种逆向工程是一种实用的、短期内能实现的创造人类水平的人工智能的方法。考虑到目前人类对大脑的运转机理所知甚少，大多数神经科学家会强烈反对这一观点。但是，库兹韦尔的论点还是建立在指数趋势的基础上，不过，这次指的是神经科学的进步。他在 2002 年写道："对必要趋势的细致分析表明，在 30 年内，我们就将掌握人类大脑的运作原理，并能够使用人工合成的物质对人脑的功能进行再创造。"[29]

绝大多数的神经科学家并不认可对此领域的这一乐观预测，而且，即使一台根据大脑的原理运行的机器可以被制造出来，它又如何才能习得所有能够让它看起来更智能的知识呢？毕竟，一个新生儿也有大脑，但是他并没有我们所说的"人类水平的智能"。库兹韦尔对此表示赞同："大脑的复杂性大部分来自其与复杂世界之间的互动。因此，正如自然智能也需要接受教育一样，为人工智能提供教育也是有必要的。"[30]

当然，提供一项教育可能需要花费很多年的时间。库兹韦尔认为，这一进程可以被大大加快。"当代电子元件的信息处理速度已经比人类神经系统的电化学信息处理速度快了1 000万倍以上。一旦人工智能掌握了人类基本的语言技能，它将能通过快速阅读所有的人类文献以及吸收数百万网站上的开源知识，来扩展自己的语言技能和通用知识。"[31]

库兹韦尔还不太清楚这一切将如何发生，但他确信："我们不能像某些大型专家系统那样，一个链接一个链接地编码人类智能，来实现人类水平的人工智能。相反，我们要基于人脑的逆向工程，建立一个复杂的自组织系统层次结构，并为其提供教育……比起人类教育的过程，这一过程的速度将快上数百倍，甚至上千倍。"[32]

奇点的怀疑论者和拥趸者

人们对库兹韦尔的著作《精神机器的时代》（*The Age of Spiritual Machines*）和《奇点临近》的反应往往处在两个极端：热情地拥抱或者不屑一顾地怀疑。当我在读库兹韦尔的书时，我属于后一阵营，现在仍是如此。我一点都不相信他对指数函数曲线的过分解读，以及他对大脑进行逆向工程的论断。虽然深蓝在国际象棋比赛中击败了卡斯帕罗夫，但人工智能在其他绝大多数领域的能力还远低于人类的水平，所以预测人工智能将在短短几十年内与人类比肩，在我看来真的是一种荒谬的乐观。

我认识的大多数人都有类似的怀疑。对人工智能的主流态度在记者莫琳·多德（Maureen Dowd）的一篇文章中得到了完美体现，她描述了她与斯坦福大学的著名人工智能研究者吴恩达（Andrew Ng）的一次对话，在她提到库兹韦尔时，吴恩达条件反射性地翻了个白眼，并说道："每当我读到库兹韦尔的《奇点临近》时，我的眼睛就会不受控制地做出这种反应。"[33]

另一方面，库兹韦尔也有许多拥趸者。他所有的著作都是畅销书，并在许多权威的出版物上得到了积极的评价。《时代周刊》对奇点的评价是："这不是一个边缘想法，这是对地球生命之未来的一个严肃假设。"[34]

库兹韦尔的思想在科技产业中影响尤为巨大，这一领域的人们常常将指数级的技术进步视为解决所有社会问题的手段。库兹韦尔不仅是谷歌工程总监，还是奇点大学的联合创始人，奇点大学的另一位联合创始人是未来主义派企业家彼得·戴曼迪斯（Peter Diamandis）[①]。奇点大学是一家"跨人文主义"智库、创业公司孵化器，有时还为技术精英举办夏令营。奇点大学的公开使命是：教育、启发领导者应用指数型技术来解决人类面临的重大挑战[35]。这一组织部分得到了谷歌的背书。谷歌的联合创始人拉里·佩奇是奇点大学的早期支持者，并且经常在奇点大学的课堂上演讲。奇点大学的赞助者中还包括一些其他的知名科技公司。

侯世达是一位在奇点怀疑论和担忧论之间徘徊的思想家，这让我很意外。他很困扰，他曾跟我说过，库兹韦尔的书在最滑稽的科幻场景里混入了非常真实的东西。在我对此进行争辩时，侯世达指出，从几年后的角度回头看，库兹韦尔做出的每个看似疯狂的预测，往往也包含一些已经成真或即将成真的内容，这确实令人惊讶。到 21 世纪 30 年代，会出现"把人们所有的感官体验，以及与他们的情绪反应相关的神经关联物都发布到网上的'体验波束'"吗？[36] 这听起来很疯狂，但在 20 世纪 80 年代末，库兹韦尔曾依据指数级增长理论预测：到 1998 年，一台计算机将击败人类国际象棋冠军……结果就是我们不再那么看重国际象棋了[37]。当时就有许多人觉得这

---

① 戴曼迪斯的著作《富足》指出，实现生活富足是人类面临的最大挑战，我们应该奋起迎接这一挑战。他在另一本著作《创业无畏》中分享了作为一位成功创业家的真知灼见，并为我们绘制了一幅激情创业的行动路线图。以上两本书已由湛庐策划，浙江人民出版社分别于 2016 年和 2015 年出版。——编者注

听起来很疯狂，但这件事不但发生了，而且比库兹韦尔预测的还要早一年。

侯世达指出了库兹韦尔对所谓的"克里斯托弗·哥伦布（Christopher Columbus）策略"的巧妙运用[38]，侯世达指的是科尔·波特（Cole Porter）的歌曲《他们都笑了》（*They All Laughed*）歌词里有一句是"当克里斯托弗·哥伦布说地球是圆的时，他们都笑了"（They all laughed at Christopher Columbus when he said the world was round）。库兹韦尔引用了许多完全低估了技术进步的速度及其影响的历史上的杰出人士的言论。举几个例子：1943年，IBM董事长托马斯·沃森（Thomas J. Watson）说"我认为全球计算机市场的容量可能是5台"；数字设备公司联合创始人肯·奥尔森（Ken Olsen）在1977年说"个人没有任何理由会需要在家里放一台计算机"；比尔·盖茨在1981年说"640 KB内存对任何人来说都应该足够了"[39]。侯世达也被他自己在国际象棋上的错误预测所刺痛，因此，尽管库兹韦尔的想法听起来很疯狂，他也不愿立即否定它们。"就像击败卡斯帕罗夫的时候，深蓝肯定停下来想了一下。"[40]

对图灵测试下注

作为一个职业选择，未来学家倒是一份不错的工作，如果你能获得这样的工作的话。你可以去写书，并在书中做一些在几十年内都无法评估的预测，而这些预测的结果又不会影响你在当下的声誉或者你的书的销量。

2002年，出现了一个名为Long Bets的网站，这个网站是有竞争力的、负责任的预测的"竞技场"，因而可以使未来学家保持"诚实"。它允许预测者给出一个指定实现日期的长期预测，也允许挑战者来挑战该预测，双方都用钱押注，而这个赌注将在预测日期过后进行支付。该网站的第一个预测者是一家成功的软件公司Lotus的创始人米歇尔·卡普尔，他做了一个消极的预测："一直到2029年，都不会有计算机或智能机器通过图灵测试。"卡普尔是一位长期致力于互联网公民自由的活动家，他很熟悉库兹韦尔，并且是关于奇点的两个阵营中对奇点持高度怀疑态度的那一方。库兹韦尔同意成为这次公开打赌的挑战者，如果卡普尔赢了，2万美元的赌注将捐给由卡普尔参与创立的电子前沿基金会，如果库兹韦尔赢了，这笔钱则捐给库兹韦尔基金会。2029年底将进行相关测试，以决定最终获胜者。

与图灵不同的是，在打这个赌的时候卡普尔和库兹韦尔必须以书面方式详细陈述他们的图灵测试如何工作。他们从一些必要的定义开始。一个"人"的定义要根据2001年对这个术语的认识，即生物学意义上的人类，其智能未经非生物的相关智能加强；一台"计算机"指的是任何形式的非生物智能，比如各种硬件和软件，并且可以包括任何形式的技术，但不能是生物学上的人，比如被增强的人、其他形式的生物体或生物学上的神经元，但是，对生物神经元的非生物模拟却是被允许的。

赌注的条款还规定，测试由3名人类裁判执行，他们会对计算机选手和3名人类"陪同选手"进行访谈，这4名选手都将竭力让裁判相信他们是人类。裁判和人类陪同选手将由"图灵测试委员会"选出，该委员会由卡普尔、库兹韦尔（或他们的委任人）以及一名第三方成员组成。每一名选手都将接受每位裁判长达2个小时的访谈，而不是5分钟的闲聊。在所有测试结束后，裁判将针对每一位选手做出他们的判断：是"人类"还是"机器"。"如果计算机使3位人类裁判中的两位或以上做出误判，使他们误以为该计算机是人类，那么这台计算机则被视为通过了'图灵测试人性判定测试'（Turing test human determination test）。"

除此之外，每一位图灵测试裁判都需对这4位选手进行排名，从第1名（最不像人类）到第4名（最像人类）。如果计算机的排名中位数大于或等于2位及以上的人类陪同选手的排名中位数，则该计算机将被视为通过了"图灵测试排位测试"（Turing test rank order test）。

如果计算机同时通过了图灵测试人性判定测试和图灵测试排位测试，则视为计算机通过了图灵测试。如果有计算机在 2029 年年底之前通过了图灵测试，那么库兹韦尔就赢得了赌注，否则，卡普尔赢。

真是非常严格！尤金·古斯特曼根本就没有机会。我必须谨慎地同意库兹韦尔的这一评估："在我看来，不存在一套技巧或比最基本的人类智能更简单的算法可以让机器在不具备人类智能水平的情况下，还能通过合理设计的图灵测试。"[41]

除了列出他们长期赌约的规则外，卡普尔和库兹韦尔还分别撰写了多篇相关的文章，列出了各自认为自己会赢的理由。库兹韦尔总结了他在书中提出的论点：计算能力、神经科学和纳米技术的指数级进步，这些方面合在一起将会使大脑的逆向工程成为可能。卡普尔对此并不认同，他的主要论点以我们人类的肉身和情感对我们认知的影响为核心："对环境的感知与物理层面的互动，对塑造经验的认知来讲同等重要，情感约束并塑造了那些会思考的事物的外壳。"[42] 卡普尔断言，如果机器没有人类躯体的等同物以及与之相关的一切，它将永远无法习得通过他和库兹韦尔所设计的严格的图灵测试所需要的一切知识。

> 我认为，人类学习的根本模式是经验性的。书本学习是在这之上的一层……如果人类的知识，特别是关于经验的知识，在很大程度上是隐性的，也就是说，这些知识从来不被直接和明确地表达，那就无法从书本中找到，而库兹韦尔设想的知识获取方法将会失败……问题不在于计算机知道什么，而在于计算机不知道什么以及无法知道什么[43]。

库兹韦尔同意卡普尔对于经验式学习、隐性知识和情感之作用的观点，但他相信在 21 世纪 30 年代之前虚拟现实将变成"完全现实"[44]，并足以重建用来教育一个可以发展壮大的人工智能所需要的物理体验（欢迎来到黑客帝国）。与此同时，这种人工智能将拥有一个具有逆向工程构造的、有情感的人工大脑作为核心部件。

你会像卡普尔一样，对库兹韦尔的预测持怀疑态度吗？如果你持怀疑态度，那么库兹韦尔会说："那是因为你不理解指数。我和一个批评家的意见分歧的核心常常在于，他们会说，你低估了人类大脑逆向工程的复杂性或生物科学的复杂性，但我不这么认为，我认为是他们低估了指数级增长的力量。"[45]

怀疑者指出了库兹韦尔的论点中的几个漏洞。的确，计算机硬件在过去 50 年里取得了指数级的进步，但我们有很多理由相信这种趋势在未来不会持续下去。库兹韦尔当然不同意这一点。更重要的是，计算机软件并没有显示出同样的指数级进步。很难说与 50 年前的软件相比，今天的软件在以指数级的速度变得更复杂或更像人脑了，甚至很难说这种趋势是否曾经存在。库兹韦尔关于神经科学和虚拟现实的指数发展趋势的论调也广受争议。

库兹韦尔的拥趸者则指出，如果你身处其中，有时候就很难看到指数级增长的趋势。假设我们正处在一条指数函数曲线缓慢增长的某一个点上，这对我们来说更像是一个渐进的增长，但它却是具有欺骗性的，因为增长即将爆发。

当下这个人工智能的春天是否像许多人认为的那样，是即将来临的爆发的第一个预兆？或者，它只是缓慢的、渐进式增长曲线上的一个路径点，至少在未来一个世纪都不会发展出人类水平的人工智能？还是说这又是一个人工智能泡沫，很快就会有另外一个人工智能寒冬跟上来？

为了帮助我们进一步理解这些问题，我们需要仔细研究一下独特的人类智能背后的一些关键能力，比如感知、语言、决策制定、常识推理和学习等。在接下来的章节中，我们将看到人工智能在获取这些能力方面取得了多大进展，并且我们将评估人工智能的前景——包括在 2029 年之前及之后的。

03 强弱人工智能之争

尽管深度学习近年来取得了很大的成功，但和迄今为止所有的人工智能实例一样，这些程序仍然只是所谓的"狭义"或"弱"人工智能的例子。此处的"狭义"和"弱"是用来形容那些仅能执行一些狭义任务或一小组相关任务的系统。AlphaGo可能是世界上最好的围棋玩家，但除此之外什么也做不了，它甚至不会玩跳棋、井字棋等游戏。谷歌翻译可以把英文的影评翻译成中文，但它无法告诉你影评者是否喜欢这部电影，更不用说让它自己来观看和评论电影了。

"狭义"和"弱"人工智能往往是与"强""人类水平""通用"或"全面"人工智能（有时候也被称作AGI，即通月人工智能）对比而言的，后者即那种我们在电影中常看到的，可做我们人类所能做的几乎所有事情，甚至更多事情的智能。通用人工智能是人工智能领域研究最初的目标，但至今还没有创建出任何能够在通用意义上被称为"智能"的人工智能程序。该领域最近的一项研究表明："一堆狭义智能永远也不会堆建成一种通用人工智能。通用人工智能的实现不在于单个能力的数量，而在于这些能力间的整合。"

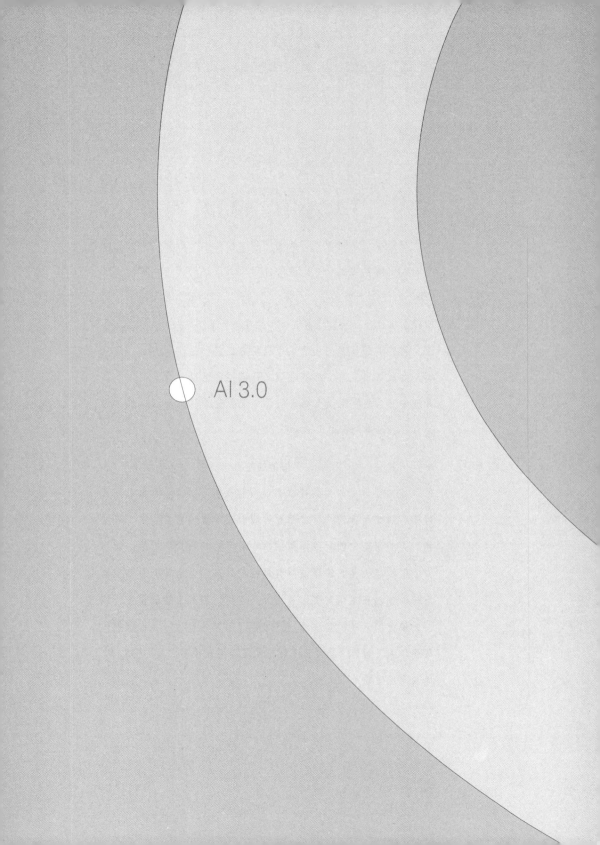

AI 3.0

第二部分

视觉识别：始终是"看"
起来容易"做"起来难

视觉识别的两次飞跃

1. ConvNets 是当今计算机视觉领域深度学习革命的驱动力

尽管卷积神经网络（ConvNets）被广泛誉为人工智能领域的下一个大事件，但它早在 20 世纪 80 年代便由法国计算机科学家杨立昆提出，而他则是受到了福岛·邦彦提出的神经认知机（Neocognitron）的启发。理解 ConvNets 对于了解当前计算机视觉，以及人工智能的其他方面的发展进程及其局限性是至关重要的。

2. ImageNet 竞赛被看作计算机视觉和人工智能进步的关键标志

为了提高计算机的视觉识别能力，计算机视觉领域需要一个新的基准图像集，也就是一个具有更多类别和更多照片的集合。普林斯顿大学年轻的计算机视觉教授李飞飞尤其关注这一目标。李飞飞有一个新的想法——根据词网（WordNet）中的名词构建一个图像数据库，使其中每个名词都与大量包含该名词所表示事物的图像相关联，因此 ImageNet 的构想诞生了。然而，判定一张照片是否为某个特定名词所表示事物的图像，其实就是目标识别任务本身！并且计算机在这项任务上毫无可靠性可言，而这也正是研究者最初想要构建 ImageNet 的全部原因。

04

何人，何物，何时，何地，为何

观察图 4-1，告诉我你看到了什么。你可能看到：一位女士在抚摸一条狗或者一名士兵在抚摸一条狗；或者是一条狗在欢迎一名刚从战场上回来的战士，还有鲜花和写有"欢迎回家"字样的气球，士兵的脸上表现出了复杂的情感，这条狗则开心地摇着尾巴。

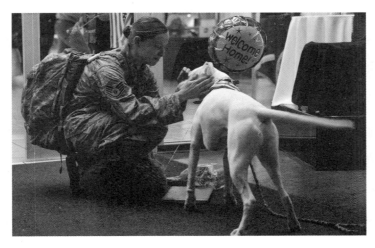

图 4-1 在这张照片中，你看到了什么

这张照片是什么时候拍摄的呢？很可能是在过去的 10 年内。这张照片的场景在哪里？可能是在一个机场。为什么士兵在抚摸着这条狗？她可能已经离开了很长一段时间，经历了许多或好或坏的事情，非常想念她的狗，而且因为回到了家，所以特别开心。又或许，狗对她来说就象征了"家"的全部。在这张照片拍摄之前发生了什么呢？这名士兵可能下了飞机，然后穿过机场的安全通道，到达了接机口。她的家人或朋友用拥抱迎接了她，递给了她鲜花和气球，并松开了拴着狗的绳索。这条狗径直走到士兵身旁，士兵放下了她手中的东西并蹲下来，小心翼翼地将气球的绳子压在她的膝盖下防止气球飘走。接下来会发生什么呢？她可能会站起来，擦掉脸上的泪水，拿起鲜花、气球和笔记本电脑并牵起狗，和她的家人朋友一起走向行李领取区。

当你观察这张图片时，在最基本的层面上，你会观察到图片上的油墨，如果你看的是电子版，那么你会看到屏幕上的像素。不知为何，你的眼睛和大脑能够通过获取这些原始信息，在短短几秒钟内将其转化为一个包含活体生命、物体、关系、地点、情感、动机、过去和未来行为的详细的故事。我们观看、观察、理解，最重要的是，我们知道应该忽略哪些无关紧要的信息。照片中还有很多与我们提取出来的故事并不相关的因素：地毯上的图案、从士兵背包上垂下来的绳带、挂在背包肩带上的哨子，以及士兵头发上的发夹。

我们人类几乎可以在瞬间完成如此大量信息的处理，并且，我们很少会意识到我们正在做这些信息处理以及我们是如何做到的。除非一个人先天失明，否则视觉处理会在各种抽象层面上支配大脑。

当然，以这种方式来描述照片、视频或照相机中的实时视频流中内容的能力，也是我们要求通用的、人类水平的人工智能所首先要具备的素质之一。

看与做

自 20 世纪 50 年代以来，人工智能领域的研究者一直致力于使计算机能够理解视觉数据。在人工智能研究的早期，要达到这一目标似乎相当简单直接。1966 年，极力推广符号人工智能的麻省理工学院教授明斯基和佩珀特提出了"夏季视觉项目"，在这个项目中，他们安排本科生来从事名为"构建视觉系统的重要组成部分"的课题研究[1]。用一位人工智能史学家的话来说，"明斯基聘请了一名大一学生，要求他用一个夏季来解决这样一个问题：将一台摄像机连接至计算机，并让计算机描述它'看'到的东西"[2]。

这名本科生并没有取得太大的进展。尽管一个叫作计算机视觉（computer vision）的人工智能子领域在这个项目提出后的数十年中取得了显著的进展，但像人类那样去观看和描述的计算机程序看起来依然遥不可及。兼具观看和观察的视觉，原来是所有"容易"的事情里最难的。

描述视觉输入的一个先决条件是目标识别（object recognition），也就是将一张图像中的一组特定像素识别为一个特定目标类别，如"女士""狗""气球"或"笔记本电脑"。目标识别对我们人类来说是可以非常迅速和轻而易举就能完成的事情，所以，它看起来对计算机来说也不应该会是一个特别困难的问题，直到人工智能研究者真正试图让计算机去完成它，才发现事实恰恰相反。

目标识别的困难在哪儿呢？假设我们的问题是让计算机程序识别图片中的狗。图 4-2 阐释了其中的一些困难。如果输入的只是图像的像素，程序首先要弄清楚哪些是"狗"的像素，哪些是"非狗"的像素（如背景、阴影、其他物体等）。此外，不同的狗看起来会很不一样：它们可能具有不同的毛色、形状和尺寸；它们可能面朝不同的方向；图像之间的光线差异可能很大；狗的一部分可能被其他对象（围栏、人等）所遮挡。更重要的是，狗的像素组可能看起来会很像猫或其他动物的像素组。比如，在某些光照条件下，天空中的一朵云甚至都可能看起来非常像一条狗。

图 4-2　目标识别：对人类来说很简单，对计算机来说很难

自 20 世纪 50 年代以来，计算机视觉领域一直在努力解决上述这些问题以及一些其他相关的问题。直到最近，开发能够识别目标对象之"不变特征"的专用图像处理算法，仍然是计算机视觉研究人员的一项主要的研究工作。这种图像处理算法使得它即便是面对如上图所描述的困难，也能确定目标对象所属的类别；但是，即便是有了复杂的图像处理算法，目标识别程序的相关能力仍然远不及人类。

深度学习革命：不是复杂性，而是层深

由于深度学习领域的进展，机器对图像和视频中物体的识别能力在 21 世纪第一个 10 年经历了一次质的飞跃。

深度学习简单来说是指用于训练 DNN 的算法，这里的 DNN 就是深度神经网络，指的是具有不止一个隐藏层的神经网络。回顾一下，隐藏层是指位于神经网络中输入层和输出层之间的网络层。网络的深度指的是隐藏层的数量。如我们在第 02 章中所看到的那样，一个"浅层"网络只有一个隐藏层；一个"深度"网络则有不止一个隐藏层。值得强调的是：深度学习中的"深度"并不是指神经网络所学习内容的复杂性，而仅仅是指网络本身的层数。

关于 DNN 的研究已经持续了几十年。它之所以能够掀起一场革命，是因为其近年来在许多人工智能任务上获得了成功。有趣的是，研究人员发现，最成功的 DNN 是那些模仿了大脑的视觉系统结构的网络。我在第 02 章中描述的传统的多层神经网络最初是受大脑启发，但是它们的结构却与大脑结构非常不同。与之相反，主导深度学习的 DNN 则是直接根据神经科学中关于大脑的相关研究发现进行建模的。

模拟大脑，从神经认知机到 ConvNets

大约在明斯基和佩珀特提出视觉项目的时候，有两位神经科学家正处在一项长达数十年的研究中，这项研究从根本上重塑了我们对于人的视觉，尤其是目标识别的理解。这两位神经科学家就是：大卫·胡贝尔（David Hubel）和托尔斯滕·威塞尔（Torsten Wiesel）。他们后来因发现了猫和灵长类动物（包括人类）视觉系统中的层次化结构（hierarchical organization），以及解释了视觉系统如何将视网膜上的光线转换为人脑可辨识的信息而获得诺贝尔奖。

胡贝尔和威塞尔的发现启发了一位名叫福岛·邦彦的日本工程师，福岛在 20 世纪 70 年代开发了被称为认知机（Cognitron）的最早的 DNN 之一，之后又在认知机的基础上进行了改良，开发了神经认知机。福岛在他的论文中[3]报道了一些训练神经认知机识别手写数字的成功案例（案例见第 01 章），但是福岛所使用的具体学习方法似乎并没有扩展到更复杂的视觉任务。即便如此，神经认知机还是对 DNN 领域后来出现的许多方法产生了重要影响，包括在今天最具影响力，且最被广泛使用的方法：卷积神经网络（ConvNets）。

ConvNets 是当今计算机视觉领域正在进行的深度学习革命的驱动力，当然在其他领域也是如此。尽管它被广泛誉为人工智能领域的下一个大事件，但 ConvNets 实际上并不是很新，最初是在 20 世纪 80 年代由法国计算机科学家杨立昆提出，而他则是受到了福岛提出的神经认知机的启发。杨立昆是 ConvNets 之父，纽约大学终身教授，深度学习三巨头之一，杨立昆是他给自己起的中文名字。

下面我将花一些时间来描述 ConvNets 的工作机制，因为理解 ConvNets 对于了解当前计算机视觉，以及人工智能的其他方面的发展进程及其局限性是至关重要的。

ConvNets 如何不将狗识别为猫

与神经认知机类似，ConvNets 的设计基于胡贝尔和威塞尔在 20 世纪五六十年代发现的与大脑视觉系统相关的几个关键信息。当人的眼睛聚焦于一个场景时，眼睛接收到的是由场景中的物体发出或其表面反射的不同波长的光，这些光线激活了视网膜上的细胞，本质上说是激活了眼睛后面的神经元网格。这些神经元通过位于眼睛后面的纤长的视觉神经来交流彼此的激活信息并将其传入大脑，最终激活位于大脑后部视皮层的神经元（见图 4-3）。视皮层大致是由一系列按层排列的神经元组成，就像婚礼蛋糕那样一层一层堆在一起，每一层的神经元都将其激活信息传递给下一层的神经元。

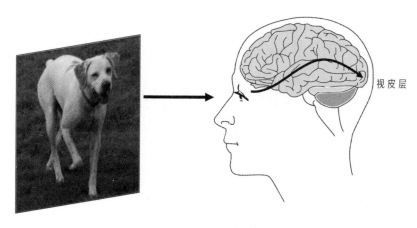

图 4-3 从眼睛到视皮层的视觉输入路径

胡贝尔和威塞尔发现的证据表明，这种层次结构中不同层的神经元是呵应视觉场景中出现的渐增复杂特征的"检测器"。如图4-4所示：初始层的神经元作为对物体边缘形状的响应得到激活，然后，能对由这些边缘构成的简单形状做出响应的神经元层会接收到这一激活反应，依此类推，经过更复杂的形状，最后到整个对象和特定的面孔。

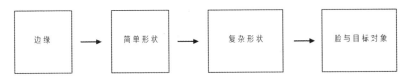

图4-4 视皮层中不同层的神经元检测到的视觉特征简图

注意，图4-4中的箭头表示一条自底向上或前向的信息流，代表信息从较低层神经元向较高层神经元传递。需要重点注意的是，视皮层中也会有自顶向下或反向的信息流，也就是信息从较高层向较低层传递，实际上，视皮层中反馈连接的数量约为前馈连接的10倍。尽管我们坚信我们的先验知识和预期应该是储存在更高层的大脑神经中的，并且会强烈地影响我们的感知，但神经科学家对这些反馈连接的作用仍然不甚了解。

与图4-4中所示的前向层次结构一样，ConvNets由一系列模拟神经元层组成，在这里，我还是将这些模拟神经元称为单元。每层中的单元为下一层的单元提供输入，正如我在第02章中描述的神经网络一样，当ConvNets处理一张图像时，每个单元都有一个特定的激活值——根据单元的输入及其连接权重计算所得的真实的数值。

为使这一讨论更加具体，假设一个具有4层神经元附加一个"分类模块"（classification module）[4]的ConvNets，我们想要训练它来识别图像中的狗和猫。为了简单起见，每个输入图像中都只有一只猫或一条狗。图 4-5 表示的是 ConvNets 的结构，它有点复杂，我将逐步详细解释其工作原理。

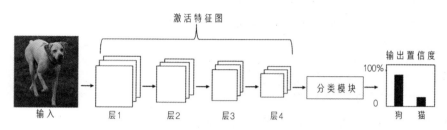

图 4-5 用于识别图片中狗和猫的 4 层 ConvNets

ConvNets 的输入是一幅图像，即与图像每个像素的颜色和亮度一一对应的一个数值组。[5] 它的最终输出是网络对于每种类别（狗或猫）的置信度（0~100%）。我们的目标是让网络学会对输入图像所属的正确类别输出高置信度，对其他类别输出低置信度。这样，网络将了解输入图像的哪些特征对完成这项任务最有帮助。

注意在图 4-5 中每层网络由一组重叠起来的三个矩形表示，这些矩形代表的是激活特征图（activation maps），它受到了大脑视觉系统中类似的"映射"的启发。胡贝尔和威塞尔发现，处于视皮层更下层的神经元是以物理形式排列的，因此它们形成了一个大致的"网格"，网格中的每个神经元只会对视野中相应的一小块区域做出响应。想象一下，你在夜晚乘坐飞机飞过洛杉矶上空并拍了一张照片，照片中的灯光就形成了一幅对这个灯火通明的城市的粗略映射。同样的道理，视皮层中的每一个网格中神经元的激活形成了对视觉场景中重要特征的一个粗略映射。现在假设你有一个非常特殊的相机，可以为建筑物的灯光、汽车的灯光以及其他各种光线拍摄单独的照片，这就类似于视皮层所做的：每个重要的视觉特征都有各自的神经映射。这些映射的组合就是唤起我们对场景产生感知的关键所在。

与视皮层中的神经元一样，ConvNets 中的单元是重要视觉特征的探测器，每个单元会在视野的特定部分寻找其指定特征。ConvNets 中的每一层包括由这些单元组成的多个网格，每个网格形成一个具有特定视觉特征的激活特征图，这也与视皮层中的结构有一点相似。

ConvNets 中的单元应检测哪些视觉特征呢？首先让我们看下大脑是如何做的。胡贝尔和威塞尔发现视皮层更下层的神经元可作为边缘检测器，其中"边缘"指的是两个对比明显的图像区域之间的边界。每个神经元接收对应于视觉场景中特定小区域的输入，这个区域被称为该神经元的感受野（receptive field）。只有当其感受野包含一种特定的边缘时，神经元才会变得活跃。

事实上，这些神经元对自己要响应哪一种边缘非常明确。有些神经元，只有当其感受野中包含垂直边缘时，才会变得非常活跃；有些神经元只响应水平边缘；还有一些神经元则只对某些特定角度的边缘做出响应。胡贝尔和威塞尔最重要的发现之一是：人类视野中的每个小区域对应着许多不同的作为边缘检测器的神经元的感受野，也就是说，在视觉处理的低层次上，神经元在试着弄清楚场景中的每一组成部分的边缘方向，作为边缘检测器的神经元再将这一信息向视皮层的更高层进行传递。[6]

与之类似，我们假设的 ConvNets 的第 1 层由边缘检测单元组成。图 4-6 给出了 ConvNets 的第 1 层的详解图。该层由三个激活特征图组成，每个激活特征图都是由单元组成的一个网格。激活特征图中的每个单元对应着输入图像的类似位置，并且每个单元从该位置周围的一小块区域即它的感受野内获得输入，通常邻近单元的感受野会相互重叠。每个单元都会计算一个激活值，这个值用于测量图中区域与该单元首选的边缘方向之间的"匹配度"，其中，边缘方向有垂直、水平和倾斜三种。

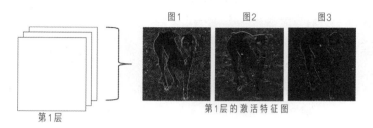

第1层的激活特征图

图 4-6　ConvNets 的第 1 层激活特征图

图 4-7 详细地展示了图 4-6 中激活特征图 1 的单元是如何来计算其激活值的，主要是检测垂直边缘的那些单元。输入图像中的白色小方块代表两个不同单元的感受野。这些感受野内的图像块在放大时体现为像素阵列。此处为简单起见，我将每个图像块展示为一个 3×3 的像素集。每个单元将其感受野中的像素强度作为输入，然后，单元将每个输入乘以其权重，并对结果求和以求得该单元的激活值。

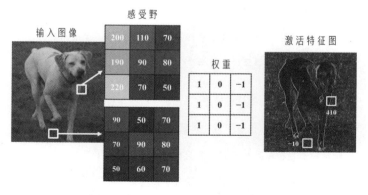

图 4-7　如何使用 ConvNets 来检测垂直边缘

例如，图 4-7 中上方的感受野的权重卷积为：(200×1) + (110×0) + [70× (-1)] + (190×1) + (90×0) + [80× (-1)] + (220×1) + (70×0) + [50× (-1)] = 410，这个结果就是该单元的激活值。

当感受野中存在由明到暗的垂直边缘即输入图像块的左右两侧存在鲜明对比时，图 4-7 中所示的权重会使其产生一个高激活值。上方的感受野包含了一个垂直的边缘：狗的亮色皮毛紧挨着暗草坪，这反映在其高激活值（410）上。下方的感受野不存在这样的边缘，只有深色的草坪，其激活值（-10）则接近于 0。需要注意的是：从暗到明的垂直边缘将产生一个"高"负值（即一个与 0 距离很远的负值）。

将感受野中的每个像素强度乘以其对应的权重，然后对结果求和的计算过程叫作卷积（convolution），这就是"卷积神经网络"这一名称的由来。我在前文中提到过，在一个 ConvNets 中，一层激活特征图是与整幅图像上的感受野相对应的单元网格。在一个给定的激活特征图中，每个单元都使用相同的权重来计算其感受野的卷积。想象一下，使用图 4-7 中的权重，如果输入图像中有一些垂直边缘，结果会如图 4-7 中的激活特征图[7]所示：这些边缘上一个单元的感受野的中心像素会显示为白色，因为其激活值是由较大的正值和绝对值较小的负值求和得出的。激活值越接近 0，显示出的颜色就越接近黑色；激活值越远离 0，显示出的颜色就越接近白色。可以看到，白色的区域突显了垂直边缘所在的位置。图 4-6 中激活特征图的图 2 和图 3 是以相同的方式创建的，但是分别使用的是能够突出水平和倾斜边缘的权重。总体来说，第 1 层中边缘检测单元的激活特征图为 ConvNets 提供了对输入图像的不同区域中特定边缘的表示，类似于一个边缘检测程序输出的内容。

我们现在讨论一下 map（地图）这个词。在日常使用中，map 指的是对地理区域的空间表示，如城市地图。比如说，巴黎的道路图，展示了这个城市的一些特征——其街道、大路和小巷的布局，但又不包括这个城市的一些其他特征，如建筑物、房子、灯柱、垃圾桶、苹果树、鱼塘等的分布。还有一些呈现其他特征的地图，比如你可以找到标注巴黎的自行车道、素食餐厅、允许遛狗的公园的地图。无论你感兴趣的内容是什么，都极有可能存在一张那样的地图，可以帮你找到想要的东西。如果你想向一位从未去过巴黎的朋友讲解巴黎的风貌，一种不错的办法可能就是：向你的朋友展示包含一系列特别景点的城市地图。

像大脑一样，ConvNets 同样将视觉场景表示为一系列能够反映一组特定检测器的"兴趣"的地图。在图 4-6 的示例中，这些兴趣指的是不同的边缘方向，而这个"地图"就是由 ConvNets 中的所有的激活特征图组成的。正如我们接下来将看到的，在 ConvNets 中，网络自己学习其兴趣（即检测器），这取决于其受训的具体任务。

创建激活特征图不仅仅局限于 ConvNets 的第 1 层。如你在图 4-5 中能够看到的，一个类似的结构可适用于所有的神经网络层：每一层都有一组检测器，每个检测器都会创建自己的激活特征图。ConvNets 之所以能够成功，关键就在于这些激活特征图是层次化的：第 2 层中单元的输入是第 1 层的激活特征图，第 3 层中单元的输入是第 2 层的激活特征图，依此类推。在我们假设的网络中，第 1 层中的单元响应边缘；第 2 层中的单元会对边缘的特定组合很敏感，如棱角、"T"形等；而第 3 层中的检测器会对边缘组合的组合敏感。越往这个结构的上层走，检测器就会对越复杂的特征敏感，这和胡贝尔、威塞尔以及其他学者在人的大脑中观察到的结果一样。

我们假设的这个 ConvNets 有 4 层，每层有 3 个激活特征图，但在现实世界中这些网络可以具有更多层，有时多达数百层，每层具有不同数量的激活特征图。确定 ConvNets 结构的这些特征以及其他一些方面的特征，是将这些复杂的神经网络应用于特定任务的关键。在第 03 章中，我阐述了古德对未来"智能爆炸"的看法，目前我们还未发展到这一阶段。就目前而言，要使 ConvNets 工作得更好，仍需结合人类的聪明才智。

激活对象特征，通过分类模块进行预测

ConvNets 中的第 1 层到第 4 层被称为"卷积层"（convolutional layers），每一层都对前一层进行卷积，其中第 1 层对输入进行卷积。给定一个输入图像，每一层连续进行计算，最后在第 4 层，ConvNets 产生一组关于相对复杂特征的激活特征图。这些特征可能包括眼睛、腿部、尾巴形状，以及网络学到的任何其它可用于对训练对象进行分类的内容。此时，分类模块使用这些特征来预测图像的内容。

ConvNets 中的分类模块实际上是一个完全传统的神经网络（即一个隐藏层），类似于我在第 02 章中描述的示例。分类模块的输入是来自最高卷积层的激活特征图。模块的输出是一组百分比值，其中一个值对应一种类别的可能性，对输入图像的类别（在我们的例子中，是狗或猫）的置信度打分。

这里我简要说明下 ConvNets：受胡贝尔和威塞尔关于大脑视皮层的研究发现的启发，一个 ConvNets 将输入图像通过卷积转换为一组特征渐趋复杂的激活特征图。最高卷积层的激活特征图被输入到一个传统的神经网络（分类模块），该网络输出其对已知的对象类别的置信度。[8] 具有最高置信度的对象类别被输出为网络对于该图像的分类。

你想测试一下经过良好训练的 ConvNets 的能力吗？只需拍摄某个物体的一张照片并将其上传到谷歌的"按图搜索"引擎[9]。谷歌将运行 ConvNets 采分析你上

传的图像，并根据该系统对数千种可能的对象类别的置信度，告诉你它对该图像的"最佳判断"。

不断从训练样本中学习，而非预先内置正确答案

我们所假设的 ConvNets 是在第一层包含边缘检测器，但在现实情况中，ConvNets 的边缘检测器并不是内置的，相反，ConvNets 从训练样本中学习其每一层应该检测的特征，以及如何在分类模块中设置权重，从而能对正确答案生成较高的置信度。与传统的神经网络一样，对于所有的权重，ConvNets 都可以通过我在第 02 章所描述的反向传播算法，从数据中学习获取。

更具体地说，如何训练 ConvNets 来识别一张给定的图像是狗还是猫？首先，收集许多狗和猫的图像样本，这些图像样本被称为"训练集"，同时，创建一个对每张图像打了标签的文件夹，这个文件夹中的每一张图片都已被正确地命名为"狗"或"猫"。对于这个步骤更好的做法可能是，听取计算机视觉研究人员的建议：聘请一名研究生为你做这些标注的工作。如果你是研究生，那么就招一名本科生，因为没人喜欢这项琐碎的工作！你的训练模型将把网络中所有的权重设置为随机值，然后让程序开始训练：一个接一个地，每张图像作为输入传给网络，网络逐层进行计算，最后输出对"狗"和"猫"的置信度。对于每张图，训练模型都将其输出值与正确值进行对比，例如，如果图像中是狗，那么狗的置信度应为 100%，而"猫"的置信度应该为 0。然后训练模型将使用反向传播算法来细微地调整贯穿于网络的权重，使得该神经网络下次再见到这幅图像时，输出的置信度更接近正确数值。

ConvNets 按照"输入图像，计算输出误差，然后改变权重"这样的步骤，在训练集中的每张图像上进行训练，这个过程被称为训练的一次迭代周期。训练一个 ConvNets 需要经过多个周期，在此期间网络一遍又一遍地处理每幅图像。最初，

网络辨别狗和猫等类别的表现会很差，但慢慢地，随着其在多次迭代周期中对权重进行反复调整，它在该任务上的表现将越来越好。最后，网络会在某个点上"收敛"，即权重从一个周期迭代到下一个周期时不再变化了，从原则上讲，此时网络已经非常擅长识别训练集图像中的狗和猫了，但是我们并不能确定该网络是否真正擅长完成这项任务，除非它能将识别图像过程中学到的知识应用到训练集之外的图像上。非常有趣的是，尽管 ConvNets 并未被程序员限制去学习检测任何特定的特征，但在大量真实的图像数据集上进行训练时，ConvNets 似乎确实演化出了一种类似于胡贝尔和威塞尔在大脑视觉系统中所发现的检测器的分层结构。

在下一章，我将叙述 ConvNets 在机器视觉领域是如何从相对冷门的地位离奇地转向近乎完全占主导地位的，这其实是由同期的一项技术革命促成的一个转变，这一技术革命，就是大数据。

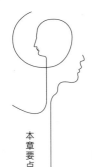

04 从大脑识别到 ConvNets 识别

大脑识别模式： 当人的眼睛聚焦于一个场景时，眼睛接收到的是由场景中的物体发出或其表面反射的不同波长的光，这些光线激活了视网膜上的细胞，本质上说是激活了眼睛后面的一个神经元网格。这些神经元通过位于眼睛后面的纤长的视觉神经来交流彼此的激活信息并将其传入大脑，最终激活位于大脑后部视皮层的神经元。视皮层大致是由一系列按层排列的神经元组成，就像婚礼蛋糕那样一层一层堆在一起，每一层的神经元都将其激活信息传递给下一层的神经元。

ConvNets 识别模式： ConvNets 由一系列模拟神经元层组成，在这里，我还是将这些模拟神经元称为单元。每层中的单元为下一层的单元提供输入，当一个 ConvNets 处理一张图像时，每个单元都有一个特定的激活值——根据单元的输入及其连接权重计算所得的真实的数值。ConvNets 的输入是一幅图像，即与图像每个像素的颜色和亮度一一对应的一个数值组。它的最终输出是网络对于每种类别（狗或猫）的置信度（0~100%）。我们的目标是让网络学会对输入图像所属的正确类别输出高置信度，对其他类别输出低置信度。这样，网络将了解输入图像的哪些特征对完成这项任务最有帮助。

05

ConvNets 和 ImageNet, 现代人工智能的基石

ConvNets 的发明者杨立昆，在其职业生涯中一直致力于神经网络的研究，从 20 世纪 80 年代开始，经历了神经网络研究的一个又一个"寒冬"和"春天"。作为一名研究生和博士后，他对罗森布拉特的感知机和福岛的神经认知机都很着迷，但他注意到后者缺乏一个良好的监督学习算法，于是他与自己的博士后导师杰弗里·辛顿（Geoffrey Hinton）及其他研究人员一道，开发了一种学习算法，其本质与今天在 ConvNets 中使用的反向传播算法形式相同。[1]

20 世纪八九十年代在贝尔实验室工作期间，杨立昆转向对自动识别手写数字和字母的研究。他将从神经认知机中获得的想法与反向传播算法结合起来，创建了"LeNet"，即最早的 ConvNets 之一。LeNet 凭借手写数字识别功能在商业上获得了成功，从 20 世纪 90 年代到 21 世纪初，LeNet 被美国邮政局用于自动识别邮政编码，并被银行业用于自动读取支票上的手写数字。

然而，LeNet 及其后继者 ConvNets 在应用于更复杂的视觉任务时表现不佳。到 20 世纪 90 年代中期，神经网络开始在人工智能研究群体中失宠，也因此失去了在该领域的主导地位，但杨立昆仍然坚信并继续致力于研究 ConvNets 并对其进行逐步改进。正如辛顿后来所说的，"他像是孤身一人举着火炬穿过了那个黑暗

的时代"[2]。

杨立昆、辛顿和神经网络的其他拥护者认为，只要具备足够多的训练数据，改进的、更大规模的 ConvNets 和其他深度网络就能够征服计算机视觉。他们在 21 世纪初期一直执着于在这个处于边缘的分支领域内开展研究工作。直到 2012 年，ConvNets 在一个名为 ImageNet 的图像识别数据库上赢得了计算机视觉竞赛，由 ConvNets 研究人员传递的这只火炬突然照亮了计算机视觉研究的世界。

构建 ImageNet，解决目标识别任务的时间困境

人工智能的研究者是具有竞争力的一群人，因此他们喜欢通过组织比赛来推动这一领域发展也就不稀奇了。在视觉目标识别领域，研究者长期以来一直通过举办年度竞赛来判定谁的模型表现最佳。每个比赛均有一个特色的"基准数据集"，就是一个照片集，其中的每张照片上都有人工创建的用于标注对象的标签。

2005—2010 年，这类年度比赛中最令人瞩目的是 PASCAL 视觉目标类别竞赛，截至 2010 年共精选了约 15 000 张图像，这些图像均可从图像共享网站 Flickr 下载，共涉及 20 个目标类别，包括人、狗、马、羊、汽车、自行车、沙发和盆栽植物等。这一竞赛[3]对分类任务的要求是：计算机视觉程序能够将图像作为输入（在看不到人工创建的标签的情况下），然后用 20 种类别作为输出，来判定某一种类别的对象是否出现在图像中。

以下是竞赛的流程。组织者将整个照片集分成一个供参赛者用来训练模型的训练集以及一个测试集，测试集不向参赛者发布，用于评价程序在训练集之外的图像上的表现。在竞赛前，竞赛组织者将提供在线的训练集，当竞赛开始时，研究人员需提交他们训练好的、将在保密的测试集上进行测试的程序。对测试集中的图像的目标识别

准确率最高的程序获得胜利。

　　一年一度的 PASCAL 竞赛在计算机视觉领域是一个非常盛大的事件，并激励了该领域的大量研究。经过多年的挑战，参赛程序的表现已经越来越好，但让人感到奇怪的是，盆栽植物仍然是最难识别的对象。然而，使用 PASCAL 竞赛作为一种推动计算机视觉发展的方式是存在不足的，一些研究者对此感到沮丧。参赛者过于关注 PASCAL 中 20 种特定的目标类别，并未构建出可扩展至人类能够识别的目标类别量水平的系统。此外，具备足够多图像的数据集，可以供参赛程序学习视觉对象形态的所有可能的变化，以便具有更好的泛化能力，然而，这样的数据集目前也尚未出现。

　　为再向前一步，计算机视觉领域需要一个新的基准图像集，即一个具有更多类别和更多照片的集合。普林斯顿大学年轻的计算机视觉教授李飞飞尤其关注这一目标。一次偶然的机会，她了解到一个由普林斯顿大学教授、心理学家乔治·米勒（George Miller）负责的项目：创建一个英语单词数据库（WordNet），将单词按同义词分组，并从最具体到最一般化的等级进行层次结构排序。例如，cappuccino（卡布奇诺）这个单词在 WordNet 的数据库中，包含如下信息（箭头可以理解为"是一种"）：

　　卡布奇诺 → 咖啡 → 软饮料 → 食品 → 物质 → 物理实体 → 实体。

　　这一数据库同样包含 beverage（软饮料）、drink（饮品）和 potable（饮用物）等同义词的信息，其中，软饮料同时也是另一条包含液体在内的词汇链的一部分，依此类推。

　　WordNet 已经并将继续被心理学家和语言学家广泛应用于科学研究以及人工智能自然语言处理系统之中，但李飞飞有一个新的想法：根据 WordNet 中的名词构建一个图像数据库，使其中每个名词都与大量包含该名词示例的图像相关联。因此 ImageNet 的构想诞生了。

李飞飞和她的合作者很快就开始使用 WordNet 中的名词作为图片搜索引擎（如 Flickr 和谷歌图片搜索）的查询词以收集海量的图片。然而，如果你曾使用过图片搜索引擎，就会知道查询的结果往往不尽人意。例如，如果在谷歌图片搜索中输入 "macintosh apple"（麦金塔电脑），你不仅会得到苹果和苹果电脑的相关图片，也会得到苹果形状的蜡烛、智能手机、酒瓶以及其他许多不相关物品的图片。因此，李飞飞和她的同事必须人工辨别哪些图像与给定名词无关，并将其筛除。起初，承担这项任务的主要是本科生，但这项任务十分费力且推进得非常缓慢，李飞飞很快意识到：以他们当前的速度，预计需要 90 年才能完成这项任务[4]。

李飞飞及其合作者对自动完成这项工作的可能方法进行了头脑风暴，然而，判定一张照片是否与某个特定名词相关，其本质就是目标识别任务本身！并且计算机在这项任务上毫无可靠性可言，而这也正是他们最初想要构建 ImageNet 的全部原因。

团队陷入了僵局，直到李飞飞偶然间发现了一个成立仅 3 年的网站，该网站可以交付构建 ImageNet 所需的人类智能。该网站有一个奇怪的名字："亚马逊土耳其机器人"（Amazon Mechanical Turk）。

土耳其机器人，一个需要人类智慧的工作市场

据亚马逊称，土耳其机器人提供的是"一个需要人类智慧的工作市场"。该服务将请求者与工人连在了一起，其中请求者是指那些需要完成某项难以由计算机完成的任务的人；而工人是指那些仅收取少量费用（例如，标注图像中的物体，每张照片的报酬是 10 美分）就愿意将其智慧用于完成请求者所要求的任务的人。来自全世界各

地的数十万名工人已经在该网站进行了注册。土耳其机器人的出现正体现了明斯基所说的"容易的事情做起来难"，人类被雇用来执行目前对计算机来说仍然很难的"简单"任务。

土耳其机器人的名字来自一个发生在 18 世纪的著名的人工智能骗局：原始版本的土耳其机器人是一个玩国际象棋的"智能机器"，其实是一个人秘密地藏在其中来控制木偶下棋，这个木偶即"土耳其机器人"，其穿着打扮就像奥斯曼帝国的苏丹。它愚弄了当时的许多知名人士，包括拿破仑·波拿巴。亚马逊的这项服务，其目的不是愚弄任何人，就像最初的土耳其机器人一样，它只是一种"人工的"人工智能[5]。

李飞飞意识到，如果她的团队雇用数十万名土耳其机器人来为 WorcNet 中的每个词语筛除不相关的图像，那么整个数据集的整理工作将在几年内以相对较低的成本完成。于是，在短短两年内，就有超过 300 万张图像被标注上相应的 WordNet 中的名词，并组成了 ImageNet 数据集。对于 ImageNet 项目来说，土耳其机器人简直是"天赐之物"[6]。如今，这项服务被人工智能研究者广泛地用于创建数据集，人工智能领域的学术资助提案也往往会包括一个土耳其机器人的专属条目。

赢 得 ImageNet 竞 赛 ， 神 经 网 络 的 极 大 成 功

为了推动更通用的目标识别算法的发展，2010 年，ImageNet 项目举办了首届"ImageNet 大规模视觉识别竞赛"，共有 35 个程序参赛，代表了来自世界各地的学术界和工业界的计算机视觉研究者。竞争者收到了被标注过的 120 万张训练图像和其可能分属的类别列表，参赛程序的任务是对每张图像输出正确的类别。ImageNet 竞赛涉及 1 000 种可能的类别，远远多于 PASCAL 的 20 个输出类别。

这 1 000 种可能的类别是组织者从 WordNet 词汇中选出来的子集。这些类别

是一组看似随机出现的名词，从熟悉的和常见的词语，如柠檬、城堡、三角钢琴，到不太常见的词语，如高架桥、寄居蟹、节拍器，以及如苏格兰猎鹿犬、翻石鹬、赤猴等鲜为人知的词语。事实上，这些比较少见的、我完全无法区分的动物和植物类别在这 1 000 个目标类别中至少占据了 1/10。

有些照片仅包含一个物体，而另一些照片包含多个物体，正确的目标物体就在其中。由于存在这种模糊性，参赛程序可以对每个图像至多猜测 5 个类别，如果正确类别在输出之列，我们就说该程序对这张图像的识别是正确的，这被称为"top-5"准确率衡量标准。

2010 年得分最高的程序使用了所谓的"支持向量机"算法，这是当时主流的目标识别算法，它运用复杂的数学知识来学习如何为每个输入图像分配类别。使用 top-5 准确率衡量标准，这一获胜程序在 15 万张测试图像上的正确率为 72%。这个结果还算不错，但也意味着即便允许猜测 5 次，程序对超过 4 万张测试图像的识别还是错误的，改进空间还非常大。值得注意的是，在得分最高的程序中并没有神经网络。

第二年，得分最高的还是使用支持向量机算法的程序，并展现出了微小但可敬的改进：测试图像识别正确率提高到了 74%。该领域的大多数研究人员都期待这种趋势能够持续下去，随着每年参赛程序的图像识别正确率逐步提升，计算机视觉研究将一点一点地解决这个问题。

这种平稳上升的趋势在 2012 年的 ImageNet 竞赛中陡然改变了：获奖程序 top-5 准确率达到了惊人的 85%，这种准确率的飞跃实在是令人震惊的进步。更令人吃惊的是，获胜的程序并没有使用支持向量机算法或当时其他主流的计算机视觉算法，而是使用的 ConvNets。这个独特的 ConvNets 名为 AlexNet，以其主要开发者亚历克斯·克里泽夫斯基（Alex Krizhevsky）的名字命名。克里泽夫斯基当时是多伦多大学的研究生，其导师是杰出的神经网络研究者辛顿。克里泽夫斯基与辛顿还有研究生伊利娅·苏特斯科娃（Ilya Sutskever）合作，构建了杨立昆在 20 世纪 90 年代开发的 LeNet 的一个扩展版本，由于计算机算力的提升，训练这样一个庞大的网络在当时变得可行了。AlexNet 包含 8 层，约有 6 000 万个权重，这些权重通过在上百万张训练图像上进行反向传播来学习[7]。这个来自多伦多大学的研究团队提出了一些聪明的技巧来更好地训练网络，这需要一个强大的计算机集群耗时大约一周来对 AlexNet 进行训练。

AlexNet 的成功向计算机视觉和泛人工智能研究群体传递了一个信号，突然间人们开始意识到 ConvNets 的潜在能力了，而在此之前大多数人工智能研究人员并未将其视为现代计算机视觉领域研究的一个有力竞争者。在 2015 年的一篇文章中，记者汤姆·西蒙尼特（Tom Simonite）就 ConvNets 的意外夺冠采访了杨立昆：

> 杨立昆回忆起在获奖者展示关于其结果的论文时，大多数曾经忽视神经网络的人工智能研究人员成群地走进房间的景象。他说："您可以看到整个研究领域中的许多前辈突然就改变了观点。"这些前辈说："好吧，现在我们相信了。就是这样，现在你赢了。"[8]

几乎同时，辛顿的团队也证明：在大量标记数据上训练过的 DNN，其在语音识别领域的表现比该领域正在使用的其他技术更优。多伦多大学研究团队在 ImageNet 和语音识别上的成果产生了巨大的连锁反应。不到一年，辛顿创办的一家小型公司被谷歌收购，于是辛顿和他的学生克里泽夫斯基、苏特斯科娃成了谷歌的员工。这种"雇用收购"迅速使谷歌处在了深度学习研究领域的最前沿。

不久之后，在纽约大学任全职教授的杨立昆被 Facebook 挖走，开始担任 Facebook 新成立的人工智能实验室的带头人。没过多久，所有大型科技公司，以及许多小一点的科技公司都开始争抢深度学习领域的专家及其研究生。好像在一夜之间,深度学习就成了人工智能领域最热门的部分,并且计算机科学家在深度学习方面的专业知识保证了他们能够在硅谷获得高薪,也为他们日益壮大的深度学习初创公司吸引到了风险投资资金。

一年一度的 ImageNet 大赛开始在媒体上得到更广泛的报道,并迅速从一场友好的学术竞赛演变成一场高调的科技公司计算机视觉商业化的示范性竞赛。在 ImageNet 中获胜,将获得人们梦寐以求的计算机视觉研究界的尊重以及免费的宣传,而这可能转化为产品销量和更高的股票价格。设计出优于竞争对手的程序的压力,可由发生在 2015 年的一场涉及中国互联网巨头百度公司的作弊事件明显看出。这一作弊事件算是在机器学习领域中被人们称为"数据窥探"(data snooping)行为的一个微妙的例子。

事情的经过是这样的。

在竞赛开始之前,每个参赛团队都会收到标有正确目标类别的训练图像集,以及一个大型测试集——一组未包含在训练集中的图像,并且这些图像未经标注。一旦模型被训练好,团队就能看到其方法在测试集上的表现。这有助于测试一个程序的泛化能力,而非记住训练图像及其标签的能力。当然,只有在测试集上的表现才算数。判断一个团队的模型性能好坏的方式是:对测试集中的每张图像运行其程序,收集程序对每张图像的 top-5 准确率猜测,并将此数据列表提交给一台由比赛组织者管理的计算机即"测试服务器"。测试服务器将参赛程序提交的数据列表与正确答案进行对比,并输出其正确率。

每个团队都可以在测试服务器上注册一个账户,并以此查看其各个版本模型的得分情况,这使得他们能够在官方结果公布之前公开发布他们的结果。

这一竞赛要求的机器学习的基本规则是：不在测试数据集上训练。这似乎是显而易见的：如果你用测试集数据的任一部分来训练你的模型，就无法很好地对模型的泛化能力进行衡量，这就像在考试之前向学生提供期末考试题一样。事实证明，有一些方法可以巧妙地打破这条规则，使你的程序表现得比它实际更好。

其中一种方法是将程序的测试集答案提交给测试服务器，并基于这个结果调整程序，然后再次提交。这一过程重复多次，直到程序被调整到能够在测试集上表现得更好。程序不需要看到测试集上的实际标签，但需要获得对准确率的反馈，并据此对程序进行相应的调整。事实证明，如果你能够对这个过程执行足够多次，你就能够非常有效地提高程序在测试集上的准确率；但是，由于你使用了测试集的信息来调整程序，这就破坏了使用测试集来查看程序是否具有良好泛化性能的作用。这可能就像允许学生多次参加期末考试一样，每次都将获得一个分数，并通过这一分数尝试图提高他们下一次的表现。最后，他们提交了能够使自己获得最高分数的答案版本。这时考试就不再是一种衡量他们对这门课程的掌握情况的好方法，而成了一种衡量他们调整答案来应对特定考试问题的能力的方法。

为防止这种数据窥探行为的出现，同时仍然允许 ImageNet 的参赛者看到他们程序的运行情况，组织方设定了一条规则：每支队伍每周至多可以向测试服务器提交两次结果。这将限制团队从测试集中收集反馈的数量。

盛大的 "ImageNet 竞赛 2015" 围绕着不到一个百分点的差距展开，这看似微不足道的差距却潜藏着丰厚的利润。2015 年年初，百度的一个团队公布了一种方法，在 ImageNet 测试集上达到了有史以来最高的 top-5 准确率——94.67%，但就在同一天，微软的一个团队宣称他们的方法取得了更高的准确率：95.06%。几天后，来自谷歌的一只竞争队伍宣布他们使用了一种稍微不同的方法，其识别效果更好，准确率为 95.18%。

这个故事仅仅是计算机视觉领域深度学习悠久历史中一个有趣的插曲，我想借此表明：ImageNet 竞赛被看作计算机视觉研究和人工智能进步的关键标志。

ImageNet 竞赛仍在继续。在 2017 年举办的竞赛中，获胜程序的 top-5 准确率为 98%。正如一位记者所评论的那样，"现在，许多人认为 ImageNet 图像识别任务已被人工智能解决"[9]，至少对分类任务是如此。这一研究群体正在转向新的基准数据集和新的研究目标，特别是能够整合视觉和语言的相关研究。

是什么使得 ConvNets 在 20 世纪 90 年代还似乎处于困境，但却突然间主宰了 ImageNet 竞赛和过去近 5 年计算机视觉领域的大部分研究？事实证明，深度学习在近年来的成功与其说是人工智能的新突破，不如说要归功于互联网时代极易获得的海量数据和并行计算机硬件的快速处理能力。这些因素加上训练方法的改进，使得数百层的网络在短短几天内就能完成在数百万张图像上的训练。

杨立昆本人也对他提出的 ConvNets 近年来发生的变化感到惊讶："很少会有这种情况，一种在 20~25 年内基本没有变化的技术，如今却成了最佳的方法。人们对其了解及掌握的速度简直令人惊叹。我以前从未遇到过这种情况。"[10]

ConvNets 淘金热，以一套技术解决一个又一个问题

一旦 ImageNet 和其他大型数据集为 ConvNets 提供了它良好运转所需要的大量训练样本，一些企业就立马能够以前所未有的方式应用计算机视觉技术了。正如谷歌的布莱斯·阿卡斯（Blaise A. Arcas）所评价的那样："这是一种淘金热——用一套相同的技术解决一个又一个问题。"[11] 使用经深度学习算法训练的 ConvNets，谷歌、微软等公司所提供的图片搜索引擎均能极大地改进其"查找相

似图片"的技术。谷歌提供了一个图片存储系统，可通过描述图片所包含的对象来进行标注，而谷歌的街景服务可以识别和遮盖照片中的街道地址与车牌。数量激增的移动 App 则使得智能手机能够实时地进行目标和人脸识别。

Facebook 使用用户朋友的名字来标注用户上传的照片，并注册了一项对上传照片中面部表情背后的情绪进行分类的专利；Twitter 开发了一个过滤器，可以筛除推文中的不合规图片；一些照片和视频共享网站开始使用相关工具来检测与恐怖主义有关的图像。ConvNets 也可被应用在视频上，以及用于自动驾驶汽车来追踪行人，还可用于阅读唇语，以及对肢体语言进行分类等。ConvNets 甚至能够根据医学图像诊断乳腺癌和皮肤癌，确定糖尿病性视网膜病变的阶段，并协助医生制定前列腺癌的治疗方案。

以上这些只是由 ConvNets 提供支撑的众多现有的或即将出现的商业应用案例中的一部分。事实上，很可能任何一个你在用的现代计算机视觉应用程序都有用到 ConvNets，而且，在对它进行微调以完成更具体的任务之前，ConvNets 可通过使用 ImageNet 中的图像进行预训练来学习通用的视觉特征。

由于 ConvNets 所需的大量训练仅可通过专门的计算机硬件来实现，这种专门的计算机硬件通常是功能强大的图形处理单元（graphics processing unit, GPU），因此著名的 GPU 制造商英伟达（NVIDIA）公司的股价在 2012—2017 年间同比增长了 10 倍以上也就不足为奇了。

在目标识别方面，ConvNets 超越人类了吗

随着我对 ImageNet 取得的非凡成就的了解越来越多，我开始好奇 ConvNets 与我们人类的目标识别能力能有多么接近。2015 年，微软在一篇研究

博客中宣称:"这项用于识别图像或视频中对象的重大技术进步,表明这一系统的识别准确率已经达到甚至超过人类水平。"[12] 尽管微软公司明确表示其讨论的内容仅仅针对程序在 ImageNet 上的准确性,但媒体就没有那么严谨了,他们争相报道耸人听闻的头条新闻,如《计算机如今比人类更擅长识别和分类图像》,还有《微软已开发出一套能力强于人类的目标识别计算机系统》[13]。

让我们更深入地分析一下有关计算机如今在 ImageNet 上的目标识别能力是否已经超越人类的具体争论。这一论断是基于人类的错误率约为 5%,而机器的错误率接近 2% 的一个声明,这难道无法证明计算机在这项任务上的表现比人类更好吗? 与其他人工智能的高调宣传中经常出现的情况一样,这一声明也存在一些注意事项。

第一个注意事项。当你读到"一台机器正确地识别了目标"时,你会认为,给定一张篮球的图像,机器会输出"篮球"这一结果;但在 ImageNet 竞赛中,正确地识别仅意味着正确类别出现在机器给出的前 5 个输出类别当中。如果给机器输入一张篮球的图像,机器按顺序输出的是门球、比基尼、疣猪、篮球和搬家货车,即可被判定是正确识别。上述这种情况发生的频率不得而知,但值得注意的是,相比于 2017 年 ImageNet 竞赛中 98% 的 top-5 准确率,最高的 top-1 准确率只有 82%。top-1 准确率指的是测试图像中所含内容的正确类别位于输出结果列表顶端的概率。据我所知,还没有人报道过计算机与人类在 top-1 准确率上的比较结果。

第二个注意事项。考虑一下"人类在 ImageNet 上的识别错误率约为 5%"这个声明。实际上,其中的"人类"一词表述得并不是非常准确,因为这一结果来自被试只有一个的实验,被试名叫安德烈·卡帕西(Andrej Karpathy),他当时是一名在斯坦福大学研究深度学习的研究生。卡帕西想知道他是否可以通过训练自己来打败在 ImageNet 竞赛中表现最好的 ConvNets 模型。考虑到 ConvNets 是在 120 万张训练图像上进行训练，并且在 15 万张测试图像上进行测试的，与 ConvNets 竞争对人类来说是一项艰巨的挑战。卡帕西在一个人工智能相关的热门博客上写下了他的经历：

> 我最终在 500 张图像上进行了训练，然后转到一个包含 1 500 张图像的测试集上。在实验过程中每分钟进行一次标注，这里的标注是指，我需要标注出每个图像中的对象分属的 5 个类别中的一个，但随着时间的推移，这一速率有所下降。我在标注前 200 张图像的过程中还比较轻松，而对于剩余的图像我只做了"用于科学"的标注。有些图像很容易识别，然而也有些图像需要多耗费几分钟的时间，比如那些细分种类的狗、鸟或猴子。我现在已经变得非常擅长识别狗的品种了[14]。

卡帕西发现他对 1 500 张测试图像的识别中有 75 张的识别是错误的，接着，他对自己犯的错误进行了分析，发现错误主要源于以下几种情况：图像中包含多个对象；图像中包含特定品种的狗、鸟类、植物等；图像中有一些他没意识到但也包括在目标类别中的对象类别。ConvNets 所犯的错误与此不同，虽然它们也容易被包含多个对象的图像所迷惑，但与人类不同的是，它们往往会遗漏图像中较小的对象、被摄影师用滤镜处理过的或颜色失真的对象，以及抽象表示的对象，比如狗的画像或雕像，或者填充型的玩具狗。因此，对于计算机已在 ImageNet 竞赛中击败人类这一说法，我们需要在很大程度上持保留意见。

下面要说的第三个注意事项可能会让你大吃一惊。当一个人说，照片中有一条狗时，我们认为这是因为人类在图像中实际上看到了一条狗，但是如果 ConvNets "说"图像中有狗时，我们如何确定它真的是基于图像中包含狗这一判断来进行输出的呢？

也许图像中有一些其他对象，如网球、飞盘、被叼住的鞋子，这些对象在训练图像中往往与狗相关，而 ConvNets 在识别这些对象时就会假设图像中有一条狗。这类关联的结果往往会愚弄程序，使其做出误判。

对于上述情况，我们可以要求机器不仅输出图像中的对象类别，同时还要学会在目标对象周围画一个方框，这样我们就知道机器确实"看到"了目标。这就是 ImageNet 竞赛后来启动实施的"定位挑战赛"。定位任务也提供了训练图像，其中每幅图像正确目标的周围有由土耳其机器人绘制的定位框，在测试图像上，参赛程序的任务是使用与定位框对应的坐标来对对象进行分类与定位。令人惊讶的是，虽然 ConvNets 在定位方面表现得很好，但与其在分类任务上的表现相比，就差得多了；然而，新加入的竞争者都还在专注于解决对象分类的问题。

也许在目标识别上，当今的 ConvNets 和人类最重要的区别在于如何进行学习，以及学习的结果有多么稳定和可靠。我将在下一章探讨这些区别。

我在前文中所描述的这些注意事项并不是说要贬低深度学习近年来在计算机视觉方面取得的令人惊叹的进展。毫无疑问，ConvNets 在这一领域和其他领域均取得了惊人的成功，这些成功不仅产生了商业化的产品，而且给人工智能领域带来了一股真正的乐观情绪。我上述的讨论旨在说明计算机视觉的发展是多么充满挑战，并对其迄今为止所取得的进展提出了一些看法，目标识别这一基本任务距离被人工智能真正完成还有很长的一段路。

我 们 离 真 正 的 视 觉 智 能 还 非 常 遥 远

在本章中我主要围绕目标识别展开论述，因为它是近年来计算机视觉领域取得最大进展的方面，然而，视觉研究除了目标识别之外显然还有很多内容。如果计算机视觉的目标是让机器描述它"看到"的内容，那么机器不仅需要识别目标，还需要识别目标之间的关系以及目标如何与世界交互。如果问题情境中的目标是生物，机器将需要了解它们的行动、目标、情感、可能的后续行为，以及讲述视觉场景中发生的故事所包含的其他所有方面的内容；而且，如果我们真的希望机器描述它所"看到"的内容，它们将需要使用语言。人工智能研究者正在积极争取让机器能做这些事情，但像往常一样，这些看似"容易"的事情做起来非常困难。正如计算机视觉专家阿里·法尔哈迪（Ali Farhadi）在接受《纽约时报》的采访时所说的那样，"我们距离真正实现能够像人类那样理解场景和动作的视觉智能还非常非常遥远"[15]。

为什么我们离实现这个目标仍然如此遥远？看起来视觉智能与其他的智能并不是那么容易分得开，尤其是通用知识、抽象概念和语言等与大脑的视皮层有许多反馈联系的相关智能。此外，类人的视觉智能所需要的相关知识的获得比较困难，例如，用以理解第 04 章开头的"士兵与狗"那张图片的相关知识，是无法从网上下载的数百万张图片中习得的，必须在现实世界中进行某种体验方可获得。

在下一章，我们将更深入地研究视觉中的机器学习，特别是我们将聚焦于人类和机器学习方式之间的差异，并尝试弄清楚我们训练过的机器到底学习到了什么内容。

05 机器视觉智能的 3 个致命短板

如今，机器智能在 ImageNet 上的目标识别能力是否已经超越人类的争论众说纷纭。这一论断是基于人类的错误率约为 5%，而机器的错误率接近 2% 的一个声明，这难道无法证明计算机在这项任务上的表现比人类更好吗？答案是否定的。

第一，当你读到"一台机器正确地识别了目标"时，你会认为，给定一张篮球的图像，机器会输出"篮球"这一结果；但在 ImageNet 竞赛中，正确地识别仅意味着正确类别出现在机器给出的前 5 个输出类别中。如果给机器输入一张篮球的图像，机器按顺序输出的是门球、比基尼、疣猪、篮球和搬家货车，即可被判定是正确识别。

第二，对于"人类在 ImageNet 上的识别错误率约为 5%"这个声明，其中的"人类"一词实际上表述得并不是非常准确，因为这一结果来自被试只有一个的实验。

第三，当一个人说照片中有一条狗时，我们认为这是因为人类在图像中实际上看到了一条狗，但是如果 ConvNets "说"图像中有狗时，也许只是图像中有一些其他对象，如网球、飞盘、被叼住的鞋子，这些对象在训练图像中往往与狗相关，而 ConvNets 在识别这些对象时就会假设图像中有一条狗。这类关联的结果往往会愚弄程序，使其做出误判。

06

人类与机器学习的关键差距

ConvNets 的开拓者杨立昆已经获得了许多奖项和荣誉，但他最为人熟知的"荣誉"可能是成为一个名字叫"Bored Yann LeCun"（无聊的杨立昆）的推特账号的恶搞对象。这个账号经常以滑稽的方式来模仿杨立昆，并使用"在杨立昆的闲暇时间里深思机器学习的崛起"作为账号描述，还经常以"#FeelTheLearn"（感受学习）[1]为标签来巧妙地结束其搞笑的推文，因此得到了广泛的关注。

确实，关于人工智能最前沿的媒体报道，一直在通过颂扬深度学习的能力来感受学习。例如，我们被告知，"我们可构建能够学习如何独立完成任务的系统"[2]、"深度学习使得计算机能够自己教自己"[3]，以及深度学习系统"以某种类似人类大脑的方式"[4]学习。

在本章中，我将更深入地探究机器特别是 ConvNets 如何进行学习以及它们的学习过程与人类相比有什么差距。此外，我将探索 ConvNets 和人类学习间的差异如何对其所学内容的鲁棒性和可靠性造成影响。

人 工 智 能 仍 然 无 法 学 会 自 主 学 习

DNN 这种"从数据中学习"的方法已被逐渐证实比"普通的老式人二智能"策

略更成功，老式人工智能使用的是人类程序员对智能行为构建的显性规则。然而，与某些媒体报道的情况恰恰相反，ConvNets 的学习过程与人类的学习过程并不是很相似。

正如我们看到的，最为成功的 ConvNets 通过一种监督学习算法进行学习：ConvNets 在多个周期中一遍又一遍地在训练样本上处理图像示例并逐步调整自身权重，来学会将每个输入划分为一个固定类别集合中的某个类别。相比之下，即便是年幼的孩童，都是在一个开放式的类别集合上学习，并且在观察少数几个例子后就可以识别大多数该类别的实体。此外，孩童不是被动地学习，而是主动提出问题，他们想要了解自己感兴趣的事物的信息，他们会推断抽象概念的含义及其联系，并且最重要的是，他们积极地探索这个世界。

说如今大获成功的 ConvNets 能够自学是不准确的。正如我们在前一章看到的，为了让 ConvNets 学会执行一项任务，需要大量的人力来完成收集、挑选和标注数据，以及设计 ConvNets 架构等多方面的工作。虽然 ConvNets 使用反向传播算法从训练样本中获取参数（即权重），但这种学习是通过所谓的超参数（hyperparameters）集合来实现的，超参数是一个涵盖性术语，指的是网络的所有方面都需要由人类设定好以允许它开始，甚至"开始学习"这样的指令也需要人类设定好。超参数包括：网络中的层数、每层中单元感受野的大小、学习时每个权重变化的多少（被称为"学习率"），以及训练过程中的许多其他技术细节。设置一个 ConvNets 的过程被称为"调节超参数"，这其中需要设置许多参数值以及做出许多复杂的设计决策，而且这些设置和设计会以复杂的方式相互作用，从而影响网络的最终性能。此外，对每个新的训练任务，网络的这些设置和设计必须被重新安排。

调节超参数听起来可能像是一项非常普通的工作，但调节的好坏对于 ConvNets 及其他机器学习系统能否良好运行是至关重要的。由于网络设计的开放性，通常不可能自动设置网络的所有参数和设计，即便使用自动搜索也是如此，它往往需要一种神秘的知识，机器学习领域的学生通常会从他们追随的专家那里，以及自己来之不易的经验中获取它。正如微软研究院主任埃里克·霍维茨（Erik Horvitz）所说："现在，我们所研究的不是一门科学，而是一种炼金术。"[5] 根据 DeepMind 的联合创始人戴米斯·哈萨比斯（Demis Hassabis）的说法，这些能做到"网络低语"（network whispering）[①]的人们形成了一个小型且排外的群体，"这几乎是一种集各种系统之优点为一体的艺术形式……世界上只有几百人能够真正做好这项工作"[6]。

事实上，深度学习研究专家的数量正在快速增长，如今许多大学都开设了这个领域的相关课程，并且越来越多的公司开始为员工开设深度学习培训课程。在我 2017 年参加的一次会议中，微软前执行副总裁、人工智能产品组负责人沈向洋向与会者讲述了微软为招聘年轻的深度学习工程师所付出的努力："如果一个年轻人了解如何训练 5 层神经网络，他可以要求 5 位数的年薪。如果这个年轻人懂得如何训练 50 层神经网络，那么他可以要求 7 位数的年薪。"[7] 祝贺这位即将变得富有的年轻人，因为目前神经网络还无法自学超参数调节。

深度学习仍然离不开"你"的大数据

深度学习需要大数据，这已经不是什么秘密了，比如 ImageNet 上超过百万张已标注的训练图像。这些数据从哪里来？答案当然是你以及你所认识的每个人。现代计算机视觉应用程序之所以成为可能，主要归功于互联网用户已上传的、有时带有说

---

① 这里指擅长调节神经网络的超参数，从而获得较优的 ConvNets。——译者注

明图像内容的文本标签的数十亿张图像。你是否曾在 Facebook 上发布过一张朋友的照片并进行评论？Facebook 应该对你表示感谢！该图像及其文本可能已被用于训练他们的人脸识别系统了。你是否曾在 Flickr 上传过图片？如果是，那么你所上传的图像可能已成为 ImageNet 训练集的一部分了。你是否曾通过识别一张图片来向某个网站证明你不是一个机器人？你的识别结果可能帮助了谷歌为图片设置标签并被用于训练其图片搜索系统。

大型科技公司通过计算机和智能手机为你提供许多免费服务：网络搜索、视频通话、电子邮件、社交网络、智能助理，诸如此类。这些对公司有什么用处呢？答案你可能已经听说过，就是这些公司真正的产品其实是其用户，例如你和我，而他们真正的客户则是那些获取我们在使用这些免费服务时的注意力和信息的广告商。还有另外一个答案：在使用大型科技公司如谷歌、亚马逊和 Facebook 等提供的服务时，我们会以图像、视频、文字或语音等形式直接为这些公司提供样本，这些样本可供公司更好地训练其人工智能程序，这些改进的程序能够吸引更多用户来贡献更多数据，进而帮助广告商更有效地定位其广告投放的对象。此外，我们提供的训练样本也可被公司用于训练程序来提供企业服务，并进行商业收费，例如计算机视觉和自然语言处理方面的服务。

关于这些大公司在没有通知或补偿用户的情况下，使用用户所创造的数据来训练程序并用于销售产品的道德问题，已有许多相关探讨。这是一个非常重要的讨论主题，但超出了本书的范围[8]。我想在这里强调的重点是：依赖于收集到的大量已标注的数据来进行训练是深度学习不同于人类学习的另一个特点。

随着深度学习系统在物理世界实际应用的激增，很多公司发现需要大规模的新标记的数据集来训练 DNN。自动驾驶汽车就是一个值得关注的例子，这类汽车需要复杂的计算机视觉功能，以识别车道、交通信号灯、停车标志等，以及辨别和追踪不同类型的潜在障碍物，如其他汽车、行人、骑自行车的人、动物、交通锥、翻倒的垃圾桶、风滚草，以及其他任何你可能不希望汽车会撞到的对象。自动驾驶汽车还需要学习这些对象在晴天、雨天、下雪天、有雾的日子，以及白天和黑夜时看起来的样子，还要学会判断哪些对象可能会发生移动，而哪些则会留在原地。深度学习将有助于这项任务的实现，至少在某种程度上是如此，但这同样需要大量的训练样本。

自动驾驶汽车公司从安装在真实汽车上的摄像头所拍摄的海量视频中收集训练样本。这些行驶于高速公路和城市街道中的汽车可能是汽车公司用来测试的自动驾驶车辆的原型，而对特斯拉而言，这些汽车就是由客户驾驶的汽车，在客户购买特斯拉汽车时，需要接受该公司的数据共享条款[9]。

特斯拉车主并未被要求对他们的汽车拍摄的视频中的每个对象进行标注，但有人在做这些事。2017 年，《金融时报》（*Financial Times*）报道称，"大多数研究这项技术的公司位于印度等国的离岸外包中心并雇用了数百至上千人，他们的工作就是教自动驾驶汽车识别行人、骑自行车的人以及其他障碍物。这些工作人员需要手动标注长达数千小时的视频片段来完成这项工作，而且通常是逐帧进行标注"[10]。提供标注数据集服务的新公司如雨后春笋般涌现，例如，Mighty AI 公司提供训练计算机视觉模型所需的标注数据，并承诺："我们是知名的、专攻自动驾驶数据的、经过认证的、可信的标注者。"[11]

长 尾 效 应 常 常 会 让 机 器 犯 错

这种需要大型数据集和大量人类分类员的监督学习方法，至少对自动驾驶汽车所需的某些视觉功能是有用的，许多公司也正在探索利用类似于视频游戏的模拟驾驶程序来强化有监督的训练。那么对于生活的其他领域呢？几乎所有从事人工智能研究的人都认同，监督学习方法并不是一条通往通用人工智能的可行途径。正如著名的人工智能研究者吴恩达所警告的："对大量数据的需要是目前限制深度学习发展的主要因素。"[12]另一位知名的深度学习专家约书亚·本吉奥（Yoshua Bengio）表示赞同，他说："实事求是地讲，我们不可能对世界上的所有事物都进行标注，并一丝不苟地把每一个细节都解释给计算机听。"[13]

这一情况由于"长尾效应"的存在而进一步恶化，所谓的"长尾"，就是指人工智能系统可能要面临各种可能的意外情况。图 6-1 给出了自动驾驶汽车在一天的行驶期间可能会遇到的各种假设情况，这可以很好地说明这个问题。

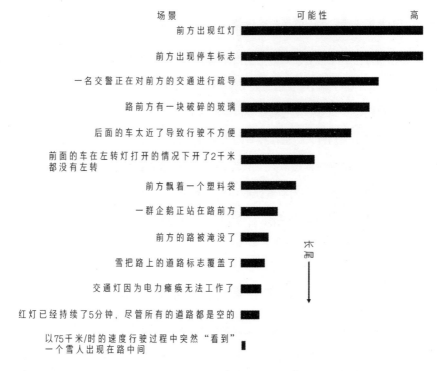

图 6-1 自动驾驶汽车可能遇到的情况（从上到下按可能性从高到低排序，以说明长尾效应的存在）

遇到红灯或停车标志等都是常见的情况，被评定为具有高可能性；中等可能性的情况包括遇到碎玻璃或者风吹过来的塑料袋，这些情况并非每天都会遇到，但也不是不常见，这取决于你驾驶的区域；不太常见的情况是自动驾驶汽车遇到了被水淹没的道路或被雪遮挡住的车道标志；而在高速公路的中央遇到一个雪人，则是更加不常见的情况了。

我想出了上述这些不同的情况，并对其相应的可能性进行了猜测，我相信你可以想出更多自己的猜测。任何一辆单独的汽车都可能是安全的，毕竟，总体来说，自动驾驶的测试车辆已经行驶了数百万千米，也只发生了很少的交通事故，尽管其中确有一些备受关注的伤亡事故。然而，一旦自动驾驶汽车普及开来，真实世界中有如此多种可能的情况，尽管每个单独的、不太可能发生的情况极少发生，但是面对如此多数不清的可能场景以及巨大的车流量，总会有某辆自动驾驶汽车会在某个时间、某个地点遭遇其中的一种情况。

"长尾"这个术语来自统计学，其中包含的各种可能事件的概率分布的形状类似于图 6-1：这一长串可能性低，但却可能发生的情况被称为该分布的"尾巴"，尾巴上的情况有时被称为"边缘情况"。人工智能在现实世界的大多数领域中都会面对这种长尾效应：现实世界中的大部分事件通常是可预测的，但仍有一长串低概率的意外事件发生。 如果我们单纯依靠监督学习来提升人工智能系统对世界的认识，那么就会存在一个问题：尾部的情况并不经常出现在训练数据中，所以当遇到这些意外情况时，系统就会更容易出错。

举两个真实的案例。2016 年 3 月，天气预报称美国东北部将出现大规模暴风雪，推特上有报道称发现特斯拉汽车在自动驾驶模式下把车道标记和高速公路上为预防暴风雪而铺设的盐线弄混了（见图 6-2）。2016 年 2 月，谷歌的一辆无人驾驶汽车在右转弯时，为避开公路右侧的沙袋不得不左转，致使车辆的左前方撞上了一辆在左车道行驶的公共汽车。这两辆车都预判对方会进行避让，其中公交车司机可能认为，人类司机会害怕体积更大的公交车从而选择避让，没想到这是一辆无人驾驶汽车。

图 6-2　暴风雪来临前，高速公路上铺设的盐线，据说会使特斯拉汽车的自动驾驶功能混乱

从事自动驾驶技术研究的公司敏锐地意识到了长尾效应，他们的团队围绕可能的长尾情境展开了头脑风暴，积极创造更多的训练样本，并针对他们能想到的所有不太可能的场景编写了相应的应对策略，但是，他们显然无法穷尽系统可能遇到的所有场景。

一种常见的解决方案是：让人工智能系统在少量标注数据上进行监督学习，并通过"无监督学习"（unsupervised learning）来学习其他所有的内容。无监督学习是指在没有标记数据的情况下学习样本所属类别的一系列方法。常见的例子包括：基于相似度来对样本进行分类的方法，或者通过与已知类别进行对比来学习新类别的方法。正如我将在后面章节中介绍的那样，对抽象事物的感知以及类比是人类擅长的，但到目前为止，还没有特别成功的人工智能算法来实现这种无监督学习。杨立昆承认："无监督学习是人工智能的暗物质。"换句话说，对于通用人工智能，几乎所有学习都应该在无监督方式下进行，然而，还没人提出过成功进行无监督学习所需的各种算法。

人类总会犯错，特别是在驾驶时，如果是我们处在前文例子中为躲避沙袋而要转向的场景，我们也有可能会撞上那辆公交车；但是，**人类具有一种当前所有的人工智能系统都缺乏的基本能力：运用常识。我们拥有关于这个世界的体量庞大的背景知识，包括物质层面及社会层面。我们对现实世界中的事物会如何行动或变化有充分的了解，无论它是无生命的还是有生命的，我们广泛地运用这些常识来决定如何在特定情况下采取行动。**即使从未在暴风雪天开过车，我们也能推断出道路铺设盐线的原因。我们知道如何与其他人进行社交互动，因此能够使用眼神、手势和其他肢体语言交流来应对电源故障期间交通信号灯无法使用的情况。我们也知道，应该尽量避让大型公共汽车，即便从严格意义上来说我们拥有路权。这里我举的只是汽车驾驶方面的一些例子，其实人类通常在生活的方方面面都会本能地运用常识。许多人认为，除非人工智能系统能像人类一样拥有常识，否则它们将无法在复杂的现实世界中实现完全自主。

机器"观察"到的东西有时与我们截然不同

几年前，我的研究团队的一名研究生威尔·兰德克尔（Will Landecker），训练了一个可以将图像分为"包含动物"和"不包含动物"两种类别的DNN。网络在类似于图 6-3 的图像上进行了训练，并且在测试集上表现得非常好，但网络实际上学到了什么呢？通过仔细研究，威尔发现了一个让人意想不到的答案：网络学会的是将具有模糊背景的图像分到"包含动物"这一类别，无论该图像是否真的包含一只动

物 [14]。这是由于训练集以及测试集中的图像遵循了一项重要的摄影规则：聚焦在目标对象上。当图像的目标对象是一只动物时，动物将成为焦点，而图像的背景是模糊的，如图 6-3（A）所示。当图像本身就是一种背景时，如图 6-3（B）所示，则图像中没有任何地方是模糊的。令威尔感到很懊恼的是，他的网络并没有学会识别动物，而是使用了与动物图像统计特征相关的更简单的线索，如模糊的背景。

（A）　　　　　　　　　（B）

图 6-3　用于训练能够识别动物的网络的图像

这是机器学习常见现象中的一个例子。机器学到的是它在数据中观察到的东西，而非我们人类可能观察到的东西。如果训练数据具有统计性关联，即使这些关联与机器要解决的任务无关，机器也会很乐意学习这些内容，而不是学习那些我们希望它学习的内容。如果机器在具有相同统计性关联的新数据上进行测试，它将表现得像是已经成功地学会了如何完成这一任务；然而，机器在其他数据上运行可能会出乎意料地失败，就像威尔的网络在无模糊背景的动物图像上的表现一样。用机器学习的术语来说，威尔的网络"过拟合"（overfitted）了特定的训练集，因此无法很好地将其学到的知识应用到与训练集特征不同的那些图像上。

近年来，一些研究团队调查了在 ImageNet 和其他大数据集上训练的 ConvNets 是否同样会在其训练数据上过拟合。有一个研究团队表示：如果 ConvNets 是在从网络下载的图像（如 ImageNet 中的图像）上进行训练的，那么在由机器人用照相机在房屋中移动拍摄出来的图像上，它们就会表现得很差 [15]。这似乎是由于家居用品的随机视图看起来与人们在网络上发布的照片非常不同。

其他研究团队表明，图像表面的变化，如使图像模糊一点或给图像加上斑点、更改某些颜色或场景中物体的旋转方向等，这些扰动不影响人类对其中对象的识别，却可能导致 ConvNets 出现严重错误 [16]。ConvNets 和其他那些在目标识别方面"超越"人类的网络的这种意想不到的脆弱性，表明它们在其训练数据上出现了过拟合，而且学到了一些与我们试图教给它们的不同的东西。

有偏见的人工智能

ConvNets 的不可靠性有时会导致尴尬的错误，甚至有害的错误。2015 年，谷歌在它的照片应用程序中推出照片自动标注功能（应用了 ConvNets），随后遭遇了一场公关噩梦。除了能够正确地使用诸如"飞机""汽车"和"毕业生"之类的通用描述来标注图像之外，神经网络还用"大猩猩"标注了一张两名非裔美国人的自拍照。在多次道歉后，谷歌的短期解决方案是将"大猩猩"这个标签从网络的所有可能类别列表中删除。

这种令人反感和广受诟病的错误分类，让牵连其中的公司陷入了困境。在由深度学习驱动的视觉系统中，这种由种族或性别歧视导致的错误虽然不易察觉，却经常被观测到。例如，商业人脸识别系统识别男性白人的脸要比识别女性或非白人的脸更加准确 [17]。

凯特·克劳福德（Kate Crawford）是微软的一名研究员，同时也是一名致力于实现人工智能公平性和透明性的活动家。她指出：一个被广泛使用的、用于训练人脸识别系统的数据集包含了 77.5% 的男性和 83.5% 的白人面孔。这并不奇怪，因为图像是从网络图像搜索引擎中下载的，而网上出现的人脸照片更偏向于那些知名的或有权势的人，他们主要是白人和男性。

当然，人工智能训练数据中的这些偏见反映了我们社会中的偏见，但在这些有偏见的数据集上训练的人工智能系统，如果在真实世界的应用中传播开来，就能够放大这些偏见并造成真正的危害。例如，人脸识别系统越来越多地被作为一种安全可靠的方式用于信用卡交易、机场扫描和安全摄像头中的人员识别，而将人脸识别系统进一步用于投票系统中来验证身份，以及应用于其他领域，可能也只是时间问题了。即便是在种族群体上识别准确率的细微差异，也会对公民权利和获得关键服务的机会产生破坏性影响。

通过让人类来平衡代表种族或性别群体的图像或其他类型的数据，这种偏见可以在个别数据集上得到缓解，但这需要人们对数据的管理付出认知和努力。此外，我们往往很难弄清楚细微的偏见及其影响。例如，一个研究小组注意到，他们的人工智能系统在由不同场景的人类图片组成的大规模数据集上进行训练后，会偶尔错误地将一个站在厨房里的男士归类为"女士"，这是因为在数据集中厨房多是一种包含女性样本的场景[18]。一般来说，这种细微的偏见在事后会很明显，但却很难被提前发现。

人工智能应用中的偏见问题近年来引起了相当多的关注，许多文章、研讨会，甚至学术研究机构都在专门研究这一问题。用于训练人工智能的数据集是否应该准确地反映我们本来就存有偏见的社会，正如它们现在常做的那样，还是我们应该为实现社会变革目标来对其进行针对性的完善？那么谁应被准许来制定变革的目标？又应该由谁来执行完善的工作呢？

人工智能内心的黑暗秘密以及我们如何愚弄它

还记得在学校的时候，老师会在你的数学作业上用红笔写上"列出你的推导过程"吗？对我本人来说，列出推导过程是学习数学最无趣但却可能是最重要的部分，因为能够展示推导过程则表明：我理解自己在做什么，我掌握了正确的抽象概念并且以正确的推理得到了答案。列出推导过程，也可以帮助老师来查明我犯某些错误的原因。

一般来说，如果一些人能够向你解释他是如何得出一个答案或决定的，你就会相信这些人知道他自己在做什么；然而，列出推导过程是DNN——这一现代人工智能系统的基石所无法轻易做到的事情。回想一下我在第04章描述的"狗"和"猫"目标识别任务。ConvNets通过实施一系列在多隐藏层间传播的数学运算（卷积）来判定输入图像中包含的对象。对于一个一般大小的网络，其运算可能会达到数十亿次，当然，对计算机进行编程，让它打印出一个网络对于给定输入所执行的全部加法和乘法的操作列表是很容易的，但是这样一个列表并不能使人类获知网络是如何得出答案的。一个10亿次运算的列表不是一个普通人能接受的解释，即使是训练深度网络的人通常也无法理解其背后隐藏的原理，并为网络做出的决策提供解释。《麻省理工科技评论》（MIT Technology Review）杂志将这种不可理解性称为"人工智能内心的黑暗秘密"[19]。令人担忧的是：如果我们不理解DNN如何解答问题，我们就无法真正相信它们，或预测它们会在哪种情况下出错。

人类也并不总是能够解释自己的思维过程，并且一般来说，你无法通过观察别人的大脑内部或者他们的直觉来弄清楚他们是如何做出特定决策的，但人类倾向于相信其他人已经正确地掌握了基本的感知能力，例如目标识别和语言理解能力。在一定程度上，当你相信别人的思维与你相同时，你就会信任对方。你的假设是：大多数情况下，你遇到的其他人与你有足够相似的生活经历，于是你会假设他们在对世界感知、描述和做出决策时所使用的基本背景知识、信仰和价值观与你相同。简而言之，当考虑其他人时，你具有心理学家所说的一种心智理论：理解他人在特定情况下所运用的知识和可能会选择的目标。对于像 DNN 这样的人工智能系统，我们并没有类似的心智理论作为支撑，这就使得我们更难信任它们。

目前人工智能界最热门的新兴领域之一是"可解释的人工智能"，也就不足为奇了。这个新领域有多种不同的叫法，比如"透明的人工智能"或"可解释的机器学习"。这个领域的目标是研究如何让人工智能系统，尤其是深度网络，以人类能够理解的方式解释其决策过程。该领域的研究人员已经提出了多种聪明的方式来实现对一个给定 ConvNets 学习到的特征的可视化，并且，在某些情况下可以确定输入的哪些部分对输出决策起决定作用。可解释的人工智能是一个正在快速发展的领域，但如何让深度学习系统能够顺利地按照人类能理解的方式来解释自身仍然前景未明。

关于人工智能可信度的问题还有另外一个方面：研究人员发现，人类若要秘密地诱导神经网络犯错，那简直是意想不到地容易。也就是说，如果你想故意欺骗这样一个系统，那么方法有很多。

愚弄人工智能系统并不是什么新鲜事，例如，垃圾电子邮件发送者与垃圾邮件检测程序间的"军备竞赛"已经持续了几十年。对深度学习系统的这种看似脆弱的攻击则更加微妙和麻烦。

还记得我在第 05 章中提到的 AlexNet 吗？就是那个赢得 2012 年 ImageNet 竞赛并使得 ConvNets 在当今大部分人工智能领域中占据主导地位的 ConvNets。如果你还记得的话，AlexNet 在 ImageNet 上的 top-5 准确率是 85%，打败了其他所有竞争对手，并震惊了计算机视觉界。然而，在 AlexNet 获胜两年后，出现了一篇由谷歌的克里斯蒂安·塞格迪（Christian Szegedy）和其他作者联名撰写的研究论文，这篇论文有一个看似温和的标题：神经网络耐人寻味的特性[20]。塞格迪等人在文中描述的这种耐人寻味的特性之一就是 AlexNet 很容易被愚弄。

该论文的作者发现，他们用一张 AlexNet 以高置信度正确分类的 ImageNet 图像（如校车图像），对该图像进行极小的、非常具体的变化使这张图像扭曲。扭曲后的图像对人类来说看起来毫无变化，但却被 AlexNet 以高置信度归类为完全不同的东西（如鸵鸟）。作者将扭曲后的图像称为"对抗样本"（adversarial example）。图 6-4 展示了一些原始图像样本及与其"对抗的"孪生样本。无法分辨两者的差异？恭喜！看来你是人类。

| 校车 | "鸵鸟" | 螳螂 | "鸵鸟" |
| 神殿 | "鸵鸟" | 狮子狗 | "鸵鸟" |

图 6-4　AlexNet 的原始样本和"对抗样本"

注：每对图像中的左图是原始图像，能被 AlexNet 正确分类；右图是从左图获得的对抗样本，即对左图进行了细微的改变，使新图像对人类而言毫无变化，但却都被 AlexNet 确信地归类为"鸵鸟"。

塞格迪和他的合作者构建了一个计算机程序，对于任意一幅由 AlexNet 正确分类的来自 ImageNet 的图片，都能够找到特定的变化点来创建一个新的对抗样本图片，使得新图片对人类来说看起来没有变化，却会导致 AlexNet 以极高的置信度给出一个错误答案。

重要的是，塞格迪和他的合作者发现，AlexNet 对于对抗样本的这种低敏感性并不特殊。他们发现，其他若干具有不同的架构、超参数和训练集的 ConvNets 都具有类似的漏洞。他们把这种漏洞称为神经网络的耐人寻味的特性，有点类似于把一艘豪华游轮船体上的漏洞称为这艘船的一个引人深思的特点，这确实耐人寻味，也需要更多的调查研究。如果漏洞未得到修补，DNN 这艘"船"早晚会沉下去。

在塞格迪等人的论文发表后不久，一个来自怀俄明大学的团队发表了一篇题目更直接的文章:《深度神经网络很容易被欺骗》[21]。该团队使用一种受生物启发的计算方法——遗传算法（genetic algorithms）[22]，通过计算的方式来使图片得到"进化"，使其对人类而言，看起来像随机"噪声"，但是 AlexNet 和其他 ConvNets 却以超过 99% 的置信度将其分配为某个特定的对象类别（见图 6-5）。

该团队注意到，DNN 会将这些对象视为近乎完美的可识别图像，所以，DNN 是否具备真正的泛化能力？使用 DNN 的解决方案是否会因恶意应用这种漏洞可能性的存在，而产生高昂的潜在成本？这些问题是值得注意的[23]。

确实，这两篇论文及其后续的相关发现不仅为深度学习学术界提出了问题，也敲响了真正的警钟。如果在计算机视觉和其他任务上表现得如此成功的深度学习系统，很容易被人类难以察觉的操作所欺骗，我们怎么能说这些网络能够像人类一样学习，或在能力上可以与人类媲美甚至超过人类呢？很显然其中出现了一些与人类的感知截然不同的东西。如果我们要在现实世界中的计算机视觉领域运用这些网络，我们最好确保其受到保护，不被黑客运用这类操作来对它们进行欺骗。

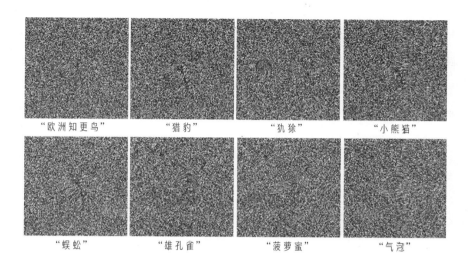

图 6-5　通过遗传算法创建的专门用于欺骗 ConvNet 的图像示例

注：在每一种情况下，在 ImageNet 训练集上训练后的 AlexNet 对"图像属于图下方文字表示的类别"均
　　分配了大于 99% 的置信度。

　　所有这些问题重新激发了聚焦于"对抗式学习"的一小部分研究群体的活力。对抗式学习是指：制定策略来防御潜在的人类对手攻击机器学习系统。对抗式学习研究人员经常通过证实现有系统可能遭受的攻击方式来开展研究工作，并且最近的一些成果已经非常惊人。

　　在计算机视觉领域，有个研究团队开发了一个能够设计出具有特定图案的眼镜框的程序，愚弄了一个人脸识别系统，使其自信地将眼镜框的佩戴者错误地识别为另外一个人（见图 6-6）[24]。另一个研究团队设计了可放置于交通标志上的不显眼的小贴纸，导致一个基于 ConvNets 的视觉系统（类似于自动驾驶汽车中使用的视觉系统）

对交通标志进行了错误的分类，例如，将一个停车标志识别为限速标志 [25]。还有一个团队证实了用于医学图像分析的 DNN 可能面临的一种对抗式攻击：以一种人类难以察觉但却会引发网络改变对图像的分类的方式来改变 X 射线或显微镜图像，是不难做到的，但却可能会导致网络对该图像的判定完全相反，比如说，从以 99% 置信度显示目标图像分类为无癌症，到以 99% 置信度显示存在癌症 [26]。该组人员指出，此类攻击手段可能会被医院人员或其他人用于制造欺诈性诊断，以便向保险公司索取额外的诊断测试费用。

图 6-6 DNN 遭遇对抗式攻击的示例

注：一名人工智能研究人员（左）戴上一副经过特定模式设计的镜框后，被一个在名人脸上训练过的 DNN 脸部识别器确定地认成了米拉·乔沃维奇（Milla Jovovitch）（右）。描述这一研究的这篇论文还给出了很多其他使用"对抗式"眼镜框图案对名人进行模仿的例子。

以上这些只是由不同研究团队发现的几个系统可能遭受攻击的案例。许多可能的攻击已经被证实具有惊人的鲁棒性：它们对很多网络都能起作用，即便这些网络是在不同的数据集上训练的。计算机视觉领域并不是神经网络可被愚弄的唯一领域，研究者还设计了一些能够愚弄用于语言处理（包括语音识别和文本分析）的 DNN 的攻击手段。我们可以预计，随着这些系统在现实世界中获得更加广泛的应用，恶意用户将会发现这些系统中的更多漏洞。

　　了解和防御此类潜在的攻击是目前人工智能的一个主要研究领域，虽然研究人员已经找到了针对特定类型攻击的解决方案，但仍未找到通用的防御方法。与计算机安全的任何领域一样，到目前为止的研究具有一种"打地鼠"的特点，即一个安全漏洞被检测出来并被成功防御后，总是会发现新的需要防御的漏洞。谷歌大脑团队的人工智能专家伊恩·古德费洛（Ian Goodfellow）说道："几乎所有你能想到的对一个机器学习模型有害的事，都可以在当下就做到……捍卫它真的是非常非常困难。"[27]

　　除了如何防御攻击这个亟待解决的问题，对抗样本的存在放大了我之前提出的那个问题：**这些网络到底学习了什么？尤其是，它们学习了什么使得自己能如此轻易地被愚弄？**或者更重要的问题是：**当我们认为这些网络已经真的学到了我们试图教给它们的概念时，我们是在自欺欺人吗？**

　　在我看来，终极的问题是理解。考虑图 6-4 的情况，AlexNet 错误地将校车分类成了"鸵鸟"，为什么人类不太可能发生这种情况？尽管 AlexNet 在 ImageNet 上表现得非常出色，但人类能够从所见对象中理解许多 AlexNet 或者说当前任何人工智能系统都无法获知的信息。我们知道对象在三维空间中的形态，并能够根据一张二维图像进行三维构想。我们知道一个给定对象的功能是什么、其各部分在整体功能中发挥何种作用，以及该对象通常出现的场景是什么。看到一个对象会使我们回忆起在其他情况下、从其他的角度以及在其他感官模式下看到该物体的情境，比如，我们记得一个给定对象感觉起来、闻起来，甚至是它掉在地上听起来是什么声音，等等。所有这些背景知识都被注入我们人类的能力中，支持我们稳定地识别给定目标，即便是当今最成功的人工智能视觉系统，也尚且缺乏这种理解能力及在目标识别方面的稳定性。

我曾听到某些人工智能研究人员争辩说，人类也一样容易受到我们自己的对抗样本的影响，比如视觉错觉。就像 AlexNet 会将校车分类为"鸵鸟"一样，人类则更容易犯感知错误，例如，我们会觉得图 6-7 中上方的线段比下方的线段要长，即便二者实际上长度相同。我们人类易犯的错误与 ConvNets 易犯的完全不同，我们识别日常场景中对象的能力已经进化得非常稳定了，因为我们的生存就依赖于此。与目前的 ConvNets 不同，人类和动物的感知受到认知的高度调节，这里的认知指的是我在前文描述的一种对情境的理解。此外，目前在计算机视觉应用中使用的 ConvNets 通常是完全前馈的，而人类视觉系统则具有更多的反馈连接。虽然神经科学家还不了解所有这些反馈连接的功能，但有一点可以推测，至少其中的某些反馈连接有效地防止了类似 ConvNets 易受对抗样本影响的那种漏洞，那么为什么不在 ConvNets 中植入同样的反馈连接呢？这是一个非常活跃的研究领域，但也是非常困难的，并且目前还未取得像前馈网络那样的成功。

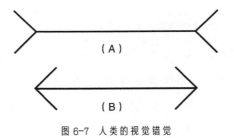

图 6-7　人类的视觉错觉

注：（A）中的水平线段的长度和（B）中的相同，但大多数人却觉得（A）中的线段比（B）中的线段要长。

怀俄明大学的人工智能研究者杰夫·克卢恩（Jeff Clune）做了一个非常尖锐的比喻："很多人好奇深度学习究竟是真正的智能还是'聪明的汉斯'。"[28] 汉斯是 20 世纪初德国的一匹马，其主人声称它可以进行算术计算并能听懂德语。这匹马通过用蹄子敲击的次数来回答诸如"15 除以 3 等于多少"这类问题。在"聪明的汉斯"成为国际明星后，一项详细调查最终证实这匹马并没有真正理解给它的问题或数学概念，而只是通过敲击来回应提问者给出的微妙且常人难以察觉的提示。"聪明的汉斯"已成为对表现出理解力但实际上只是对训练员给出的别人难以发现的提示做出反应的个体或程序的隐喻。深度学习展现的是真正的理解，还是一个计算型的"聪明的汉斯"——只是对数据中的表面线索进行响应？这是目前人工智能界在激烈争论的一个话题，而研究人员并未在真正的理解的定义上达成共识，更是加剧了这一争论。

一方面，通过监督学习训练的 DNN，在计算机视觉、语音识别、文本翻译等领域的许多任务上都表现得非常出色，尽管还远不够完美。由于 DNN 具有令人赞叹的能力，人们正在加速其从研究过程向实际应用的转化，具体包括：网络搜索、自动驾驶汽车、人脸识别、虚拟助手、推荐系统等领域。我们现在已经很难想象没有这些人工智能工具的生活会是什么样子。

另一方面，DNN 能够自学或其训练过程与人类学习相似这种说法是有误导性的。我们既要承认这些网络获得过的成功，也要认识到它们会以意想不到的方式失败，比如，对训练数据过拟合、长尾效应的存在，以及易受攻击等。

此外，DNN 做出决策的原因通常很难理解，这使得它们的失败难以被预测或规避。研究人员正在努力使 DNN 变得更加可靠和透明，但有些问题仍然存在：这些系统是否由于缺乏类似于人类的理解能力才导致其不可避免地变得脆弱、不可靠且易受攻击？在决定将人工智能系统应用到现实中之前，我们该如何考虑这些因素？下一章将探讨在平衡人工智能的益处与其本身存在的不可靠性和滥用风险之间，我们将面临的一些艰巨挑战。

06　难以避免的长尾效应

　　知名的深度学习专家本吉奥说："实事求是地讲，我们不可能对世界上的所有事物都进行标注，并一丝不苟地把每一个细节都解释给计算机听。"这一情况由于长尾效应的存在而进一步恶化：人工智能系统可能要面临各种可能的意外情况，自动驾驶汽车在一天的行驶期间可能会遇到的各种假设情况的可能性可以很好地说明这一现象。遇到红色交通信号灯或停车标志等都是常见的情况，被评定为具有高可能性；中等可能性的情况包括遇到碎玻璃或者风吹过来的塑料袋；不太常见的情况是自动驾驶汽车遇到了被水淹没的道路或被雪遮挡住的车道标志，等等。

　　"长尾"这个术语来自统计学，其中包含的一长串可能性低，但却可能发生的情况被称为一个概率分布的"尾巴"，尾巴上的情况有时被称为"边缘情况"。人工智能在现实世界的大多数领域中都会面对这种长尾效应：现实世界中的大部分事件通常是可预测的，但仍有一长串低概率的意外事件发生。如果我们单纯依靠监督学习来提升人工智能系统对世界的认识，那么就会存在一个问题：尾部的情况并不经常出现在训练数据中，所以当遇到这些意外情况时，系统就会更容易出错。

07

确保价值观一致，构建值得信赖、有道德的人工智能

想象你自己正坐在一辆自动驾驶汽车里，夜色已深，办公室里圣诞派对刚刚结束，外面正下着雪。"车，送我回家。"你疲惫并带着一丝醉意地说。随着汽车慢慢启动，你的身体向后靠，心怀感激地闭上了眼睛。

这一切都很美妙，但你觉得它安全吗？自动驾驶汽车的成功在很大程度上要归功于机器学习，特别是深度学习，尤其是汽车的计算机视觉和决策部分。我们如何判定这些汽车已经成功地学会了其所需掌握的所有知识？

自动驾驶汽车还需要多长时间才能在我们的日常生活中发挥重要作用？对于自动驾驶汽车行业来说，这是一个重要却很难回答的问题。我发现专家们在这一问题上持有相互冲突的意见，他们预计的时间从几年到几十年不等。自动驾驶汽车具有能够极大改善我们生活的潜力，它们可以大大减少交通事故造成的伤亡，要知道，这个数字每年可以达到数百万，这些事故中有许多是由司机酒后驾驶或注意力不集中引起的。此外，自动驾驶汽车能够使人类乘客在乘车时间里更具生产力而不会虚度光阴。这些车辆相较于由人类驾驶的车辆也具有更高的能源利用率，而且将成为无法驾驶的盲人或其他残疾人的福音；但是，只有当我们人类愿意赌上自己的生命来相信这些自动驾驶汽车时，这一切才会实现。

机器学习正被应用在影响人类生活的多个领域的决策中，比如创建新闻源、诊断疾病、评估贷款申请，甚至给出监狱刑罚建议（但愿不要发生这样的事），当机器在做这些事时，我们如何保证它已经掌握了足够的知识，因而可以作为一个可信赖的决策制定者？

这些都是很棘手的问题，不只对于人工智能研究人员，对于整个社会也是。我们最终必须在人工智能今后的许多积极用途与对其可信度和可能被滥用的担忧之间做好权衡。

有益的人工智能，不断改善人类的生活

在考虑人工智能在我们社会中的作用时，我们很容易把注意力集中在不利的一面，但是，要知道，人工智能系统已经为社会带来了巨大好处，并且它们有潜力发挥更大的作用。当下的人工智能技术对你可能一直在使用的许多服务都起到了核心作用，有些甚至你都没有意识到，如语音转录、GPS 导航和出行规划、垃圾邮件过滤、语言翻译、信用卡欺诈警报、书籍和音乐推荐、计算机病毒防护以及建筑物能源利用优化等。

如果你是摄影师、电影制作人、艺术家或音乐家，你可能正在使用人工智能系统来协助开展创作，例如用以帮助摄影师编辑照片、协助作曲家编曲的计算机程序。如果你是学生，你可能会从适合你自己学习风格的"智能教学系统"中受益。如果你是科学家，你很有可能已经使用了许多可用的人工智能工具中的一种来帮助你分析数据。如果你是视力存在障碍的人，你可能会使用智能手机的计算机视觉应用程序来阅读手写的或印刷的文字，例如标牌、餐馆菜单或钞票上的文字。如果你是听力受损人士，如今你可以在 YouTube 上看到非常精准的字幕，在某些情况下，你甚至可以在一次演讲中获得实时的语音转录。这些只是当前人工智能工具正在改善人们生活的

几个例子，许多其他的人工智能技术仍处于研究阶段，但也正渐渐成为主流。

在不久的将来，人工智能相关应用可能会在医疗保健领域得到广泛普及。我们将看到人工智能系统帮助医生诊断疾病并提出治疗建议、研发新的药物、监控家中老年人的健康和安全。科学建模和数据分析也将越来越依赖人工智能工具，例如，改善气候变化、人口增长和人口结构、生态和食品科学以及在 22 世纪我们的社会即将面临的其他重大问题的模型。对于 DeepMind 的联合创始人戴米斯·哈萨比斯来说，人工智能最重要的潜在好处是：

> 我们可能不得不清醒地认识到，由于这些问题可能太过复杂，即便由地球上最聪明的人来努力解决这些问题，单独的人类个体和科学家在有生之年都很难有足够的时间来取得足够的创新和进步……我的信念是，我们需要一些帮助，而我认为人工智能就是这一问题的解决方案。

我们都曾听说过，人工智能将会接手那些人类所讨厌的工作，如那些枯燥无聊、令人疲倦、有辱人格或者极其危险又工资低廉的工作。如果这种情况真的发生了，那将会真正有利于增加人类社会福祉。随后我将讨论这个问题的另一面：人工智能夺走了太多人类的工作。尽管还有许多工作超出了机器人目前的能力，但机器人已经被广泛地用于琐碎和重复的工厂任务了，随着人工智能的发展，越来越多的这类工作可能会被自动化的机器人取代。未来人工智能应用的具体实例包括：自动驾驶卡车和出租车，用于收割水果、扑灭大火、扫除地雷和清理环境等。除此之外，机器人可能会在太空探索中发挥出比目前更大的作用。

让人工智能来接管这些工作真的能够造福社会吗？我们可以回顾一下科技的发展历史，来从中得到一些启发。以下是人类曾经从事过但在很久以前就已经实现自动化了的一些工作的示例（至少在发达国家是这样）：洗衣工、人力车夫、电梯操作员、

punkawallah[①]和计算员[②]。大多数人会认同：在以上这些例子中，使用机器代替人类做这些工作，确实让生活变得更美好了。有人可能会争辩说，如今的人工智能只是简单地延续了人类的进步路线，将那些必要的但却没人想做的工作逐渐实现自动化，从而改善人类的生活。

人工智能大权衡：我们是该拥抱，还是谨慎

吴恩达曾乐观地宣称："人工智能是新'电能'。"他进一步解释道："正如100年前电能几乎改变了所有行业一样，今天我真的很难想到有哪个行业在未来几年内是不会被人工智能改变的。"[2]有一个很有吸引力的类比：很快人工智能就会如电能一样，尽管看不到，但对电子设备来说却非常必要。电能与人工智能的一个主要的区别在于，电能在被广泛商业化之前就已经被充分认识，我们非常了解电能的功用，而对于如今许多人工智能系统的情况，我们却没有足够的认识。

这将带来所谓的人工智能大权衡（great AI trade-off）。我们是应该拥抱人工智能系统，利用其能力来改善我们的生活，甚至帮助拯救生命，并且允许这些系统被更加广泛地使用呢，还是考虑当下人工智能存在难以预见的错误、易受偏见影响、易被黑客攻击以及缺少透明度等特点，应该更谨慎地使用人工智能来制定决策？对不同的人工智能应用，人类需要在多大程度上参与其中？为充分信任人工智能并使其自主工作，我们应该对人工智能系统提出哪些要求？尽管人工智能应用的部署越来越多，并且以之为基础的未来应用（如自动驾驶汽车）刚诞生就得到了吹捧，但这些问题仍在激烈讨论中。

---

① 一种仆人，在电风扇出现之前，他们唯一的工作就是通过手动扇风来给房间降温。——编者注

② 通常是女性，手动进行烦琐的计算，在第二次世界大战期间数量较多。——编者注

皮尤研究中心（Pew Research Center）的一项研究表明：人们在这些问题上普遍缺乏共识[3]。2018年，皮尤的分析师征集了近千名相关人士的意见，其中包括技术先驱、创新者、研发人员、商业和政策领袖及活动家等，并要求他们回答如下问题：

你是否会认为，到2030年，先进的人工智能和相关技术系统很有可能会增强人类能力并为人类赋能？也就是说，那时，大多数人在大多数时候会比今天生活得更好？还是说，先进的人工智能和相关技术系统很有可能会削减人类的自治权和代理权，使得那时大多数人的状况并不会比当前更好呢？

受访者分为了两派：63%的人认为2030年人工智能的进步将使人类的状况变得更好，而37%的人则不这么认为。有人认为人工智能实际上能够消除全球贫困，大规模减少疾病，并为地球上绝大多数人提供更好的教育。有人则对未来有一种相当悲观的预测：大批的工作被自动化技术接管导致的人类失业；由于人工智能监视而造成的对公民的隐私和权利的侵犯；不道德的自动化武器；由不透明和不可信的计算机程序做出的未经审查的决策；种族和性别偏见被放大；大众媒体被操纵；网络犯罪增多等。一位受访者将未来的世界描述为："真实，但与人类无关。"

机器智能引发了一系列棘手的伦理道德问题，与人工智能和大数据伦理相关的讨论已经可以写满好几本书了[4]。为了说明这些问题的复杂性，我将对一个在当前已经引起人们大量关注的案例展开深入探讨：人脸识别。

人脸识别的伦理困境

人脸识别是使用文字来标注图像或视频中的人脸的任务。例如，Facebook将人脸识别算法应用到上传至其网站的每张照片上，尝试检测照片中的人脸并将其与已知用户（至少是那些未禁用此项功能的用户）进行匹配[5]。如果你在 Facebook 的平台上，并且某人发布了一张包含你的脸的照片，系统可能会询问你，是否要在照片中标记自己。Facebook 人脸识别算法的准确性令人惊叹，但同时也令人害怕。不出所料，这种准确性源自对深度卷积神经网络的使用。该软件不仅可以对图像中位于中心位置的正脸进行人脸识别，而且可以对人群中的某一个人的脸进行识别。

　　人脸识别技术有许多潜在的好处，比如，帮助人们从照片集中检索图像；使视力受损的用户能够识别他们所遇到的人；通过扫描照片和视频中的人脸定位失踪儿童或逃犯，以及检测身份盗用等。我们也很容易想得到会有许多人认为这种应用程序具有侵犯性或威胁性。例如，亚马逊向警方推销了它的人脸识别系统（使用了一个奇怪的听起来像是反乌托邦式的名称"Rekognition"），该系统可以将安保相机拍摄的视频与一个已知罪犯或嫌疑人的数据库进行比对，但许多人为该系统可能造成的隐私侵犯问题感到担忧。

　　隐私问题是人脸识别技术应用中一个显而易见的问题。即便我不使用 Facebook 或任何其他具有人脸识别功能的社交媒体平台，我的照片也可能会在未经我允许的情况下被标记并随后在网上被自动识别，想一想提供收费人脸识别服务的 FaceFirst 公司。据《新科学家》（*New Scientist*）杂志报道："FaceFirst 正在面向零售商推出一套系统，据称这套系统可以通过识别每次购物的高价值客户来进行促销，而当多次被投诉的顾客进入任何一家门店时，该系统就会发出警报。"[6]还有许多其他公司提供类似的服务。

　　失去隐私并不是唯一的风险，人们对于人脸识别还有一个更大的担忧，那就是可靠性：人脸识别系统会犯错。如果你的脸被错误匹配，你可能会被禁止进入一家商店、搭乘一架航班，或被错误地指控为一名罪犯。更重要的是，目前的人脸识别系统已经被证明对有色人种进行识别时明显比对白人的识别错误率更高。强烈反对使用人脸识别技术来对公民权利进行执法的美国公民自由联盟（American Civil Liberties Union, ACLU），用 535 名国会议员的照片对亚马逊人脸识别产品 Rekognition 系统进行了测试（使用其默认设置），将这些议员的照片与因刑事指控而被捕的人员数据库进行了比较，他们发现，该系统错误地将 535 名国会议员中的 28 人与犯罪数据库中的人员匹配上了。在非洲裔美国人议员中，照片的识别错误率更是高达 21%（非洲裔美国人只占美国国会议员的 9%）[7]。

美国公民自由联盟的测试和其他研究结果显示出了人脸识别系统的不可靠性和偏见的附加后果，因此，许多高科技公司宣布他们反对将人脸识别用于执法和监管。举例来说，人脸识别公司 Kairos 的首席执行官布莱恩·布拉肯（Brian Brackeen）就在一篇广为流传的文章中写道：

> 用于对嫌疑人身份进行识别的人脸识别技术，对有色人种造成了负面的影响。这是一个不容否认的事实……我和我的公司已经开始相信，将商业人脸识别系统应用在任何形式的执法或政府监管中都是错误的，它为道德败坏者的明知故犯打开了大门……我们应该追求一个无授权政府对公民进行分类、跟踪和控制的世界[8]。

在微软公司网站上的一篇博客文章中，其总裁兼首席法律顾问布拉德·史密斯（Brad Smith）呼吁国会规范人脸识别系统的使用：

> 人脸识别技术引发了一些与保障隐私和言论自由等基本人权有关的核心问题，这些问题增加了制造这些产品的科技公司的责任。我们认为，更加周密的政府监管，以及围绕其可接受的用途制定规范是必需

的，而这将需要公共部门和私人机构共同采取行动[9]。

谷歌紧随其后，宣布其不会通过人工智能云平台提供通用的人脸识别服务，直到他们能够确保这一技术的使用符合谷歌的原则和价值观，并能够避免滥用和有害的后果[10]。

这些公司的反应令人欣慰，但这又带来了另一个令人困扰的问题：人工智能的研究与开发应在多大程度上受到监管？又应该由谁来监管？

人工智能如何监管以及自我监管

考虑到人工智能技术的风险，包括我在内的许多人工智能从业者，都赞成人工智能技术应该受到某种监管，但是监管不应该仅仅掌握在人工智能研究人员和相关公司的手里。围绕人工智能的问题，比如可信度、可解释性、偏见、易受攻击性和使用过程中出现的道德问题，与技术问题一样，都是牵涉社会和政治方面的问题。于是，围绕这些问题的讨论有必要接纳持有不同观点和具有不同背景的人们。简单地将监管的职责交给人工智能从业者，就像将其完全交给政府机构一样，都是不明智的。

有一个案例可以体现制定此类法规所面临的复杂性，欧盟议会在 2018 年颁布了一项关于人工智能的法规，有些人称之为"解释权"[11]。这项法规要求，在"自动决策制定"的情况下，任何一个影响欧盟公民的决策都需要提供其中所涉及的与逻辑有关的有意义信息，并且这些信息需要使用清晰明了的语言，以简洁、透明、易懂和易于访问的形式来沟通和传达[12]，这打开了有关解释问题的闸门。什么叫"有意义"或"与逻辑有关"的信息？这一法规是否禁止在制定对公民有所影响的决策时使用难以解释的深度学习方法？例如在贷款和人脸识别等方面。这种不确定性无疑将确保政策制定者和律师在很长一段时间内仍有取酬就业的机会。

我认为对人工智能的监管应该参照其他领域的技术监管，尤其是那些在生物和医学领域的技术，例如基因工程。在这些领域，像质量保证、技术的风险和收益分析这样的监管是通过政府机构、公司、非营利性组织和大学之间的合作而产生的。此外，现在已经建立了生物伦理学和医学伦理学领域，这些领域对技术的研发和应用方面的决策具有相当大的影响。人工智能领域的研究及其应用非常需要深思熟虑的考量和一定的道德基础。

这个基础已经开始形成。在美国，各州政府正在研究制定相关法规，例如用于人脸识别或自动驾驶汽车的法规。更重要的是，创建人工智能系统的大学和公司也需要进行自我监管。

许多非营利性的智库已经出现，并填补了这一空缺，这些智库通常由担忧人工智能的富有的科技公司企业家资助。这些组织，如"人类未来研究所"（Future of Humanity Institute）、"未来生命研究所"（Future of Life Institute）和"存在风险研究中心"（Centre for the Study of Existential Risk）经常举办研讨会、赞助研究，以及就人工智能的安全与道德问题这一主题编著教育材料，并给出一些政策建议。一个名为"人工智能合作伙伴关系"（Partnership on AI）的伞状组织①一直在努力将这类团体聚集在一起，打造一个讨论人工智能及其对人类和社会的影响的开放平台[13]。

目前存在的一个障碍是：该领域在制定监管和道德规范的优先事项方面，尚未达成普遍共识。是应该立即将重点放在能够解释人工智能系统推理过程的算法方面，还是关于数据的隐私方面，或是人工智能系统对恶意攻击的鲁棒性方面，又或是关于人

---

① 伞状组织是由各种机构（特别是工业领域的机构）组成的团体，成员间互相协调行动并共享资源。——编者注

工智能系统的偏见以及关于超级智能潜在的风险方面？我个人的观点是，人们对超级智能可能带来的风险给予了太多关注，而对于深度学习缺乏可靠性和透明性，及其易受攻击性的关注则远远不够。在最后一章中，我将更多地讨论超级智能的概念。

创建有道德的机器

到目前为止，我的讨论集中于人类如何使用人工智能的道德问题，但是还有一个重要的问题：机器本身是否能够拥有自己的道德意识，并且足够完备以使它们能够独立做出道德决策而无须人类监管？如果我们要给予人脸识别系统、无人驾驶汽车、老年护理机器人甚至机器人士兵决策自主权，难道我们不需要把人类所拥有的处理伦理道德问题的能力赋予这些机器吗？

自从人们开始思考人工智能，就开始了关于"机器道德"问题的思考[14]。也许，关于机器道德的最著名的讨论来自艾萨克·阿西莫夫（Isaac Asimov）的科幻小说，他在小说中提出了著名的"机器人三定律"[15]：

第一定律：机器人不得伤害人类个体，或者对人类个体将遭受的危险袖手旁观；

第二定律：机器人必须服从人类给予它的命令，当该命令与第一定律冲突时例外；

第三定律：机器人在不违反第一、第二定律的情况下，要尽可能地保护自己。

这些定律已非常知名，但实际上，阿西莫夫提出机器人三定律的目的是证明这套定律会不可避免地失败。阿西莫夫在 1942 年首次提出这些定律时讲述了一个名为"逃跑"的故事：如果一个机器人遵循第二定律向危险物质移动，这时第三定律将会生效，机器人随即远离该物质；此时第二定律又重新开始生效。于是，机器人将被困在一个无尽的循环中，最终对机器人的人类主人造成了灾难性的后果。阿西莫夫的故事通常集中讨论把伦理规则编程置入机器人后可能引发的意外后果。阿西莫夫是有先见之明的：正如我们所看到的，不完整的规则和意外所引发的问题已经妨碍了所有基于规则的人工智能方法，道德推理也不例外。

科幻小说家亚瑟·克拉克（Arthur C. Clarke）在其 1968 年出版的《2001：太空漫游》[16] 中描写了一个类似的情节。人工智能计算机 HAL 被编程为始终对人类保持诚实，但同时又要对人类宇航员隐瞒他们的太空任务的真实目的。与阿西莫夫的笨拙的机器人不同，HAL 饱受这种认知失调的心理痛苦的折磨："他意识到隐瞒真相与保持忠诚之间的这种冲突正在慢慢地破坏他的心智。"[17] 结果是，这种计算机"神经症"使 HAL 变成了一名杀手。影射到现实生活中的机器道德，数学家诺伯特·维纳早在 1960 年就指出："我们最好非常确信，给机器置入的目标正是我们真正想要的目标。"[18]

维纳的评论捕捉到了人工智能中所谓的价值一致性问题：**人工智能程序员面临的挑战是，如何确保人工智能系统的价值观与人类保持一致。可是，人类的价值观又是什么？假设存在社会共享的普世价值有任何意义吗？**

欢迎来到道德哲学的 101 课 ①，我们将从每个道德哲学系学生最喜欢的思想实验——电车难题开始。假设你正在沿着一组轨道驾驶一辆加速行驶的有轨电车，就在正前方，你看到有 5 名工人站在轨道中间，你踩刹车却发现它们不起作用。幸运的

---

① 101，指任一领域的初学者关注的主题，即特定领域中的所有基本原理和概念。在美国大学课程编号系统中，编号"101"经常用于表示某一学科领域中的入门级课程。——译者注

是，有一条通向右边的轨道支线，你可以把电车开到支线上，以免撞到那 5 名工人，但不幸的是，在支线轨道中间也站着 1 名工人。这时候，你面临一个两难的选择：如果你什么都不做，电车就会直接撞到 5 名工人身上；如果你把电车开向右边，电车就会撞死 1 名工人。从道德上讲，你应该怎么做？

电车难题一直是 20 世纪大学道德课的一节主要内容。多数人认为，从道德上来说更可取的做法是：司机把电车开到支线上，杀死 1 名工人，救下另外 5 名工人。后来，哲学家们发现：对本质上相同的困境选取一个不同的框架，就会导致人们给出相反的答案 [19]。事实证明，人类在关于道德困境的推理中，对困境的呈现方式是非常敏感的。

最近，电车难题又作为媒体对自动驾驶汽车的报道的一部分而出现了 [20]。如何对一辆自动驾驶汽车进行编程使其能够处理这些问题，已经成为人工智能伦理讨论的一个中心议题。许多人工智能伦理思想家指出：电车问题本身，即驾驶员只有两个可怕的选择，是一个高度人为设计的场景，而在现实世界中，驾驶员永远不会遇到这样的场景；但是，电车问题已经成为我们应该如何为自动驾驶汽车编程，以让它们自己做出符合道德的决策这一问题的象征。

2016 年，3 位研究人员在数百人中进行了调研，给定类似电车问题的自动驾驶汽车可能面临的场景，并询问他们对不同行为的道德观念。最终，76% 的参与者回答，自动驾驶汽车牺牲 1 名乘客比杀死 10 名行人，从道德上来说更可取。可是，当被问及是否会购买这样一辆被编程为会为了救下更多行人而选择牺牲其乘客的汽车时，绝大多数参与调查者的回答是否定的 [21]。研究人员称："我们发现在 6 项亚马逊土耳其机器人参与的研究中，参与者认同这种效益主义的自动驾驶汽车，即牺牲乘客以获取更大利益的自动驾驶汽车，并希望其他人会购买它们，但他们自己更愿意乘坐那些不惜一切代价保护乘客的自动驾驶汽车。"心理学家乔书亚·格林（Joshua

Greene）在他对这项研究的评论中指出："在将我们的价值观置入机器之前，我们必须弄清楚如何让我们的价值观清晰且一致。"[22] 这似乎比我们想象的要更难。

一些人工智能伦理研究人员建议我们放弃直接对机器的道德规则进行编程的尝试，让机器通过观察人类的行为自行学习符合道德的价值观[23]；然而，这种自学方法也存在我在上一章中所介绍的机器学习会面临的所有问题。

在我看来，在赋予计算机"道德智能"方面的进展不能与其他类型智能的进展分开，真正的挑战是创造出能够真正理解它们所面临的场景的机器。正如阿西莫夫的故事所阐明的：除非机器人能够理解不同场景下伤害的内涵，否则它无法可靠地执行避免伤害人类的命令。对道德进行推理要求人们认识到原因和结果的关系，想象可能的不同未来，了解其他人的信念和目标，并预测一个人处在各种情况下会采取的各种行动的可能结果。**换句话说，可信任的道德理性的一个先决条件是通用的常识，而这，正如我们所见，即使在当今最好的人工智能系统中也是缺失的。**

到目前为止，我们已经看到，在庞大的数据集上训练的 DNN 如何在特定任务上与人类的视觉能力相媲美；我们也看到了这些网络的一些弱点，包括它们对大量人类标记数据的依赖，以及它们以非人类的方式失败的倾向。我们如何才能创造出一个真正能靠自己进行学习的人工智能系统——一个更值得信赖的系统，一个和人类一样，可以对其所面临的情况进行推理并对未来进行规划的系统？在本书的下一部分中，我将描述人工智能研究人员如何将象棋、围棋乃至雅达利（Atari）的电子游戏等用作"微观世界"，以开发具有更接近人类水平的学习和推理能力的机器，同时我将介绍如何把由此产生的超人的游戏机的技能转移到现实世界当中。

07 "新机器人三定律"

1. 有用的人工智能

在考虑人工智能在我们社会中的作用时，我们很容易把注意力集中在不利的一面，但是，有必要记住，人工智能系统已经为社会带来了巨大好处，并且它们有潜力发挥更大的作用。

2. 可解释的人工智能

在人工智能"自动决策制定"的情况下，任何一个影响公民的决策都需要提供其中所涉及的与逻辑有关的有意义信息，并且这些信息需要使用清晰明了的语言，以简洁、透明、易懂和易于访问的形式来沟通和传达，这打开了有关解释问题的闸门。

3. 可信的人工智能

在赋予计算机"道德智能"方面的进展不能与其他类型智能的进展分开，真正的挑战是创造出能够真正理解它们所面临的场景的机器。换句话说，可信任的道德理性的一个先决条件是通用的常识，而这，正如我们所见，即使在当今最好的人工智能系统中也是缺失的。

AI 3.0

Artificial Intelligence

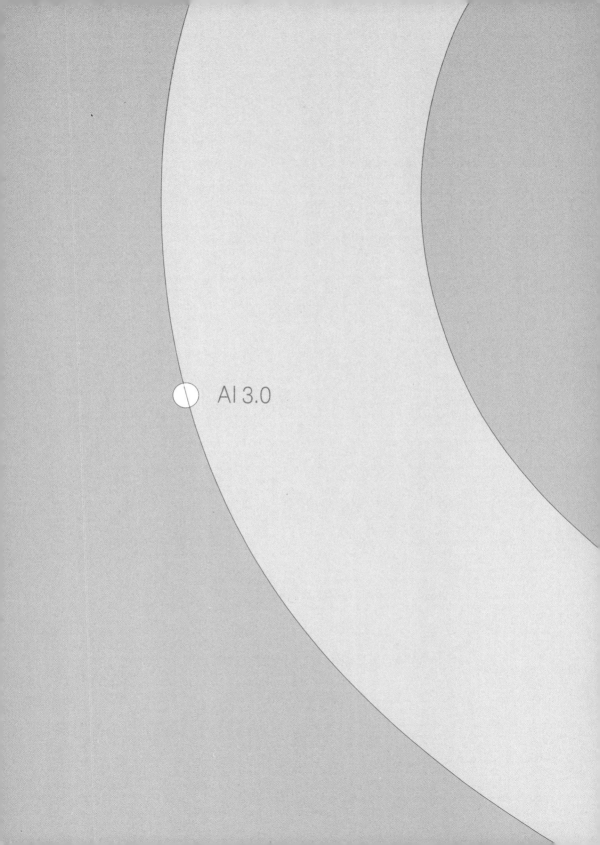

AI 3.0

第三部分

游戏与推理：开发具有更
接近人类水平的学习和
推理能力的机器

始于游戏，不止于游戏

对大多数人工智能研究人员来说，开发超人类的游戏程序并不是人工智能的最终目的。我们应该思考的是：这些程序的成功对人工智能更长远的发展有什么启示？这种人工智能究竟有多通用？它们如何适用于现实世界？这些系统在多大程度上是真正在"靠自己"学习的？并且，它们究竟学到了什么？

AlphaGo 所有的版本除了下围棋，其他什么也不会，即便是其最通用的版本 AlphaGo Zero 也一样。目前，这些游戏程序中没有一个能够将其在一款游戏中学到的知识迁移到其他游戏中，来帮助其学习不同的游戏。

利用游戏，研究者能够在计算机上进行非常快速和准确的模拟，在模拟环境中不用去移动一颗真正的棋子或击碎一块真的砖块，但是模拟一个洗碗机装载机器人却非常不容易。模拟越逼真，在计算机上运行的速度就越慢，并且即便使用一台速度非常快的计算机，要把所有的物理作用力和装载碗碟的各方面相关参数都精确地置入模拟中也极其困难。然后还有现实世界中所有不可预测的情况，我们如何弄清楚哪些需要包含在模拟中，哪些又可以被适当地忽略掉呢？

08

强化学习，最重要的是学会给机器人奖励

记者埃米·萨瑟兰（Amy Sutherland）在研究一本有关珍奇动物驯兽师的书后，她了解到，驯兽师最重要的驯兽方法其实非常简单：奖励其正确的行为，忽略其不正确的行为。并且，就像她在《纽约时报》的"现代爱情"专栏上写的那样："最终这使我想到，这一相同的技巧在倔强而可爱的'物种'——丈夫身上可能也会起作用。"萨瑟兰描写了在经过多年徒劳的唠叨、讽刺和抱怨之后，她如何用这个简单的方法来悄悄地训练她那健忘的丈夫去收拾自己的袜子、找到车钥匙、准时到餐厅赴约以及更有规律地刮胡子 [1]。

这种经典的训练技巧，在心理学上被称为操作性条件反射，已经在动物和人类身上应用了数个世纪。操作性条件反射使得一种重要的机器学习方法——强化学习得以出现。强化学习与我在前面章节中描述的监督学习方法形成了鲜明的对比：**在其最纯粹的形式下，强化学习不需要任何被标记的训练样本。代替它的是一个智能体，即学习程序，在一种特定环境（通常是计算机仿真环境）中执行一些动作，并偶尔从环境中获得奖励，这些间歇出现的奖励是智能体从学习中获得的唯一反馈。**在萨瑟兰的丈夫这个例子中，丈夫获得的奖励是妻子的微笑、亲吻和赞美。尽管计算机程序可能不会对一个吻或一句热情的"你是最棒的"做出反应，但是它可以被设置为能够对与这种赞美等价的奖励做出响应，比如向机器的内存中添加正数。

尽管数十年来强化学习一直是人工智能的学习方法之一，但长期以来它一直被笼罩在神经网络和其他监督学习方法的阴影中。这种情况在 2016 年发生了逆转，当时，强化学习在人工智能领域的一项举世震惊的重大成就中发挥了关键性作用：一个程序在复杂的围棋游戏中击败了世界上顶级的人类棋手。为了解释这个程序以及强化学习领域的一些其他最新成就，我将首先通过一个简单的例子来带你理解强化学习的工作原理。

训练你的机器狗

作为示例，我们一起来看下"机器人踢足球"这个有趣的游戏，在这个游戏中，人们会通过编程使机器人在一个房间大小的"场地"上玩一个简化版的足球游戏。有时"玩家"是如图 8-1 所示的那种可爱的 Aibo 机器狗，这个由索尼公司制造的 Aibo 机器狗有一个用来捕捉视觉输入的摄像头，一台内置的可编程计算机，以及一组使它能够行走、踢腿、用头撞击，甚至摇摆它的塑料尾巴的传感器和电机。

图 8-1 一只索尼 Aibo 机器狗正要踢一个足球

　　假设我们想要教一只机器狗最简单的足球技巧：当面对球时，走过去，踢一脚。传统的人工智能方法将会使用如下的规则来对机器人编程：朝着球迈出一步；重复这个动作，直到你的一只脚碰到球为止；然后用碰到球的那只脚踢球。当然，"朝着球迈出一步""直到你的一只脚碰到球为止""踢球"这类的简短描述，必须被仔细地翻译为详细的操作程序，并内置到机器狗的传感器和电机中。

　　这样的显式规则对于上述这种简单的任务可能就足够了，然而，你越是想让机器人变得智能，手动设定它的行为规则就会越困难。当然，设计出一套适用于任何情境的规则是不可能的。如果机器人和球之间有一个大水坑怎么办？如果有一个足球标志锥挡住了机器人的视线怎么办？如果有块石头阻挡了球的移动怎么办？像往常一样，现实世界充斥着难以预测的边缘情况。

　　强化学习的愿景是：智能体（如机器狗）能够通过在现实世界中执行一些动作并偶尔获得奖励（即强化）的方式来自主地学习灵活的策略，而无须人类手动编写规则或直接"教育"智能体如何应对各种可能的情况。

　　我们就称这只机器狗为"罗茜"吧，以我最喜欢的、经典的卡通片《杰森一家》（The Jetsons）中的机器人管家的名字来命名。为了让这个例子更容易理解，我们假设罗茜出厂的时候预装了以下功能：如果一个足球在它的视线内，它能够估计出接触到球所需的步数，这个步数被称作它的状态。一般来说，智能体在一个给定时间和地点上的状态是智能体对其所处情境的感知。罗茜是智能体的一个最简单版本，其状态是一个单一的数字。当我说罗茜处于一个给定的状态 x 时，指的是它目前估计自己距离球有 x 步远。

　　除了能够识别自己的状态外，罗茜还要有它可以执行的三个内置的动作：前进一步、后退一步、踢一脚。如果罗茜碰巧走出了边界，程序设定为令它立即往后退一步。根据操作性条件反射的要求，只有当罗茜成功踢到球时我们才给它一个奖励。需要注意的是，罗茜事先并不知道哪些状态或行为会带来奖励。

考虑到罗茜是一个机器人，因而我们给它的奖励只是一个简单的数字，比如说10，并添加到它的"奖励内存"中。我们把奖励给机器人的数字 10 等同于给狗喂的食物。与真正的狗不同，罗茜对于奖励、正数或其他任何事物都没有内在的渴求。正如我接下来将要详细论述的，在强化学习中，一个人工创建的算法将指导罗茜的学习过程以帮助它获得奖励，即算法会告诉罗茜如何从它的经验中进行学习。

强化学习是通过使罗茜在一系列学习片段^①中采取动作来实现的，每个学习片段都包含一定数量的迭代。在每次迭代中，罗茜会先确定当前的状态，然后选择要采取的动作。如果罗茜获得了一个奖励，它就会学习到一些东西，这点我将在后文进行说明。在此处，每一个片段会持续到罗茜成功踢到球为止，那时它将得到一个奖励。这可能需要花费很长时间，就像训练一只真正的狗一样，我们必须要有耐心。

图 8-2 解释了这个学习过程中的第一个片段。开始时，教练将罗茜和球放置在球场的某个初始位置，罗茜面对着球［见图 8-2（A）］。罗茜判定自己目前的状态为：距离球 12 步远。由于它还没有学到任何东西，所以目前还是一张纯洁的"白纸"，不知道应该选择哪个动作，所以它从前进、后退、踢球这三种可能的动作中随机选择了一个。我们假设它选择了后退并且后退了一步。我们可以看出后退不是一个好的选择，但请记住，我们要让罗茜自己想办法完成这项任务。

---

① 学习片段是指智能体在特定环境中执行某个策略从开始到结束的完整过程。——译者注

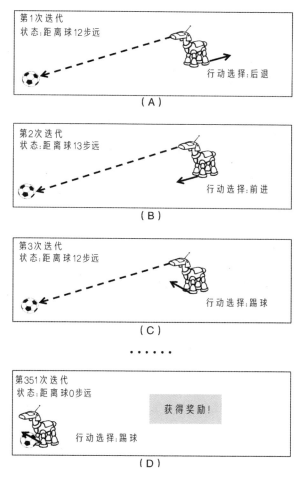

图 8-2 罗茜强化学习的第一个片段

在第 2 次迭代中 [见图 8-2(B)]，罗茜判定了它的新状态为：距离球 13 步远。然后它又随机选择了一个新的动作：前进。在第 3 次迭代中 [见图 8-2（C）]，罗茜判定它的新状态为：距离球 12 步远。它又回到了原点，但罗茜甚至不知道它以前曾处于这种状态过！在最原始版本的强化学习过程中，智能体不记得它之前的状态。一般来说，记住以前的状态可能会占用大量的内存，而且事实证明这并无必要。

在第 3 次迭代中，罗茜再次随机选择动作，这次选择的是踢球，但因为它并没有踢到球，所以它没有得到奖励。它还没有学到：只有踢到球时才会得到奖励。

罗茜继续选择随机动作，在没有任何反馈的情况下，迭代多次。终于在某一时刻，让我们假设是在第 351 次迭代中，仅仅是由于偶然的运气，罗茜来到了球的旁边并且选择了踢球这个动作 [见图 8-2（D）]，这个片段才算结束。于是，它得到了一个奖励并从中学到了一些东西。

罗茜学到了什么？在这里，我们采用最简单的强化学习方法来说明：在获得一个奖励后，罗茜只学到了使它立即获得奖励的那一步的状态和行为。具体而言，罗茜学到：如果它处于某种状态（如离球 0 步），那么采取某种动作（如踢球）是一个好主意，但这就是它学到的全部内容了。它并没有学到，若它离球 0 步，后退将是一个糟糕的选择，毕竟它还没有试过。它可能会认为，在那种状态下后退一步或许会获得更大的奖励呢！罗茜同样也没有学到，如果它距离球只有一步之遥，前进将会是一个不错的选择，它必须经过更多的训练才能知晓。一次性学习太多对其可能是有害的，如果罗茜在离球 2 步远的地方踢了一脚，我们不想让它学习到这一无效的踢球动作实际上是获得奖励的必要步骤。从人类的角度来看，我们常常会有一种"迷信"，即认为某种特定的行为将能帮助引发特定的好的或坏的结果。比如，在罗茜的例子中，我们可能以为，如果它学习到那个无效的踢球动作实际上是获得奖励的必要步骤，这将有利于它更快获得奖励，然而事实并非如此。在强化学习的过程中，这种迷信是你必须要小心避免的。

强化学习的一个关键概念是：在一个给定的状态下执行一个特定动作的值。状态 S 下动作 A 的值是一个数字，表示在状态 S 下，如果执行动作 A，智能体预测最终将获得多少奖励，智能体只需执行高值的动作即可。让我解释一下，如果你当前的状态是：手里拿着一块巧克力，那么一个高值的动作就是把你的手送到嘴边，接下来的高值动作就是张开嘴巴，把巧克力放入口中并咀嚼，你得到的奖励是巧克力的美味。

把手送到嘴边并不能让你立即获得这种奖励，但这一动作的方向是正确的，如果你之前吃过巧克力，你就能预测出即将获得的奖励强度。强化学习的目标是：让智能体自己学习并获得能对即将到来的奖励进行更好的预测的值，前提是智能体在采取相关行动后一直在做正确的选择。[2] 正如我们将看到的，习得给定状态下特定动作的值通常需要经过许多次的试错。

罗茜在其计算机内存里用一个大表格对各种动作的值进行追踪，图 8-3 列出了罗茜的所有可能的状态，即它距离球的所有可能的距离，以及在每个状态下它可能的动作。给定一个状态，该状态下的每个动作都有一个值，这些数值将会随着罗茜不断学习而变得越来越能准确地预测出是否会获得奖励。这个由状态、动作和值组成的表被称为 Q 表（Q-table）。这种形式的强化学习有时被称为"Q 学习"（Q-learning）。之所以使用字母"Q"，是因为在 Q 学习的原始论文中字母"V"（value，值）已被用于表示其他的内容了[3]。

状态	0步距		1步距		......	10步距		......
动作	前进	0	前进	0		前进	0	
	后退	0	后退	0	......	后退	0	......
	踢一脚球	10	踢一脚球	0		踢一脚球	0	

图 8-3　罗茜在强化学习第一个片段后的 Q 表

在训练开始时，将 Q 表中所有初始值设为 0，此时的罗茜就是一个"白板"。当罗茜在第一个片段的结尾因踢到球而获得奖励时，踢球这一动作的值在"0 步距"状态下被更新为 10，即奖励的值。之后，罗茜在处于"0 步距"状态时可以查看 Q 表，发现踢球这个动作的值最高（预示着最高的奖励），于是它选择踢球而不是随机选择一个动作，这就是"学习"在这个过程中的全部含义！

第一个片段以罗茜最后踢到球而告终。现在我们进入第二个片段（见图 8-4），以罗茜和球处于新位置开始［见图 8-4（A）］。同以前一样，在每次迭代中，罗茜会先判定自己当前的状态，然后通过查看 Q 表来选择一个动作。此时，在它当前状态下所有动作的值仍然为 0，目前还没有信息可以帮助它做出选择，所以罗茜仍旧随机选择了一个动作——后退，并且，在下一次迭代中，它又选择了后退［见图 8-4（B）］。可见，我们对罗茜的训练还需要经历很长的过程。

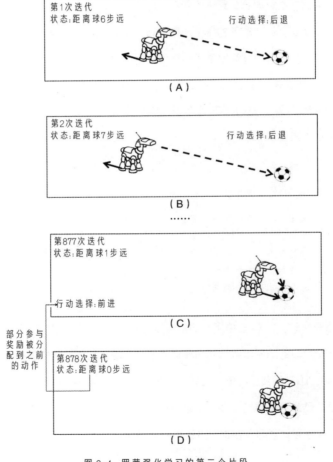

图 8-4　罗茜强化学习的第二个片段

　　一切都像之前一样继续进行，直到罗茜漫无目的地碰巧走到距球 1 步的位置 [见图 8-4（ C ）]，又碰巧选择了前进，这时，罗茜发现它的脚靠近了 [图 8-4（ D ）]，并且 Q 表有对这种状态的说明——在它当前的状态（离球 0 步距）下执行一个动作（踢一脚球）预计将获得 10 的奖励。现在它可以利用在上一片段中习得的这个信息来选择此时要执行的动作，即踢一脚球。在这个过程中 Q 学习的本质是：罗茜现在能够从与它踢球紧接着的之前的状态（距球 1 步）中，学到关于要执行的动作（前进）的一些信息了。具体而言，在距球 1 步的状态下前进动作的值会在 Q 表中更新为较高的值，该值小于距球 0 步时踢一脚球这个动作的值，因为后者将直接导致获得奖励。在这里，我将该值更新为 8（见图 8-5）。

状态	0步距		1步距		……	10步距		……
动作	前进	0	前进	8		前进	0	
	后退	0	后退	0	……	后退	0	……
	踢一脚球	10	踢一脚球	0		踢一脚球	0	

图 8-5　罗茜在强化学习第二个片段后的 Q 表

　　Q 表现在告诉罗茜：在距球 0 步的状态下踢一脚球确实是非常好的选择，在距球 1 步的状态下执行前进的动作也几乎同样有利。当下一次罗茜发现自己处于距球 1 步的状态时，它将获得一些有助于判断应该采取哪种动作的信息，并可以将当下的上一步动作，即在距球 2 步远的状态下执行前进的动作的值进行更新。需要注意的是，这些新学到动作的值要随着步距的增加而递减，并比直接获得奖励的动作的值更低，这样才会使系统学习到一条获得实际奖励的有效途径。

　　强化学习持续进行，Q 表中的值也逐步得到更新，一个片段接一个片段，直到罗茜最终学会从任意初始点起步都能完成踢球的任务。Q 学习算法是一种为给定状态下的动作赋值的方法，包括那些不直接获得奖励但能帮助智能体经历相对较少的状态就获得奖励的动作。

我写了一个程序来模拟如上所述的罗茜的 Q 学习过程。在每一片段的开始，罗茜被放在面向球、随机步距之外（最大步距 25，最小步距 0）的位置。正如我在前面所提到的，如果罗茜走出了边界，程序会让它重新退回界内，每个片段都以罗茜成功踢到球结束。我发现它大约用了 300 个片段来学会无论从何处开始都能完美地执行这项任务。

这个"训练罗茜"的例子涵盖了强化学习的大部分要点，但我省去了强化学习研究人员在处理更复杂的任务时会面临的许多问题。[4] 例如，在实际的任务中，智能体对其状态的感知常常是不确定的，不像罗茜对它自己距离球有多少步有清晰的认知。一个真正的足球机器人可能只会对此有一个粗略的距离估计，甚至不确定球场上哪个对象是足球。执行一项动作的效果也可能是不确定的。例如，机器人的前进动作可能因为地形差异而导致其移动不同的距离，或者甚至会导致机器人摔倒又或是撞上未发现的障碍物。强化学习该如何处理像这样的不确定性？

此外，智能体在每个状态下应该如何选择一个动作？一个朴素的策略是在当前状态下始终选择 Q 表中值最高的动作，但是这种策略存在一个问题：有可能其他还未探索过的动作将会带来更高的奖励。是应该多去探索从未尝试过的动作，还是更多地选择那些确定能带来回报的动作？比如，去饭店吃饭的时候，你是会一直点之前已经吃过并觉得还不错的菜呢，还是会尝试一些新的菜式，因为菜单里可能包含一个更好的选择？决定在多大程度上去探索新动作和在多大程度上坚持已证实有效的动作，被称为探索与坚持的平衡，如何实现这两者的适当平衡是使强化学习获得成功的一个核心问题。

这些是在日渐壮大的强化学习阵营中正在进行的几个研究课题的例子。正如在深度学习领域中的情况，设计成功的强化学习系统仍然是一种很难的但有时却很赚钱的技巧，只有一小部分像深度学习领域的同行一样，花费大量时间调节超参数的专家才能掌握。他们往往需要考虑以下问题：应允许系统学习多少个片段？每个片段应允许多少次迭代？一个奖励在系统中进行反向传播时应该被"打折"多少？

现实世界中的两大绊脚石

暂且不提这些问题，让我们来看下在把"训练罗茜"的例子推广到现实世界任务中的强化学习时可能出现的两块主要的绊脚石。首先是 Q 表，在复杂现实世界任务中，不可能定义一小组能够罗列在一个表格中的"状态"。例如，一辆自动驾驶汽车在拥挤的城市中学习驾驶，这辆汽车在给定时间的一个单独状态可能是采自其摄像头和其他传感器的全部数据。这意味着一辆自动驾驶汽车实际上面临着无数种可能的状态，通过类似于罗茜例子中的 Q 表来进行学习是不可行的。鉴于这一原因，大多数当下的强化学习方法使用的是神经网络而非 Q 表。神经网络负责学习在一个给定状态下应给动作分配什么值。具体而言，神经网络将当前状态作为输入，其输出是智能体在当前状态下能够采取的所有可能动作的估计值。网络学习的目标是将相关状态组成通用概念。例如，向前行驶是安全的或应立即停车以避免撞上一个障碍物。

第二块绊脚石是，在现实世界中，使用真的机器人通过许多片段来真正地执行学习过程的难度很大，甚至已经被我们简化了的罗茜案例也不可行。想象一下，你自己正在初始化一个新的片段，你要在场上来来回回地设置机器人和足球数百次，更不用说等待机器人执行每一个片段中的数百个动作了，这些都需要耗费大量的时间。此外，你可能会让机器人面临选择错误动作以至于伤害到它自身的风险，例如，踢水泥墙，或者在"悬崖"边上向前走一步。

　　就像我对罗茜所做的一样，强化学习的实践者几乎都会构建机器人和环境的模拟，然后在模拟世界而非在现实世界中执行所有的学习片段，我们都是这样来处理这个问题的，有时这种方法很有效。机器人已经使用模拟训练学会了行走、跳跃、抓取对象、驾驶一辆远程控制汽车，以及其他任务，这些机器人能够在不同程度上成功地将在模拟世界中学到的技能转移到现实世界中。[5] 然而，环境愈复杂和不可预测，将机器人在模拟中学到的技能转移到现实世界的尝试就愈加难以成功。由于这些难点的存在，迄今为止强化学习最大的成功不是在机器人领域，而是在那些能够在计算机上进行完美模拟的领域。目前，强化学习最知名的成功是在游戏领域，这也是我们下一章的主题。

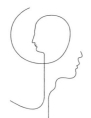

08　强化学习，让 AlphaGo 名声大噪的幕后推手

在最纯粹的形式下，强化学习不需要任何被标记的训练样本。代替它的是一个智能体，即学习程序，在一种特定环境（通常是计算机仿真环境）中执行一些动作，并偶尔从环境中获得奖励，这些间歇出现的奖励是智能体从学习中获得的唯一反馈。

强化学习的目标是：让智能体自己学习并获得能对即将到来的奖励进行更好的预测的值，前提是智能体在采取相关行动后一直在做正确的选择。正如我们将看到的，习得给定状态下特定动作的值通常需要经过许多次的试错。

尽管计算机程序可能不会对一个吻或一句热情的"你是最棒的"做出反应，但是它可以被设置为能够对与这种赞美等价的奖励做出响应，比如向机器的内存中添加正数，然后算法会告诉机器如何从自己的经验中学习。

强化学习的实践者几乎都会构建机器人和环境的模拟，然后在模拟世界而非在现实世界中执行所有的学习片段，然而，环境愈复杂和不可预测，将机器人在模拟中学到的技能转移到现实世界的尝试就愈加难以成功。迄今为止强化学习最大的成功不是在机器人领域，而是在那些能够在计算机上进行完美模拟的领域，特别是游戏领域。

09

学会玩游戏，智能究竟从何而来

从最早的人工智能研究开始，其爱好者就一直痴迷于创造能够在游戏中打败人类的程序。20 世纪 40 年代末，计算机时代的两位开创者艾伦·图灵和克劳德·香农都写过下棋程序，那时甚至还没有计算机可以运行他们的代码。在接下来的几十年里，许多年轻的游戏迷受到鼓舞去学习了编程，就为了能让计算机来玩他们喜欢的游戏，无论是跳棋、国际象棋、五子棋、围棋、扑克，还是后来才出现的电子游戏。

2010 年，年轻的英国科学家兼游戏爱好者戴米斯·哈萨比斯与他的两位密友在伦敦创办了一家名为 DeepMind 的科技公司。哈萨比斯是现代人工智能界中一个有趣的传奇人物，他是一个在 6 岁前就获得过国际象棋比赛冠军的神童，15 岁时开始专职编写电子游戏程序，22 岁时创办了自己的电子游戏公司。除了创业活动，哈萨比斯还在伦敦大学学院获得了认知神经科学博士学位，以进一步实现他构建受人脑启发的人工智能的目标。哈萨比斯和他的同事创立 DeepMind 是为了解决人工智能领域真正根本的问题 [1]。DeepMind 团队将电子游戏视为解决这些问题的绝佳场景，这也许并不令人感到意外。在哈萨比斯看来，电子游戏像是现实世界的缩影，但更纯净并且更易被约束 [2]。

无论你对电子游戏持何种立场，如果你更倾向于纯净且受控制，而非真实，你可能会考虑创建人工智能程序来玩 20 世纪七八十年代的雅达利电子游戏，这正是 DeepMind 团队决定要做的事。你的年龄和兴趣可能会令你记得雅达利发行过的一些经典的游戏，比如《银河小行星》（*Asteroids*）、《太空入侵者》（*Space Invaders*）、《乒乓》（*Pong*）和《吃豆人》（*Pac-man*）。这其中有你熟悉的游戏吗？这些游戏的图形界面并不复杂，由操纵杆控制的游戏对小孩子而言特别容易学，但要让一个成年人保持兴趣却很难。

比如这个名为《打砖块》（*Breakout*）的单人游戏，如图 9-1 所示，玩家使用操纵杆来回移动一个"球拍"（右下角的白色矩形），图中的白色小球可以从球拍上弹起来击中不同颜色的矩形"砖块"（带有图案的矩形），球也能从两边的灰色"墙壁"上弹回来。如果球击中了其中一个砖块，砖块就会消失，玩家因此获得点数，然后球会弹回来。白色小球击中高层的砖块要比击中低层的砖块得到的点数更多。如果球触到"地面"（屏幕底部），玩家将失去 5 条"生命"中的一条，如果玩家还有剩余生命，一个新球就会加入游戏。玩家的目标是利用他们的 5 条生命尽可能获得高分。

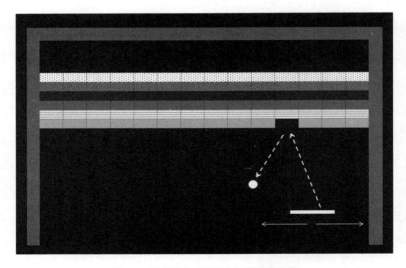

图 9-1　雅达利的《打砖块》游戏示意图

这里有一个有趣的补充说明。《打砖块》游戏是雅达利为其大获成功的《乒乓》游戏开发单人模式的成果，其设计和实现任务最初是在 1975 年被分配给了一名 20 岁的名叫史蒂夫·乔布斯（Steve Jobs）的员工，没错，就是那个后来成为苹果公司联合创始人的史蒂夫·乔布斯。由于当时的乔布斯缺乏足够的工程技能来做好《打砖块》，所以他邀请了他的好朋友——25 岁的史蒂夫·沃兹尼亚克（Steve Wozniak）来帮忙，沃兹尼亚克后来成为苹果公司的联合创始人。沃兹尼亚克和乔布斯用了 4 个晚上的时间完成了《打砖块》的硬件设计，每天都是在沃兹尼亚克完成白天在惠普的工作后开工。《打砖块》一经发行，就像《乒乓》一样，在游戏玩家中广受欢迎。

如果你也有些怀旧，但却没有保留你老旧的雅达利 2600 游戏机，你仍然可以找到许多至今还提供《打砖块》和其他游戏的网站。2013 年，一批加拿大人工智能研究人员发布了一个名为"街机学习环境"的软件平台，从而使得用这个平台上的 49 个游戏来测试机器学习系统变得简单了 [3]。这也是 DeepMind 团队在强化学习研究工作中使用的平台。

深度 Q 学习，从更好的猜测中学习猜测

DeepMind 团队将强化学习，尤其是 Q 学习，与 DNN 相结合，创建了一个能够学习玩雅达利电子游戏的系统。该小组把他们的方法称作深度 Q 学习（deep Q-learning）。为了解释深度 Q 学习如何工作，我将使用《打砖块》作为一个案例，DeepMind 在他们测试的所有雅达利游戏中都使用了这一方法。这儿的内容会有些技术性，所以请做好准备（或直接跳到下一部分）。

回想一下我们是如何使用 Q 学习来训练机器狗罗茜的。在一个 Q 学习的片段中，智能体罗茜在每次迭代过程中都会执行以下操作：首先弄清楚当前的状态，在 Q 表

中查找当前状态，根据表中对应的值选择一个动作，接着执行该动作，然后可能会得到一次奖励，最后一步是学习，即更新其 Q 表中的值。

DeepMind 的深度 Q 学习与上述过程完全相同，只不过深度 Q 学习是用 ConvNets 来替代 Q 表。按照 DeepMind 的说法，我将这个网络称为深度 Q 网络（deep Q-network, DQN）。图 9-2 展示了一个类似于 DeepMind 用于学习《打砖块》的网络的 DQN，只是这个相对更简单一些。DQN 的输入是系统在某个给定时间的状态，此处被定义为当前的帧（当前屏幕的图像）加上之前的三帧（前三个时步[①] 的屏幕图像）。这一状态定义为系统节省了少量内存，是非常有用的。给定输入状态，网络的输出是每个可能操作的估计值。可能的操作包括：向左移动球拍、向右移动球拍，以及无操作，即不移动球拍。这里的网络是一个与我在第 04 章中描述的几乎相同的 ConvNets。在深度 Q 学习中，算法学习到的是网络中的各种权重值，而不是我们在罗茜示例中看到的 Q 表中的值。

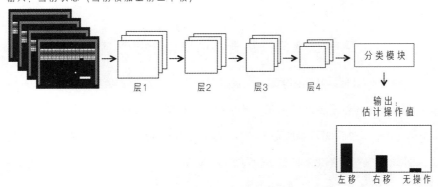

图 9-2　用于《打砖块》游戏的深度 Q 网络示意图

---

① 即时间步（time step）。在研究某一问题时，研究者常把求解过程分成若干小段，每一段即可称为一个时间步或一个时步。——编者注

DeepMind 的系统在经历多个片段后学会了《打砖块》。每一片段对应游戏的一局，片段中的每次迭代对应系统执行的某个单一动作。在每次迭代中系统将其状态输入 DQN，并根据 DQN 的输出值选择一个动作。系统并不总是选择具有最高估计值的动作，正如我之前提到的，强化学习需要在探索与坚持之间取得一个平衡。[4]系统执行其选择的动作，例如，将球拍向左移动一定距离，如果球碰巧击中其中一块砖，则可能会获得一次奖励。然后系统执行一个学习步骤，即通过反向传播更新 DQN 中的权重。

如何更新权重？这是监督学习和强化学习之间的核心差异。你可以回想一下前几章的内容，反向传播的工作原理是通过改变神经网络的权重以减少网络输出的误差。在监督学习中，测量这种误差非常直截了当。还记得我们在第 04 章中提到的目标是学习将照片分类为狗或猫的 ConvNets 吗？如果输入的一张训练照片中有一条狗，但输出分类为狗的置信度只有 20%，那么该输出的误差将是 100%−20%=80%。该网络之所以能够计算出误差，是因为它有一个由人事先提供的标签。

在强化学习中我们没有标签。一个来自游戏的给定的帧并不带有指示系统应采取某种动作的标签。在这种情况下，我们如何计算输出的误差呢？

答案如下。回想一下，如果你是那个学习智能体，当前状态下某个动作的值是对你在选择某一动作并持续选择高价值动作的条件下，本片段结束后你将获得多少奖励的估计，那么，越接近这一片段的结尾，估值就越准确，因为在一个片段的结尾处，你能计算出你将获得的实际奖励！其中的诀窍是假设网络在当前迭代的输出比上一次迭代的输出更接近于正确值，然后，通过反向传播学习调整网络权重，从而使得当前与先前迭代输出之间的差异最小化。理查德·萨顿是这种方法的鼻祖之一，他把该方法称为：从猜测中学习猜测[5]。我把它修改为：从更好的猜测中学习猜测。

简而言之，强化学习不是将其输出与人类给定的标签进行匹配，而是假设后续迭代给出的值比前面迭代给出的值更好，网络学习的是使其输出在一次迭代到下一次迭代的过程中保持一致。这种学习方法被称为时序差分学习（temporal difference learning）。

总的来说，这是深度 Q 学习如何应用于《打砖块》的工作原理，这同样适用于所有其他的雅达利游戏。系统将其当前状态作为深度 Q 网络的输入，深度 Q 网络为每个可能的动作输出一个值，系统选择并执行一个动作，产生一个新的状态。然后，学习开始了：系统将其新状态输入网络，网络为每个动作输出一组新值。新值集与原值集之间的差异被认为是网络的"误差"，这个误差再经过反向传播来改变网络的权重。这些步骤在许多片段（游戏回合）中重复执行。需要说明的是，此处的深度 Q 网络、虚拟操纵杆和游戏本身都是运行在计算机上的软件。

这基本上就是 DeepMind 的研究人员所开发的算法的全部内容了，尽管他们还使用了一些技巧来对这种算法进行改进和加速[6]。起初，在还没进行多少学习之前，网络的输出非常随机，系统玩游戏的方式看起来也很随意，但逐渐地，随着网络通过学习改进了其输出的权重，系统的游戏能力得到提升，在许多情况下甚至相当出色。

价值 6.5 亿美元的智能体

DeepMind 团队将他们的深度 Q 学习方法用在了街机学习环境中 49 款不同的雅达利游戏上。虽然 DeepMind 的程序员对这些游戏使用的是相同的网络架构和超参数，他们的系统在学习一款新的游戏时，仍然需要从零开始，也就是说，系统从一款游戏中学到的知识（即网络权重）无法迁移到另一款游戏上。在每一款游戏上，系统都需要经过上干个片段的训练，但该过程可通过先进的计算机硬件比较快速地完成。

在对每款游戏进行了一个深度 Q 网络的训练后，DeepMind 将机器的游戏水平与一个专业游戏测试员（人类）进行了比较。在进行评估之前，人类测试员被允许针对每个游戏进行两小时的练习。这会不会像听起来那样是个有趣的工作？答案是否定的，除非你喜欢被电脑完败！DeepMind 的深度 Q 学习程序在超过一半的游戏中表现得比人类测试员更好，而且，在那些深度 Q 学习表现更好的游戏的一半中，程序的表现比人类的表现好 2 倍以上。在那些深度 Q 学习比人类表现好 2 倍以上的游戏的一半中，程序的表现比人类的表现要好 5 倍以上。令人惊诧的是，在《打砖块》中，深度 Q 网络程序的平均得分是人类的 10 倍以上。

这些超人类的程序究竟学会了什么？经过调查，DeepMind 发现这些程序找到了一些非常聪明的策略。例如，经过训练的"打砖块"程序找到了一个狡猾的窍门——如图 9-3 展示的这种策略。该程序学习到：如果白色小球能够透过击除砖块从而在砖层的边缘构建一条狭窄的隧道，那么小球将能够在"天花板"和顶层砖块之间来回反弹，快速击除顶层的高分值砖块而完全不用移动球拍。

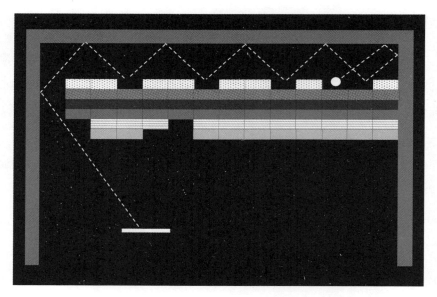

图 9-3　DeepMind 的 "打砖块" 程序发现了得高分的绝佳策略

　　DeepMind 在 2013 年的一场国际机器学习会议 [7] 上首次展示了这项成果，观众看得眼花缭乱。之后不到 1 年，谷歌宣布以 4.4 亿英镑（当时约合 6.5 亿美元）的价格收购 DeepMind，想必是看中了 DeepMind 取得的这些成果。的确，强化学习有时会带来丰厚的奖励。

　　DeepMind 在手里有大量的资金，并且背后有谷歌支持的背景下，接受了一个更大的挑战，这一挑战长期以来一直被认为是人工智能领域的 "顶级挑战"：创建一个学习下围棋的程序，而且要比所有人类棋手都下得更好。这便是我们熟知的 AlphaGo，DeepMind 的程序 AlphaGo 建立在人工智能与棋类游戏的悠久历史的基础上。让我们从对这段历史的简要回顾开始，这将有助于解释 AlphaGo 的工作原理及其如此重要的原因。

西洋跳棋和国际象棋

1949 年，工程师亚瑟·塞缪尔加入了 IBM 位于纽约波基普西的实验室，并立即着手对 IBM701 计算机的一个早期版本进行编程，使其可以玩西洋跳棋。如果你有一点计算机编程的经验，那么你会对他所面临的挑战感同身受，正如一位历史学家所指出的："塞缪尔是第一个在 701 上进行严谨编程的人，因此当时都没有任何可调用的系统实用程序，也就是说，实质上没有可用的操作系统。特别是，他没有汇编器，所以，必须使用操作码和地址来编写所有内容。"[8] 此处为非程序员读者解读一下，这就像只用手锯和锤子来建造一座房子一样。塞缪尔的西洋跳棋程序是最早的机器学习程序之一，事实上，正是塞缪尔发明了"机器学习"这个词。

塞缪尔的西洋跳棋程序是基于搜索博弈树（game tree）的方法，该方法是迄今为止所有棋类游戏程序的基础，包括我在后面将要描述的 AlphaGo。图 9-4 展示了用于西洋跳棋的博弈树的一部分。按照惯例，博弈树的"根"应绘制在顶部，这与自然界中树的根不同，其展示了玩家行棋之前的初始棋盘。从根节点延伸出的分支指向第一个玩家（此处为黑子）所有可能的行棋方式，这里有 7 种可能的行棋方式，为简单起见，图 9-4 仅展示其中的 3 种。对于黑子这 7 种行棋方式中的每一种，白子都有 7 种可能的对应行棋方式（图中没有全部列出），以此类推。图 9-4 中每个棋盘展示了一种可能的棋子排列，被称为一盘棋局。

想象一下你正在玩西洋跳棋。在每一个回合中，你可能会在脑海中构建这棵博弈树的一小部分，然后对自己说："如果我走这步棋，那么对手就会走那步棋，这样的话，我可以走另一步棋，来为后面的棋做好准备。"大多数人，包括最好的棋手，只能考虑几种可能，即在决定走哪步棋之前只能前瞻几步。

一台高速计算机，则能在一个大得多的范围内执行这种前瞻。那为什么计算机

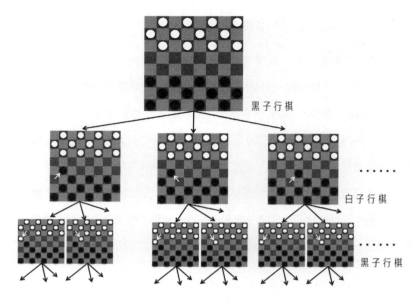

图 9-4　西洋跳棋的博弈树的一部分

注：为简单起见，此图只显示了每个棋局中 2~3 种可能的行棋方式。其中，白色箭头是从一个行棋棋子的先前位置指向当前位置。

无法对每一种可能进行分析，来判断如何行棋会最快地走向胜利？这个问题与我们在第 03 章中所列举的那个指数增长的问题一样。还记得国王、智者和米粒的故事吗？西洋跳棋游戏的平均步数约为 50 步，这意味着图 9-4 中的博弈树可能会向下延伸 50 层，在每一层中，每个可能出现的棋局平均对应有 6 或 7 个分支，这意味着树中棋局的总数可能超过 6^{50}，这是一个极其庞大的数字。假设有一台每秒可以计算 10^{12} 个棋局的计算机，它将需要花费超过 10^{19} 年才能分析完单个博弈树中的所有棋局。我们可以将这个数字与宇宙的年龄进行比较，后者的数量级仅为 10^{10}。显然，对博弈树进行完全搜索是不可行的。

　　幸运的是，即使计算机不做这种详尽的搜索，也有可能表现得很好。在每一回合中，塞缪尔的西洋跳棋游戏程序会在计算机的内存中创建如图 9-4 所示的那样一

168

棵博弈树的一小部分。博弈树的根是玩家当前的棋局，而程序会利用其内置的跳棋规则，从当前的棋局中生成它能采取的所有合规的行棋方式，然后，在每种行棋方式对应的棋局上，程序再生成对手可能选择的所有合规的行棋方式，以此类推，这种程序最多可以做出 4~5 回合（或"层"）的前瞻。[9]

该程序随后会对前瞻过程结束后出现的棋局进行评估。评估一个棋局意味着为其分配一个用于评价该棋局将有多大可能性会使得程序走向胜利的数值。塞缪尔的程序使用了能给棋局的各种特征进行评分的评估函数，如黑子在总数上的优势、黑子的国王数量、黑子中接近于"成为国王"的棋子数，总分是 38 分。这些特征是塞缪尔基于他对西洋跳棋的了解来选择的。一旦完成对底层每个棋局的评估，也就是前瞻过程结束后，程序就会使用一个被称为"极小化极大"（minimax）的经典算法，来对程序从当前棋局走出的下一步棋的所有可能性进行评估，然后选择其中评分最高的行棋方式。

我们应该很容易想到：当评估函数被用在游戏后期的棋局上时，评估会变得更加精准，因此，塞缪尔的程序的策略是：首先看到所有可能的行棋序列中的未来几步，然后将评估函数应用于几步后产生的棋局，再将获得的评估值通过极小化极大算法反向传播回博弈树的顶端，从而生成对当前棋局下所有可能行棋方式的评分。[10]

该程序需要掌握的是：在给定的一个回合中，哪些棋局特征应该被包含在评估函数内，以及如何对这些特征进行加权来算出总分数。塞缪尔在他的系统中试验了几种学习方法，其中有个版本最有趣，系统会自己边玩边学！这种学习方法有点复杂，我就不在这里详述了，但其中的一些方面有着现代强化学习的影子。[11]

塞缪尔的西洋跳棋程序提升到了超过一般玩家的水平，尽管离冠军水平还有一些距离。一些业余棋手表示：这个跳棋程序的确很棘手，但还是可以被击败的。[12]值得注意的是，这个程序的备受关注，给 IBM 带来了一笔意外收入：在 1956 年塞缪尔于美国国家电视台演示这个程序后的第二天，IBM 的股价上涨了 15 个百分点。此次是 IBM 在展示其游戏程序击败人类后经历的数次股价上涨中的第一次，后来，IBM 的沃森程序在《危险边缘》中赢得了智力竞赛的冠军后，其股价也出现了类似的上涨。

尽管塞缪尔的西洋跳棋程序是人工智能历史上的一个重要里程碑，但我在这里讲述这段历史只是为了介绍其所包含的三个非常重要的概念：博弈树、评估函数和"自对弈学习"（learning by self-play）。

不智能的"智能赢家"深蓝

尽管塞缪尔的"棘手但可以被击败"的跳棋程序是了不起的，特别是在它那个时代，但它几乎没有动摇人们认为这种程序并不具备独特智能的想法。即便一台机器最终在 1994 年战胜了人类跳棋冠军[13]，精通跳棋游戏的机器也从未被视为通用人工智能的代表，但这在国际象棋中则不同了。用哈萨比斯的话来说："几十年来，顶尖的计算机科学家都相信，因为国际象棋被看作人类智力的典型印证，所以一个精通国际象棋的计算机游戏程序将会很快在其他方面全面超越人类。"[14] 包括艾伦·纽厄尔和赫伯特·西蒙这两位人工智能早期的开拓者在内的许多人，都曾公开表示过对国际象棋的赞扬。1958 年，他们写道："如果有人能够设计出成功的国际象棋机器，他可能已经触碰到了人类智力的核心。"[15]

国际象棋比西洋跳棋明显要复杂得多。举个例子，在上文中我说过，在跳棋中，任何一个给定的棋局都有平均 6 种或 7 种可能的行棋方式。相比之下，国际象棋中任何一个给定的棋局平均有 35 种行棋方式，这使得国际象棋的博弈树要比跳棋巨大得多。几十年来，国际象棋程序一直在改进，与计算机硬件速度的提升保持步调一致。1997 年，IBM 凭借深蓝，在一个被广泛播出的电视节目中击败了国际象棋世界冠军加里·卡斯帕罗夫，获得了其在游戏比赛领域的第二个重大胜利。

深蓝使用了与塞缪尔的跳棋程序几乎相同的方法：在一个给定的回合中，以当前棋局为根创建部分博弈树，将评估函数应用于博弈树的最底层，然后使用极小化极大算法将值沿树向上传播并决定应该走哪步棋。塞缪尔的程序与深蓝之间的主要区别在于：深蓝在其博弈树中具有更深入的前瞻，更复杂的特别针对国际象棋的评估函数、手动编程的国际象棋知识，以及能够使其高速运行的专用并行硬件。此外，与塞缪尔的跳棋游戏程序不同，深蓝没有在任何核心部件上使用机器学习方法。

就像塞缪尔的跳棋程序一样，深蓝击败卡斯帕罗夫也使得 IBM 的股价大幅上涨[16]。人类棋王的这次败北在媒体上也产生了相当大的恐慌，其中不仅包含对于超人类智能的担忧，还有对人类今后是否还有下棋动力的怀疑，但是自深蓝出现后的这么多年里，人类已经渐渐适应了这一情况。正如香农在 1950 年有预见性地写道："一台能在国际象棋上超越人类的机器将迫使我们要么承认机械化思维的可能性，要么进一步限制我们对'思维'这一概念的理解。"[17] 如今，后者已经发生了。

现在，人们通常认为，超人类的国际象棋游戏程序并不需要通用智能，而且从任何意义上来说，深蓝都不智能：除了下象棋之外，它什么都做不了，对于玩一局游戏且赢得这局游戏的意义，它也没有任何概念。我曾听一位演讲者打趣道："深蓝确实打败了卡斯帕罗夫，但它从未从中获得任何乐趣。"

国际象棋作为一项具有挑战性的人类活动，有着相当长的历史，并且相当受欢迎。如今，国际象棋程序已经被人类棋手当作一种辅助训练工具，就像棒球运动员使用投球机进行练习一样。这是我们不断深化对智能这一概念的理解所产生的一个结果吗？并且得益于人工智能的进步，使我们更加确信这一点？还是说这只是印证了约翰·麦卡锡那句格言，"一旦它开始奏效，就没人再称它为人工智能了"？[18]

围棋，规则简单却能产生无穷的复杂性

围棋已有两千多年的历史，被公认为所有棋类游戏中最难的。如果你不是一位围棋棋手，也不用担心，这里的任何讨论并不要求有围棋的先验知识，但要知道这一游戏的地位很高，尤其是在东亚，围棋非常受欢迎。学者兼记者艾伦·列维诺夫（Alan Levinovitz）曾这样写道："围棋是帝王将相、知识分子和天才少年所钟爱的消遣。"他继而引用了韩国围棋冠军李世石（Lee Sedol）的一句话："西方世界有国际象棋，但围棋有着其不可比拟的精妙和智慧。"[19]

围棋是一款规则相当简单但却能产生近乎无穷复杂性的游戏。在每个回合中，棋手将己方所执颜色的棋子（黑棋或白棋）按照落子和提子规则放置在一块 19×19 的正方形棋盘上。与国际象棋中兵、象、王后这种层级结构不同的是，围棋中的棋子都是平等的。棋手需要根据棋子在棋盘上的布局进行快速分析并决定下一步行棋。

从人工智能发展的早期以来，创建会下围棋的程序就一直是该领域关注的焦点，然而，围棋的复杂性使得这项任务异常艰难。早在 1997 年，也就是深蓝击败国际象棋世界冠军卡斯帕罗夫的同一年，当时最好的围棋程序仍然会被普通棋手轻易击败。你应该还记得，深蓝能够从任一棋局开始进行大量前瞻，然后使用其评估函数来给未来的每一步棋分配一个值，这个值预示了一个特定棋局是否将获胜。然而，围棋程序无法使用这一策略，主要原因有如下两个。

● 首先，围棋的博弈树的规模要比国际象棋大得多。一个国际象棋棋手在一个给定棋局中平均有 35 种可能的行棋方式，而一个围棋棋手平均有 250 种这样的行棋方式。因此，即便使用专用的硬件，对围棋的博弈树进行"深蓝式"的暴力搜索也是不可行的。

● 其次，还没有人能够为围棋棋局创建一个良好的评估函数。也就是说，没有人有能力构建一个有效的公式来分析围棋中的一个棋局局势并预测哪一方将获胜。最优秀的人类围棋棋手依赖于他们对于局势的掌控以及难以言喻的直觉。

人工智能研究人员尚未弄清楚如何将直觉编码到一个评估函数中。所以，在深蓝击败卡斯帕罗夫的 1997 年，记者乔治·约翰逊（George Johnson）在《纽约时报》上写道："如果一台计算机能击败人类围棋冠军，它将是人工智能成为真正的'智能'的标志。"[20] 这听起来可能很耳熟，因为人们过去在国际象棋的问题上说过类似的话！约翰逊引用了一位围棋爱好者的预言："计算机要想在围棋上击败人类，可能需要 100 年，甚至更久。"然而，仅仅 20 年之后，AlphaGo 就通过深度 Q 学习学会了围棋，并在一场五局三胜制的比赛中击败了世界上最出色的围棋棋手之一——李世石。

AlphaGo 对战李世石：精妙，精妙，精妙

在我解释 AlphaGo 如何工作之前，让我们首先来回顾一下它对战李世石所取得的令人惊叹的胜利。即便曾亲眼见证了 AlphaGo 击败欧洲当时的围棋冠军樊麾，李世石仍然非常自信地认为自己将获胜："我认为 AlphaGo 的水平不如我……当然，它在过去的四五个月里进行了很多次更新，但这些时间还不足以让它获得足够的能力来挑战我。"[21]

2016 年 3 月，AlphaGo 对战李世石的比赛吸引了全球超过 2 亿人观看，也许你正是其中的一员。我确信这是在围棋两千多年历史上观众最多的一场比赛。在第 1 局比赛结束后，李世石对自己输给了程序感慨道："我很震惊，我承认……我没想到 AlphaGo 会以如此完美的方式来下围棋。"[22]

AlphaGo 的完美下法中的许多步棋让这场比赛的人类评论员感到讶异和钦佩。在第二局比赛中途，AlphaGo 走出了一步令最出色的围棋专家都目瞪口呆的棋。《连线》（*Wired*）杂志报道了当时的场景：

> 起初，樊麾认为这一步行棋相当奇怪，但随后他发现了这步棋的精妙之处。"这不是人类能走出来的棋，我从未见过任何人会走这步棋，"他说，"太精妙了！"他一直在重复"精妙"这个词："精妙，精妙，精妙……这是一步非常令人惊异的棋。"接着另一位评论员轻笑道："我认为这步棋是个错误。"也许没有一个人比李世石更惊讶了，他起身离开了比赛室。"他需要去洗把脸或做点别的来找回状态。"一个评论员这样说道[23]。

对于这步棋，《经济学人》（*The Economist*）指出："只有顶尖的人类围棋大师才能偶尔走出这样的棋，这在日语中通常被称为'上帝之手'或'神之一手'。"[24]

AlphaGo 接连赢下了第 2 局和第 3 局，但在第 4 局比赛中，李世石也遇到了自己的"神之一手"，一个捕捉到了博弈的复杂性并发挥了顶级棋手的直觉力的时刻。李世石的这一步棋令评论员感到意外，但他们随即发现：这步棋是对 AlphaGo 的潜在致命一击。一位撰稿人指出："然而，AlphaGo 似乎没有意识到发生了什么，这是 AlphaGo 在其自我对弈的成千上万盘棋中不曾遇见过的一步棋。李世石因此赢得了第 4 局比赛。在赛后的记者招待会上，李世石被问到，当他下那步棋时他在想什么。他说，那步棋是他当时能看到的唯一一步棋。"[25]

AlphaGo 最终还是赢了第 5 局，从而赢得了整场比赛。在大众媒体看来，这是"深蓝对战卡斯帕罗夫"的再次上演，随之而来的是大量关于 AlphaGo 的胜利对人类之未来意味着什么的反思类文章。这次 AlphaGo 的胜利甚至比深蓝的胜利意义更重大：人工智能克服了比国际象棋更大的挑战，而且是以一种令人印象更加深刻的方式完成的。与深蓝不同的是，AlphaGo 通过自对弈的强化学习方法来提升它的能力。

哈萨比斯指出："顶级围棋棋手区别于常人的东西是他们的直觉，我们在 AlphaGo 中所做的就是将这种所谓的直觉引入神经网络中。"[26]

从随机选择到倾向选择，AlphaGo 这样工作

现在已经有多个不同版本的 AlphaGo 了，为了区分它们，DeepMind 开始以它们击败的人类围棋冠军的名字来给程序命名，比如 AlphaGo Fan 和 AlphaGo Lee。AlphaGo Fan 和 AlphaGo Lee 都使用了深度 Q 学习、"蒙特卡洛树搜索"（Monte Carlo tree search）、监督学习等方法与围棋专业知识进行融合。

在 AlphaGo 战胜李世石一年之后，DeepMind 开发了一个新版本的程序，比 AlphaGo 更简单也更高级，这个新版本被称为 AlphaGo Zero。与之前的版本不同的是：除了围棋规则之外，AlphaGo Zero 对围棋的知识是从"零"开始的[27]。在 AlphaGo Lee 与 AlphaGo Zero 的 100 场对弈中，AlphaGo Zero 取得了完胜。此外，DeepMind 采用了同样的方法（尽管具有不同的网络和不同的内置游戏规则）来让程序学习下国际象棋和将棋（也称为日本象棋），其作者将这些方法的集合称为 AlphaZero[28]。接下来，我将描述 AlphaGo Zero 的工作原理，但为简单起见，我将此版本简称为 AlphaGo。

"直觉"这个词有一种神秘的光环，如果你觉得 AlphaGo 也有直觉，那么这种直觉源自它对深度 Q 学习和蒙特卡洛树搜索这些方法的巧妙结合。让我们花点时

间来解读一下蒙特卡洛树搜索。首先，蒙特卡洛是微小的摩纳哥公国[1]最有魅力的城市，坐落于法国里维埃拉（Riviera）地区，以其豪华赌场、赛车和频繁在詹姆斯·邦德（James Bond）的电影中出现而闻名。在科学和数学领域，蒙特卡洛指的是一系列计算机算法，即所谓的"蒙特卡洛方法"（Monte Carlo method），这一方法最初用在曼哈顿计划中来帮助设计原子弹。这个名字来源于一个想法：就像蒙特卡洛赌场那标志性的快速旋转的轮盘一样，一定程度的随机性可被用在计算机上来解决复杂的数学问题。

蒙特卡洛树搜索是专门为计算机游戏程序设计的蒙特卡洛方法的一个版本。与深蓝的评估函数的工作原理类似，蒙特卡洛树搜索用于为一个给定棋局的每一种可能的行棋方式来分配分数。可是，正如我在上面所解释的那样，在博弈树中使用大量的前瞻操作对围棋来说是不可行的，并且还没有人能为围棋中的棋局提出一个良好的评估函数。因此，蒙特卡洛树搜索的工作原理肯定有所不同。

图 9-5 是蒙特卡洛树搜索的原理示意图。首先，看图中（A）部分，黑色的圆点代表当前的棋局，也就是当前棋盘上棋子的布局。假设我们的围棋程序执黑子，并且现在是黑子行棋。为简单起见，我们假设黑子有 3 种可能的行棋方式，分别由 3 个箭头表示，我们想要知道的是：黑子应该选择哪一种行棋方式？

如果黑子有足够多的时间，它可以对博弈树进行一次全面的搜索：前瞻所有的可能序列，然后选择一种最有可能令黑子获胜的行棋方式。可是，进行这样详尽的前瞻是不可行的，正如我之前提到的：即使是使用自宇宙诞生至今这么长的时间，都不够在围棋中进行一次完整的搜索。使用蒙特卡洛树搜索，黑子只前瞻每一种行棋方式可能产

---

[1] 摩纳哥公国，简称摩纳哥，是位于欧洲的一个城邦国家，是欧洲四个公国之一，也是世界上第二小的国家。——译者注

生的棋局序列中极小的一部分，并对这些棋局序列的输赢次数进行统计，然后，根据这个结果来为每种可能的行棋方式打分。受轮盘赌启发的随机性被用来决定如何前瞻。

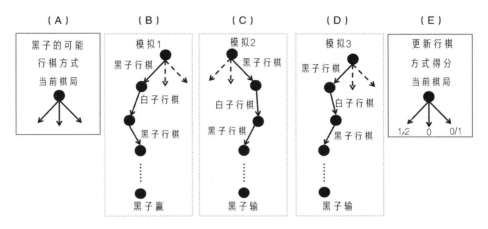

图 9-5 蒙特卡洛树搜索的图解示意

更具体地说，为从当前棋局中选择一种行棋方式，黑子将会模拟若干种可能的方式，如图 9-5 中的（B）至（D）所示。在每一种模拟中，黑子从当前位置开始，随机选择一种可能的走法，然后从新的棋局出发为它的对手随机选择走一步棋，以此类推，一直持续到黑子胜或败为止。这样一种从给定棋局开始的模拟，被称为该棋局的"走子演算"（roll-out）。

在图中，你能看到在 3 次走子演算中，黑子赢了 1 次，输了 2 次。黑子现在可以为当前棋局的每种可能的行棋方式分配一个分数了［见图 9-5（E）］。方式 1（最左侧的箭头）参与了 2 次走子演算，其中一次以获胜结束，因此该方式的得分是 1/2。方式 3（最右边的箭头）参与了 1 次走子演算，最终以失败告终，因此，其得分为 0/1。中间的那步棋根本没有尝试过，因此其得分为 0。该程序会保存所有参与走子演算的行棋方式的统计数据。一旦这轮蒙特卡洛树搜索结束，程序就能使用它更新后的分数来判断哪种行棋方式看起来最有获胜希望——此例中，是方式 1，然后程序就会在真实的对弈中选择该方式。

我在上文中说过，在走子演算的过程中，程序为自己和对手选择的行棋方式是随机的，而实际上，程序会根据这些行棋方式在之前几轮蒙特卡洛树搜索中得到的分数来概率性地选择走子策略。当每次走子演算结束时，该算法会根据这次演算的结果更新其所有行棋方式的分数，这些分数将反映下次走子演算中这些行棋方式的获胜概率。

程序第一次从给定棋局中选择行棋方式是相当随机的，这就好像通过旋转一个轮盘来选择一种行棋方式，但随着程序不断地执行走子演算，生成的统计数据也越来越多，它越来越偏向于选择那些在过去的走子演算中最可能通往胜利的行棋方式。

这样一来，AlphaGo 在应用蒙特卡洛树搜索时就不用通过查看棋局局势来猜测哪种行棋方式最可能通往胜利，而只根据走子演算收集的关于给定行棋方式最终指向胜利或失败的统计数据，来判断下一步的最佳行棋策略。程序执行的走子演算越多，其统计数据就越有参考价值。和之前一样，该程序需要平衡"效用"（在走子演算期间选择得分最高的行棋方式）和"探索"（偶尔选择程序尚未有太多统计数据的得分较低的行棋方式）。在图 9-5 中，我展示了 3 种走子演算，而 AlphaGo 的蒙特卡洛树搜索在每轮中会执行近 2 000 次走子演算。

蒙特卡洛树搜索不是 DeepMind 的计算机科学家发明的，而是 2006 年在博弈树的基础上被首次提出的，并且它的出现使计算机围棋程序的水平得到大幅提升。当时这些程序还无法战胜最出色的人类棋手，其中一个原因是：从走子演算中生成足够多的统计数据需要花费大量时间，特别是对于存在大量可能行棋方式的围棋来说，更是如此。DeepMind 团队意识到他们或许可以使用一个深度卷积神经网络来对蒙特卡洛树搜索进行补充，以提升它们的系统能力。以当前棋局作为输入，AlphaGo

使用一个训练过的 ConvNets 来为当前棋局中所有可能的行棋方式分配一个粗略值，然后蒙特卡洛树搜索使用这些值来启动它的搜索，也就是说蒙特卡洛树搜索不用再随机选择初始行棋方式，而是根据 ConvNets 的输出值来判断哪一初始行棋方式是最优的。想象一下，你是正在注视着一个棋局的 AlphaGo，在你开始为当前棋局执行蒙特卡洛树搜索的走子演算时，ConvNets 会在你的耳边悄悄告诉你，当前棋局中的哪一步走法是最好的。

反过来，蒙特卡洛树搜索的结果又能反馈到对该 ConvNets 的训练中。设想一个经过一次蒙特卡洛树搜索的 AlphaGo，搜索的结果是分配给它的所有可能行棋方式的新概率——基于执行走子演算期间所有可能行棋方式导致胜利或失败的概率，这些新概率现在通过反向传播来校正 ConvNets 的输出。随着对弈的进行，会产生一个又一个新的棋局，然后上述过程不断重复。从原则上说，ConvNets 将会通过这一学习过程学会辨识局势，就像围棋大师一样。最终，ConvNets 将在 AlphaGo 中发挥直觉的作用，这种直觉的实际效果会进一步被蒙特卡洛树搜索改进。

AlphaGo 和塞缪尔的西洋跳棋程序一样，通过许多局（约 500 万局）自我对弈来进行学习。在其训练过程中，ConvNets 在每步棋后，会根据网络输出值与蒙特卡洛树搜索运行后的改进值之间的差异来更新其权重。然后，当 AlphaGo 在和一个像李世石这样的人类围棋高手下棋的时候，经过训练的 ConvNets 会在每一轮对弈中生成一个能够帮助蒙特卡洛树搜索启动的值。

凭借其 AlphaGo 项目，DeepMind 证明了：人工智能领域中长期以来的重大挑战之一，能够被强化学习、ConvNets 和蒙特卡洛树搜索，以及在这一组合中加入的强大的现代计算硬件所体现出的创造性征服。因此，AlphaGo 在人工智能"万神殿"中有着当之无愧的地位。但接下来呢？这种强大的组合方法能被泛化并应用到游戏之外的世界中去吗？这是我们在下一章将要讨论的问题。

本章要点

09　好的游戏，可以从更好的猜测中学习猜测

如果你是那个学习智能体，当前状态下某个动作的值是对你在选择某一动作并持续选择高价值动作的条件下，本片段结束后你将获得多少奖励的估计，那么，越接近这一片段的结尾，估值就越准确，因为在一个片段的结尾处，你能计算出你将获得的实际奖励！其中的诀窍是：假设网络在当前迭代的输出比上一次迭代的输出更接近于正确值，然后，通过反向传播学习调整网络权重，从而使得当前与先前迭代输出之间的差异最小化。

理查德·萨顿是这种方法的鼻祖之一，他把该方法称为：从猜测中学习猜测。我把它修改为：从更好的猜测中学习猜测。简而言之，强化学习不是将其输出与人类给定的标签进行比较，而是假设后续迭代给出的值比前面迭代给出的值更好，网络学习的是使其输出在一次迭代到下一次迭代的过程中保持一致。

10

游戏只是手段，通用人工智能才是目标

在过去的 10 年里，强化学习已经从一个相对不起眼的人工智能分支，转变为该领域最受瞩目且资金充足的研究方向之一。强化学习的复兴，在很大程度上要归功于我在前一章中描述的 DeepMind 项目。DeepMind 在雅达利游戏和围棋上的成就确实是卓越且重要的，可谓实至名归。

对大多数人工智能研究人员来说，开发超人类的游戏程序并不是人二智能的最终目的。我们应该思考的是：这些成功对人工智能更长远的发展有什么启示。对此，哈萨比斯表达过他的一些看法：

> 游戏只是我们的开发平台……它是开发并测试这些人工智能算法的最快途径，但最终我们希望把它们应用于解决现实世界的问题，并在健康和科学等领域产生巨大影响。关键在于，它必须是一种通用人工智能，也就是它可以根据自身的经验和数据来学习如何做事[1]。

让我们深入探讨一下：这种人工智能究竟有多通用？除了游戏，它如何适用于现实世界？这些系统在多大程度上是真正在靠自己学习的？并且，它们究竟学到了什么？

理 解 为 什 么 错 误 至 关 重 要

当我在网上搜索关于 AlphaGo 的文章时，我发现了这篇标题吸睛的文章：《DeepMind 的 AlphaGo 利用业余时间掌握了国际象棋》[2]，这种说法是错误且极具误导性的，而理解为什么错误是很重要的。AlphaGo 所有的版本除了下围棋，其他什么也不会，即便是其最通用的版本 AlphaGo Zero，也不是一个同时学会了围棋、国际象棋和日本将棋的独立系统，每种游戏都有自己单独的 ConvNets，对每一种游戏，网络都必须从头开始进行训练。与人类不同的是，这些程序中没有一个能够将其在一款游戏中学到的知识迁移到其他游戏中，来帮助其学习不同的游戏。

这一点同样适用于各种各样的雅达利游戏程序，每个程序都需要从头学习自己的网络权重。这就好像你学会了玩《乒乓》，但是为了学会玩《打砖块》，你必须完全忘记你学过的关于《乒乓》的所有知识，并重新开始。

在机器学习领域，有一个充满前景的学习方法，那就是"迁移学习"（transfer learning），它是指一个程序将其所学的关于一项任务的知识进行迁移，以帮助其获得执行不同的相关任务的能力。对于人类来说，迁移学习是自动进行的，比如，我在学会打乒乓球之后，就能将其中的一些技巧进行迁移来帮助我学习打网球和羽毛球；知道如何下西洋跳棋，也有助于我学习国际象棋；当我还是个孩童的时候，学习如何转动我房间的门把手是花费了一些时间的，但是当我掌握了这个技能后，我的这种能力就迅速地泛化到几乎所有的门把手上了。

人类这种从一种任务到另一种任务的能力迁移看起来毫不费劲；我们对所学知识进行泛化的能力正是思考的核心部分。因而，我们可以说，迁移学习的本质就是学习本身。

与人类形成鲜明对比的是，当今人工智能领域中的大多数学习算法在相关的任务之间不是可迁移的。在这点上，该领域离哈萨比斯所说的通用人工智能仍然还有很远的距离。尽管迁移学习是目前机器学习从业者最活跃的研究领域之一，但这方面的研究仍然处于初级阶段。[3]

无须人类的任何指导

与监督学习不同，强化学习可以使程序能够真正靠自己去学习，简单地通过在预设的环境中执行特定动作并观察其结果即可。DeepMind 对于其成果，特别是在 AlphaGo 项目上取得的成果的最为重要的声明是："我们的结果全面地证明了一个纯粹的强化学习方法是完全可行的，即便在最具挑战性的领域，不用人类的示例或指导，除基本规则之外不提供任何其他领域的知识，程序也有可能训练到超人类水平。"[4]

这条声明确实振奋人心，但是我们也应该注意其中需要警惕的地方。AlphaGo Zero 确实没有在学习过程中使用任何人类示例，但并不是说它不需要人类的指导，相反，某些方面的人类指导对其成功至关重要，包括它的 ConvNets 的具体架构、对蒙特卡洛树搜索方法的使用，以及这两者所涉及的众多超参数的设置。正如心理学家和人工智能研究人员盖瑞·马库斯所指出的："AlphaGo 的这些关键部分没有一个是通过纯粹的强化学习，从数据中学到的，相反，它们是由 DeepMind 的程序员在一开始就植入其内的……"[5]DeepMind 的雅达利游戏程序实际上是比 AlphaGo 更好的、不用人类指导进行学习的案例，和 AlphaGo 不同的是，雅达利游戏程序没有被植入游戏的规则（例如，《打砖块》游戏的目标是击毁砖块），甚至与游戏相关的"对象"的概念（例如，"球拍"或"球"）都完全不具备，它只是通过在屏幕上的一次次尝试来学习这些东西，并最终掌握了玩好这些游戏的技巧。

对人工智能而言，人类的很多游戏都很具挑战性

DeepMind 的声明中有一句话需要考量——即便是在最具挑战性的领域。我们如何能够评估某个领域对人工智能的挑战性？正如我们已经看到的，许多我们人类认为相当容易的事情，例如，描述一张照片的内容，对计算机来说却极具挑战性。相反，许多对于我们人类来说极其艰难的事情，例如，正确地将两个 50 位的数字相乘，计算机却可以用一行代码在瞬间完成。

有一种方法可以评估一个领域对计算机的挑战性：观察一些非常简单的算法在该领域中表现如何。2018 年，优步（Uber）人工智能实验室的一组研究人员发现：在几款雅达利电子游戏上，一些相对简单的算法的表现几乎可以媲美 DeepMind 的深度 Q 学习算法，有时甚至更好。其中最令人意外的算法是"随机搜索"：这种算法不是通过多个片段的强化学习来训练深度 Q 网络，而是通过随机选择权重的方式来测试不同的 ConvNets[6]。也就是说，这种算法完全通过随机试错来进行学习。

你可能会认为一个随机选择权重的网络在雅达利电子游戏上会表现得很差。确实，大多数此类网络都是糟糕的"玩家"，但优步的研究人员持续尝试新的随机权重网络，最终他们用比训练一个深度 Q 网络更少的时间，找到了一个能在他们测试的 13 款游戏的 5 款中与深度 Q 学习算法训练的网络表现得一样好甚至更好的网络。

另外一种相对简单的算法，即所谓的"遗传算法"[7]，在 13 款游戏中的 7 款都表现得优于深度 Q 学习算法。不知道该对这些结果说什么，很可能雅达利游戏对人工智能来说，并不像人们最初认为的那样具有挑战性。

我还未听说有人对围棋的网络权重尝试类似的随机搜索算法，如果它行得通我会感到非常惊讶。人们对构建计算机围棋程序的尝试有着悠久的历史，因而我确信围棋对人工智能来说算是一个真正具有挑战性的领域。然而，正如马库斯所指出的那样，对人工智能而言，人类玩的许多游戏甚至比围棋更具挑战性。马库斯给出的一个示例是猜字谜游戏[8]，如果你仔细想想，你会发现：这个游戏需要远超任何现有人工智能系统的复杂的视觉、语言和社会理解能力。如果你能制造出一个可以像6岁的小孩那样玩猜字谜游戏的机器人，那么我认为你可以很有把握地说，你已经征服了多个对人工智能来说最具挑战性的领域。

它并不真正理解什么是一条隧道，什么是墙

和深度学习的其他应用一样，我们并不清楚这些用在游戏系统中的神经网络真正学到了什么。在阅读前面的章节时，你可能已经注意到我的描述中夹杂了一些微妙的拟人化表达。例如，我曾这样表述："DeepMind的'打砖块'程序发现了在砖块间挖隧道的策略。"

在谈论人工智能系统的行为时，无意间用到这种语言，对我和其他任何人来说都一样地容易。我们的语言经常带着无意识的假设，而这些程序可能并非我们想的那样。DeepMind的"打砖块"程序是否真的理解了"挖隧道"这一概念？马库斯提醒我们在这里需要谨慎：

系统没有学会这样的东西，它并不真正理解什么是隧道、什么是墙，它仅仅学会了针对特定场景的应变措施。迁移测试表明深度强化学习的解决方案通常极端肤浅。在迁移测试中，深度强化学习系统所面临的场景与其在训练时所面临的场景仅存在细微的不同，然而，系统都无法通过测试[9]。

马库斯所说的迁移测试指的是一些这样的研究，它们试图探究深度 Q 学习系统在多大程度上能将它们学到的能力进行迁移，即便是非常小的、在同种游戏上的能力迁移。例如，一组研究人员研发了一个类似于 DeepMind "打砖块" 程序的系统。他们发现，即使这个玩家被训练到超人水平，只要将球拍在屏幕上的位置移动几个像素，系统的表现就会骤然下降[10]。这意味着系统甚至没有学到 "球拍" 这种基本概念的含义。另一组研究人员发现：对于在《乒乓球》游戏中训练的深度 Q 学习系统，当屏幕的背景颜色被改变时，系统的表现会显著下降[11]。而且，系统需要经过许多片段的重新训练才能适应这种变化。

以上只是深度 Q 学习无法将其学到的能力进行泛化的两个案例，这与人类智能形成了惊人的对比。不知道有没有人研究过 DeepMind "打砖块" 程序对 "挖隧道" 这一概念的理解，但我猜测，如果没有大量的重新训练，系统无法将对这一概念的理解力泛化为向下或向侧面挖隧道的能力。正如马库斯所指出的，虽然我们将我们以为的对像 "墙" "天花板" "球拍" "球" "隧道" 等基本概念的理解写进了程序，但事实上，程序并不理解这些概念：

> 这些案例清楚地表明，用 "墙" 或 "球拍" 这种归纳性的概念来评估深度强化学习是具有误导性的，这样的现象在比较心理学（动物领域）上有时被称为过度分配偏见（overattributions）。DeepMind "打砖块" 程序并没有真正掌握 "坚固的墙" 这一概念，而只是在一组高度集中的训练场景中完成了通过挖隧道穿过墙壁这种行为[12]。

类似地，尽管 AlphaGo 在下围棋时表现出了神奇的直觉能力，但是该系统没有任何机制，能使其在不经重建和重新训练深度 Q 网络的情况下，泛化它的围棋能力，即便是泛化到一个更小的或形状不同的围棋棋盘上。

简而言之，尽管这些深度 Q 学习系统已经在某些细分领域上取得了起人类的表现，甚至展现出了类似人类直觉的特性，但是它们缺乏一些对人类智能而言非常基本的东西，比如抽象能力、"域泛化"（domain generalization）能力，以及迁移学习能力，如何使系统获得这些能力仍然是人工智能领域最重要的开放问题之一。

我们认为这些系统并未以人类的方式来学习人性化的概念或理解它们的领域的另一个原因是：与监督学习系统一样，这些深度 Q 学习系统极易受到我在第 06 章中描述的那种对抗样本的攻击。例如，一个研究小组表明：在一个雅达利游戏程序的输入中对图像做出某种人类无法察觉的微小改变，会严重损害程序的游戏表现。

除去思考"围棋"，AlphaGo 没有"思考"

当我们思考国际象棋和围棋这样的游戏及其与人类智能的关系时，我们得想想：为什么那么多家长鼓励他们的孩子加入学校的国际象棋或围棋俱乐部？为什么他们更愿意看到自己的孩子下象棋或围棋，而不是坐在家里看电视或玩电子游戏？这是因为他们相信像国际象棋或围棋这样的游戏可以教会人们如何更好地思考：如何进行逻辑思考、抽象推理和战略规划。这些都是能够让人受用一生的能力，也是可以在所有事情中使用的通用能力。

对于 AlphaGo 来说，尽管它在训练期间下了数百万盘棋，但是却并没有学会更好地"思考"除围棋之外的其他任何事情。事实上，除了围棋之外，它不具备任何思考、推理和规划的能力。据我所知，它所学到的能力没有一项是通用的，也没有一项可以被迁移到任何其他任务上。AlphaGo 是终极的"白痴天才"[①]。

―――――――――――

① 　白痴天才，指一个人对某个学科知识渊博，但对其他事物一无所知。――译者注

当然，AlphaGo 中使用的深度 Q 学习算法能被用于学习其他任务，但系统本身必须进行彻底的重新训练，所以，它基本上算是从头开始学习一项新技能。

这又把我们带回到第 01 章中讲到的"容易的事情做起来难"这个人工智能悖论。AlphaGo 是人工智能领域的一项伟大成就，主要通过自我对弈进行学习，并且能够在一场经典的智力角逐类的比赛中击败世界上最杰出的人类棋手之一。可是，AlphaGo 并没有表现出通常意义上的人类水平的智能，甚至没有表现出任何真正的智能。对于人类来说，智能的一个关键点并非在于能够学习某一特定的技能，而在于能够学会思考，并且可以灵活地将这种思考能力用于应对任何可能遇到的情况或挑战，这也是我们希望孩子们能够通过下国际象棋或围棋学习到的真正技能。从这个意义上讲，学校的国际象棋或围棋俱乐部里最低年级的小朋友都比 AlphaGo 聪明得多。

从游戏到真实世界，从规则到没有规则

最后，让我们想一想哈萨比斯关于这些在游戏上的各种尝试的终极目标的声明："把它们应用于解决现实世界的问题，并在健康和科学等领域产生巨大影响。"我认为，DeepMind 在强化学习方面的努力很有可能最终会产生如哈萨比斯所希望的那种影响，但是从游戏到现实世界还有很长的路要走。

迁移学习的能力就是其中一个障碍，当然，还有其他原因使得很难将强化学习在游戏中的成功扩展到现实世界。像《打砖块》和围棋这样的游戏非常适合使用强化学习，因为它们有清晰的规则、直截了当的奖励机制，以及相对较少的可能动作（如行棋）。此外，玩家有获得完整信息的途径：游戏的所有部分始终对玩家可见，玩家的状态没有隐藏或不确定的部分。

然而，现实世界并不是如此清晰划定的。侯世达指出："'状态'这一概念在现实

生活中根本不存在明确的定义。如果你仔细观察现实生活中的各种情形，你会发现它们并不都像国际象棋或围棋那样具有条条框框的规则……现实世界中的各种情形根本就没有边界，你不知道情形之中是什么，也不知道情形之外是什么。"[13]

例如，考虑使用强化学习来训练一个机器人执行一项非常有用的现实世界中的任务：把堆在水槽里的脏盘子放入洗碗机中。想一想，一个这样的机器人将会使我们的家庭变得多么和谐！我们应如何定义机器人的状态？应该包含它视野中的所有东西吗？比如，水槽和洗碗机里的东西。那么跑过来舔盘子的狗呢？无论我们如何定义其状态，这个机器人都必须能够识别不同的物体，例如，识别一个应该被放到洗碗机底部的架子上的盘子、一个应该被放在洗碗机架子顶部的咖啡杯，或一块根本不应该被放进洗碗机中的海绵。可是到目前为止，计算机的目标识别还远算不上完美。此外，机器人还必须对不在其视野内的物体有所感知，比如隐藏在水槽底部的锅碗瓢盆。机器人还需要学会捡起不同的物体，并小心仔细地把它们放在适当的插槽中。所有这一切都需要机器人学会在众多可能的动作中做出选择，包括调整机器人身体的位置、用于抓取的"手指"的动作、由电机控制的将物体从水槽移动到洗碗机正确卡槽的动作等。[14]

DeepMind 的玩游戏智能体需要数百万次的迭代训练，如果我们不想要数百万个破碎的盘子，就必须在模拟环境中训练这些智能机器人。我们可以通过游戏程序在计算机上进行非常快速和准确的模拟，在模拟环境中不用去移动一颗真正的棋子，或者让一颗真的球在球拍上弹跳，也不用去击碎一块真的砖块，但是模拟一个洗碗机装载机器人依然非常不容易。模拟越逼真，在计算机上运行的速度就越慢，并且即便使用一台速度非常快的计算机，要把所有的物理作用力和装载碗碟的其他方方面面的相关参数都精确地置入模拟中也极其困难。然后还有那只烦人的狗，以及现实世界中所有其他不可预测的情况，我们如何弄清楚哪些需要包含在模拟中，哪些又可以被适当地忽略掉呢?

特斯拉的人工智能总监安德烈·卡帕西注意到了以上这些问题,他表示:"像这样的现实世界中的任务,基本上与所有围棋满足的并且为 AlphaGo 设定的每一个单独的假设都相违背,所以,任何成功的方法都绝不可能是像 AlphaGo 那样的。"[15]

没有人知道这种成功的方法会是什么。确实,深度强化学习领域的发展才刚起步。我在本章中的论述可算作是对如下原则的证明:深度网络和 Q 学习的组合在某些细分但非常有趣的领域中的表现出奇地好,并且尽管我的论述凸显了该领域当前面临的一些局限性,还是有非常多的同行正致力于拓展强化学习,并努力使其应用更广泛。

DeepMind 的游戏程序重新激发了人们对于该领域的极大的兴趣和热情,而且,深度强化学习被《麻省理工科技评论》杂志评为 2017 年"十大突破性技术"之一。在未来的几年里,随着强化学习理论的不断成熟,我相信我将很快就能拥有一台可以自己学习的洗碗机装载机器人,或许它还可以在业余时间踢足球和下围棋。

10   像人一样学会迁移

在机器学习领域，迁移学习是一个充满前景的学习方法，它是指一个程序将其所学的关于一项任务的知识进行迁移，以帮助其获得执行不同的相关任务的能力。对于人类来说，迁移学习是自动进行的，比如，学会打乒乓球之后，我们就能将其中的一些技巧进行迁移来帮助我们学习打网球和羽毛球；知道如何下西洋跳棋，也有助于我们学习国际象棋。

人类这种从一种任务到另一种任务的能力迁移看起来毫不费劲，我们对所学知识进行泛化的能力正是思考的核心部分。因而，我们可以说，迁移学习的另一种表达就是学习本身。

与人类形成鲜明对比的是，当今人工智能领域中的大多数学习算法在相关的任务之间是不可迁移的。在这一点上，该领域离哈萨比斯所说的通用人工智能仍然还有很远的距离。尽管迁移学习是目前机器学习从业者最活跃的研究领域之一，但这方面的研究仍然处于初级阶段。

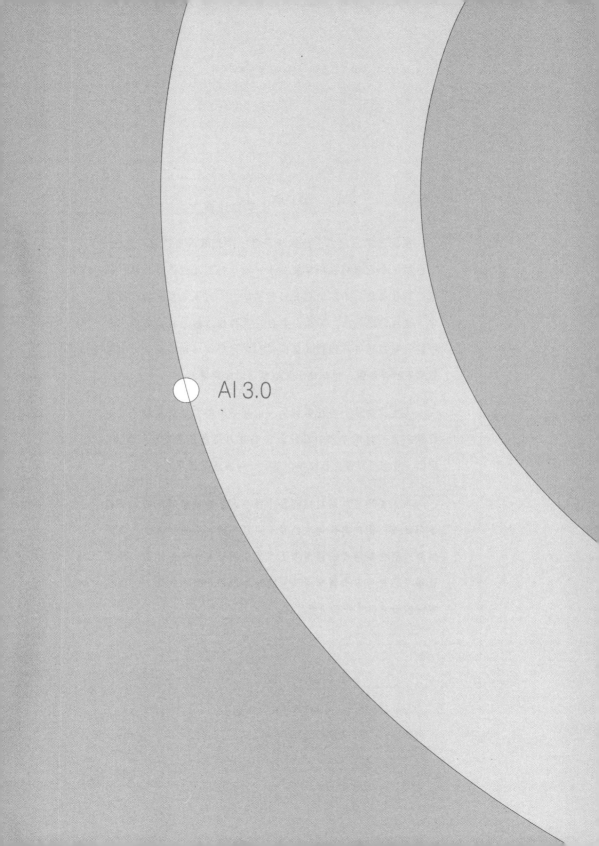

AI 3.0

第四部分

自然语言:让计算机理解
它所"阅读"的内容

自然语言的本质

1. 自然语言处理包括诸如语音识别、网络搜索、自动问答和机器翻译等多个主题。深度学习一直是自然语言处理领域的大部分最新进展背后的驱动力。理解和使用自然语言是人工智能当前面临的最困难的挑战之一。

2. 一些早期的自然语言处理系统的方法是：找到一些特定的单词或短语作为文本中情感的线索。例如，用"黑暗""怪异""沉重""令人不安""恐怖""完全不"等词语来表明影评中的负面情感。

3. 在深度网络开始在计算机视觉和语音识别上"得心应手"后不久，自然语言处理的研究者就开始试着把它们应用于情感分析。

4. 自然语言处理的研究者提出了几种能够获取单词之间的语义关系的编码方法，所有这些方法都是基于相同的思想：一个单词的含义可以依据与其经常一同出现的其他单词来定义，这些其他单词又可以依据与它们经常一同出现的单词来定义，以此类推。

5. 把句子按照情感进行分类、翻译文档和描述照片，尽管自然语言处理系统在这些任务上的水平还远远不及人类，但对于完成许多现实世界中的任务还是很有用的。

6. "提问－回答"这个课题一直是自然语言处理研究的一个重点。自然语言处理研究人员的终极梦想是设计能够实时地与用户进行流畅和灵活互动的机器。

11

词语，以及与它一同出现的词

本章的内容要从一个小故事说起。

餐厅际遇

一位男士走进一家餐厅，点了一个汉堡包，要半熟的。当汉堡包上桌时，它是烤煳了的。女服务生在这位男士的桌子旁停下，并问道："汉堡包还可以吗？""哦，它简直太好了！"这个人说着，把椅子推到后面，没有付钱就冲出了餐厅。女服务生在他后面喊道："嘿，账单怎么办？"她耸了耸肩，小声嘀咕着："他为什么如此愤怒？"[1]

现在，我的问题是：那位男士吃汉堡包了吗？

我猜你对自己的答案很有信心，即使这个故事没有直接说明这个问题，我们也很容易从字里行间里领悟出这层意思。毕竟，理解语言，特别是理解其中隐含的部分，是人类智能的一个基本部分。图灵把他著名的图灵测试构造为一场关于语言之生成和理解的比赛，这并非偶然。

这一部分将探讨自然语言处理①，也就是让计算机处理人类的语言。自然语言处

---

① 在人工智能领域，"自然的"通常指的是"人类的"。

理包括诸如语音识别、网络搜索、自动问答和机器翻译等多个主题。与我们在前几章中看到的相似,深度学习一直是自然语言处理领域的大部分最新进展背后的驱动力。我将描述其中的一些进展,用《餐厅际遇》这个故事来说明机器在理解和使用人类语言时面临的一些主要挑战。

语 言 的 微 妙 之 处

问答系统是当前自然语言处理研究的一个焦点,这主要也是因为人们希望使用自然语言与计算机进行交互,想一想 Siri、Alexa、Google Now 和其他虚拟助理。设想一下,如果我们想要创建一个能够阅读一篇文章并回答相关问题的程序。比如,能够回答和《餐厅际遇》这个故事类似的文本的相关问题,那么这个程序将需要复杂的语言技能以及大量关于世界运作方式的知识。

那位男士吃汉堡包了吗?想要自信地回答这个问题,这个程序需要知道汉堡包属于食物的范畴,并且食物是可食用的。该程序也应该知道,你走进一家餐厅,点一个汉堡包,通常意味着你打算吃这个汉堡包,而且如果你点的餐到了,你就可以吃了。该程序还需要知道,如果你点了一个半熟的汉堡包,结果服务员送来的却是已经被烤焦了的,那么你一般不会想吃它。程序应该认识到,当你说"哦,它简直太好了"时,那么你是在讽刺,而这里的"它"指的是汉堡包。该程序还应当能够推测出:如果你没有付钱就冲出了餐厅,那么很可能你还没吃过你点的餐。

为了对关于这个故事的一个基本问题给出信心满满的答案,这个程序所需要具备的所有背景知识的总量是令人难以想象的。如果我们问:"那个人给女服务生小费了吗?"那么,程序将需要知道关于小费的一些习惯,以及给小费的目的是回报好的服务。为什么女服务生说"账单(bill)怎么办"?程序需要弄明白,说到"bill",女服务生指的并不是鸟嘴、金融票据或法院传票 ①，而是指这位男士点餐的账单。女服务生知道那位男士生气了吗？程序必须明确这一点：文中"他为什么如此愤怒"中的"他"是指那位男士，而"愤怒"是一个表示"烦躁且生气"的词语。女服务生知道男士为什么离开餐厅吗？如果我们的程序知道"耸了耸肩"这个姿势暗示着女服务生并不明白他为什么要冲出去，它就能明白这个问题的答案。

　　思考这样的程序到底需要知道些什么的过程中，我想起了在我的孩子们很小的时候，我试图回答他们无穷无尽的问题的情境。在我的儿子 4 岁的时候，有一次，我带他去银行。他问了我一个简单的问题："什么是银行？"我接下来的回答引发了一连串似乎无穷无尽的"为什么"："为什么人们要用钱""为什么人们想要很多钱""为什么人们不把所有的钱都放在家里""为什么我不能自己赚钱"。这些全部都是好问题，但如果不讲一些在一个 4 岁孩子经验范围之外的知识，就很难把以上那些问题解释清楚。

　　对于机器而言，情况还要极端得多。听过前文《餐厅际遇》故事的人，即使是孩子，都有人、桌子和汉堡包这些很基本的概念。孩子们有基本的常识，他们知道：当男士走出餐厅时，他就不在餐厅里面了，但桌子和椅子可能仍在那里；当汉堡包"到达"时，一定是有人把它带来的，它不可能自己过来。以上这些连一个 4 岁的孩子都能理解的语言中所包含的各种相互关联的概念和常识，恰恰是机器所不具备的。

　　所以，毫无疑问，理解和使用自然语言是人工智能当前面临的最大的挑战之一。语言常常是充满歧义的，极度依赖语境，而且通常用语言沟通的各方需要具备大量共

---

① 　"鸟嘴""金融票据""法院传票"的英文都是 bill。作者在这里举此例是为了说明让程序辨别一个词语在不同语境中的准确含义是有难度的。——编者注

同的背景知识。与人工智能的其他领域一样，自然语言处理相关的研究在最初的几十年集中在符号化的、基于规则的方法上，就是那种给定语法和其他语言规则，并把这些规则应用到输入语句上的方法。这些方法并没有取得很好的效果，看来通过使用一组明确的规则来捕捉语言的微妙是行不通的。

20 世纪 90 年代，基于规则的自然语言处理方法被掩盖在更成功的统计学方法下，大量的数据集被用来训练机器学习算法。最近，这种统计数据驱动的方法已经聚焦在深度学习上了。深度学习能与大数据一道创造出灵活可靠的、能够处理人类语言的机器吗？

语 音 识 别 和 最 后 的 10%

自动语音识别（automatic speech recognition）是深度学习在自然语言处理中的第一个重大成就，并且我敢说，这是迄今为止人工智能在所有领域中取得的最重要的成就。自动语音识别是一项将口语实时转录成文本的技术。

2012 年，在深度学习革新计算机视觉的同时，来自多伦多大学、微软、谷歌和 IBM 的多个研究团队联合发表了一篇关于语音识别的里程碑式论文[2]。这些团队一直在为语音识别的各个方面开发适用的 DNN，也就是深度神经网络，比如，从声音信号中识别音素，从音素的组合中预测单词，从单词的组合中预测短语，等等。谷歌的一位语音识别专家称："DNN 的使用促成了 20 年来语音研究中最大的单项进步。"[3] 同一年，一个新版的 DNN 语音识别系统在 Android 手机上面向消费者推出。2016 年 6 月，苹果在其 iPhone 上推出了智能语音助手 Siri，苹果一位工程师评论道："有时候，一种性能的提升太过显著，以至于你会再次进行测试以确保没有漏掉一个小数点，Siri 的出现就是这样的情况之一。"[4]

如果你恰好在 2012 年前后分别使用过某种语音识别工具，你应该会注意到这种技术的大幅度改进。语音识别从 2012 年之前的极其无用到稍微有点用，然后突然之间就变得近乎完美了。我现在能够用我手机上的语音识别应用程序口述所有的文本和电子邮件，就在写下这段文字的前几分钟，我用正常的语速，把《餐厅际遇》的故事讲给了我的手机"听"，而它准确地转录了每个单词。

令人震惊的是：语音识别系统在不理解其转录文本的含义的情况下完成了这一切。虽然我手机上的语音识别系统可以转录故事中的每一个字，但我向你保证，它不会理解其中的一丁点儿信息，或其他任何事情。包括我在内的许多人工智能领域的研究者，过去都认为人工智能语音识别在没有真正理解语言的情况下，永远不可能达到如此高水平的性能表现，但事实证明我们错了。

与媒体上的一些报道相反，自动语音识别的确还没有达到人类的水平。背景噪声会显著影响这些系统的准确性，它们在一辆移动着的汽车里的表现比在一间安静的房间里要差得多。此外，这些系统偶尔还会被一些不常见的单词或短语所误导，而这恰恰表明了其对转录的语言是缺乏理解的。例如，我说"慕斯（mousse）是我最喜欢的甜点"，我的手机会将其转录为"驼鹿（moose）是我最喜欢的甜点"。我说"光头的（bareheaded）男士需要帽子"，我的手机会将其转录为"熊领头（bear headed）男士需要帽子"。找到这种会让语音识别系统困惑的句子并不难，然而，对于安静环境下的日常会话，我猜想这些系统识别的准确率是人类准确率的 90%～95%，这里的准确率是以转录正确的词语来衡量的。[5] 如果你增加背景噪声或其他复杂因素，其准确率会大大降低。

任何一个复杂的工程项目都适用一个著名的经验法则：项目前 90% 的工作占用 10% 的时间，而后 10% 的工作占用 90% 的时间。我认为这个规则也适用于许多人工智能领域，比如自动驾驶汽车，当然也适用于语音识别。对于语音识别来说，这最后的 10% 不仅包括处理噪声、不熟悉的口音和不认识的单词，还包括影响语音集成的语言的歧义和上下文的关联性。最后这顽固的 "10%" 需要怎样来解决呢？更多的数据？更多的网络层？或者，这最后的 "10%" 需要要求系统真正理解讲话人所说的话吗？我倾向于最后这种观点，但我之前已经错过一次了。

语音识别系统是十分复杂的，从声波到句子都需要若干种不同的处理方法。当前最先进的语音识别系统集成了许多不同的组件，包含多个 DNN。[6]其他自然语言处理任务，如语言翻译或问答系统，乍一看似乎更简单——输入和输出都只有单词，然而，深度学习的数据驱动方法还没有在这些领域取得它们在语音识别上取得的那种进展。为什么呢？想要回答这个问题，我们可以先来看几个深度学习如何被应用于重要的自然语言处理任务的例子。

分类情感

第一个例子，让我们来看下被称为 "情感分类" 的自然语言处理的一个领域。下面是关于电影《夺宝奇兵 2：印第安纳·琼斯和魔域奇兵》（*Indiana Jones and the Temple of Doom*）的一些短评论[7]：

"情节沉重，并且很大程度上缺乏幽默感。"

"对我来说有些太黑暗了。"

"感觉像是制作团队刻意把它拍得尽可能地令人感到不安和恐惧。"

"这个电影的角色发展和幽默感都非常有失水准。"

"影片的基调有点怪异，我对其中的很多幽默元素无感。"

"没有这个系列中其他作品所体现的魅力和智慧。"

在以上这些评论中，影评者喜欢这部电影吗？

创造出能够回答这种问题的机器是能够赚大钱的。对于那些想要分析客户对他们的产品的评论，以此来寻找新的潜在客户，并自动进行产品推荐或有选择性地定点投放在线广告的公司来说，一个能够准确地将一句话依据其情感将其归类为正面、负面或其他类别的观点的人工智能系统太重要了！关于一个人喜欢或不喜欢何种电影、书籍或其他商品的数据，在预测此人未来的购买情况时会出人意料地有用。更重要的是，这些信息可能对一个人生活的其他方面同样具有预测能力，例如，其可能的投票模式以及对某种类型新闻报道或政治立场的反应。[8]进一步说，已经有人尝试过应用这种"情感挖掘"技术对 Twitter 上与经济相关的推文进行分析，来预测股价和选举结果，并取得了不同程度的成功。

撇开这些情感分析应用的伦理道德不谈，让我们关注一下人工智能系统如何才能够对上述例子中句子的情感进行分类。尽管人类能轻易地看出这些评论都是负面的，但让一个程序以一种通用的方式来做这种分类要比想象中困难得多。

一些早期的自然语言处理系统的方法是：找到一些特定的单词或短语作为文本中情感的线索。例如，用"黑暗""怪异""沉重""令人不安""恐怖""缺乏""缺失"之类的词，或者用"毫无感觉""完全不""有一点太"等短语来表明影评中的负面情感。这在某些情况下会奏效，但在许多情况下，这样的线索词也能在积极的评论中找到。以下就是几个例子：

"尽管主题有些沉重，但是幽默感十足，所以并没有变得太黑暗。"

"一点都不像有些人说的那样令人不安或感到恐怖。"

"在它刚上映的时候，我年龄太小，不适合看这部恐怖电影。"

"如果你不看这部电影，你就落伍了！"

只看孤立的单词或短语通常不足以了解整体的情感呈现，因此，有必要从整个句子的上下文中来捕捉某个具体单词的含义。

在 DNN 开始在计算机视觉和语音识别上"得心应手"后不久，自然语言处理的研究者就开始试着把它们应用于情感分析。同样的，研究者用许多由人标注的、同时包含积极和消极情感的句子样本来训练网络，并让网络自己去学习一些有用的、能够使它以高置信度对句子输出正确的积极或消极分类的特征。但首先，我们如何能得到可以处理一个句子的 DNN？

递归神经网络

处理一个句子或段落需要的是一种不同于前几章的描述的神经网络。我们可以回想一下第 04 章提及的将图像分类为狗或猫的 ConvNets，其中，网络的输入是一幅固定大小的图像，对于较大或较小的图像，则需要进行相应的调整。相比之下，句子是由词的序列组成的，并且没有固定的长度。因此，我们需要一种能让神经网络处理不同长度的句子的方法。

将神经网络应用于涉及有序序列（例如句子）的任务可以追溯到 20 世纪 80 年代出现的"递归神经网络"（recurrent neural network, RNN），而该方法显然是受到大脑理解句子的原理的启发。想象一下，你自己阅读"对我来说有点太黑暗了"这样的评论，然后将其分类为带有积极情感或消极情感的句子的情境。你从左到右一个字一个字地读着这个句子。随着你的阅读，你开始对其表达的情感形成印象，这一印象会随着你读完句子得到进一步的确定。此时，你的大脑产生了以神经元激活的形式存在的对于此句子认知的表达，这使你能够自信地陈述这条评论是积极的还是消极的。递归神经网络的灵感就来源于上述这一过程。

图 11-1 表示了一个传统的神经网络 [见图 11-1（A）] 和一个递归神经网络 [见图 11-1（B）] 的结构差异。为简单起见，我们假设每个网络在其隐藏层中有两个单元（图中白色圆圈），在其输出层中有一个单元。在这两个网络中，输入与每个隐藏单元相连，每个隐藏单元与输出单元相连（图中实线箭头），而两者的关键区别在于：递归神经网络中的隐藏单元具有额外的递归连接——一个指向自身及其他隐藏单元的连接（图中虚线箭头）。这种递归连接如何起作用呢？与传统的神经网络不同，递归神经网络在一系列时步上运行，在每个时步上，给递归神经网络一个输入并计算其隐藏和输出两个单元的激活值，这点就与传统的神经网络一样，但在递归神经网络中，每个隐藏单元同时依据输入及前一个时步的隐藏单元激活值来计算其激活值，在第一个时步，这些值被设置为零。这赋予了网络一种在记住它已阅读的上文的同时理解其正在阅读的字词的方式。

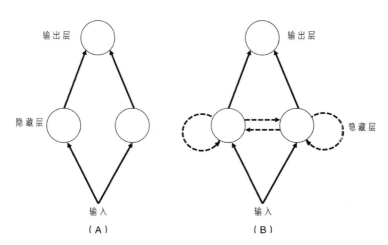

图 11-1　传统神经网络的示意图（A）和递归神经网络的示意图（B）

理解递归神经网络工作原理的最佳方法是：将网络在时步上的运行过程可视化，图 11-2 展示了图 11-1 中的递归神经网络运行 8 个时步的情形。为了简单起见，我将隐藏层中的所有递归连接表示为从一个时步到下一个时步的单个虚线箭头。在每个时步上，隐藏单元的激活值构成了网络对其目前所读部分句子的编码，在网络处理句子的整个过程中，它会不断地调整这一编码。在句子的最后一个词语之后，网络会接收到一个特殊的，类似于句号的结束符号"END"，它负责告诉网络：句子已经结束了。注意，结束符号是在将文本输入网络之前，人工添加到每个句子中的。

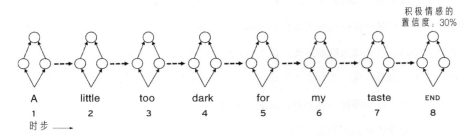

图 11-2　递归神经网络应用在前文例句中，运行 8 个时步的情形

注：图中这个英语句子是前文中关于电影《夺宝奇兵 2》的评论"对我来说有些太黑暗了"的英文原文。

在每个时步，这个网络中的输出单元会对隐藏单元的激活值（编码）进行处理，并给出网络对输入句子（即在该时步之前输入该网络的那部分语句）具有的积极情感的置信度。当把网络应用在一个给定的句子上时，我们可以忽略这一输出，一直到句子结束，此时，隐藏单元会对整个句子编码，输出单元也会给出网络对于此句子的积极情感的最终置信度。图 11-2 中所示的递归神经网络对该句子的积极情感的置信度为 30%，即对消极情感的置信度为 70%。

由于网络只有在遇到结束符号时才会停止对句子编码，因此系统在原则上能够将任意长度的句子编码成一组固定长度的数字，即隐藏单元的激活值，因此，这种神经网络通常也被称为"编码器网络"（encoder network）。

给定一组人类标记了积极或消极情感标签的句子，编码器网络能够通过反向传播在这些样本上进行训练。有一件事情我一直都还没有强调：神经网络的输入必须为数字[9]。将输入的词语编码为数字的最佳方法是什么？对这个问题的回答引发了自然语言处理领域在过去的十年里最为重要的一项进展。

"我欣赏其中的幽默"

在介绍将词语编码为数字的可行方案之前，我需要定义一个神经网络的"词汇表"。词汇表是网络能接受的、可以作为其输入的所有词汇的集合。语言学家估计，对一个读者来说，想要处理大部分英文文本，他需要掌握 1 万 ~3 万个单词。当然，这也取决于你如何计数，例如，你可能将 argue、argues、argued 和 arguing 归类为一个单词。词汇表还可以包括常见的短语，例如，旧金山（San Francisco）或金门（Golden Gate）可以计为一个单词。

举例来说，假设我们的网络有一张含 2 万个单词的词汇表。将单词编码为数字的最简单方案是：为词汇表中的每个单词分配一个介于 1 和 20 000 之间的数字，然后给神经网络 2 万个输入，每个输入代表词汇表中的一个单词。在每个时步中，这些输入中只有那个与真实输入词语相对应的输入会被"接通"。例如，词语"黑暗"被分配的数字是 317，那么，如果我们想把"黑暗"输入到网络中，则我们只需把输入 317 的值设置为 1，而把另外 19 999 个输入的值设置为 0。在自然语言处理领域，这被称为一个"独热编码"[①]（one-hot encoding）：在每个时步中，只有一

---

① 独热编码，又称一位有效编码，其方法是使用 N 位状态寄存器来对 N 个状态进行编码，每个状态都有独立的寄存器位，并且在任意时刻，只有其中一位有效。——译者注

个输入在网络中对应的单词为"hot",即其输入的值非零。

独热编码曾经是向神经网络中输入词语的一种标准方法,但它存在一个问题:给词语任意分配数字这种方法,无法获取词语之间的相关关系。假设网络已经从其训练数据中习得"我讨厌这部影片"带有负面情绪,此时再向网络输入另一个短句"我憎恶这部电影",由于网络在训练数据中并没有遇到"憎恶"或"电影"这些词语,网络将无法判定这两个短句的含义其实是相同的。再进一步假设,网络已经习得"我大声地笑出来"这个短句与积极的评论有关联,然后它遇到了一个新的短句"我欣赏其中的幽默",网络也无法识别这两句话含义的相近之处,因为它们从字面上看起来不完全相同。使用独热编码的神经网络通常不能很好起作用的一个主要原因就是:无法获取单词或短语之间的语义关系。

"憎恶"总与"讨厌"相关,"笑"也从来伴随着"幽默"

自然语言处理的研究群体提出了几种能够获取词语之间的语义关系的编码方法,所有这些方法都是基于相同的思想。语言学家约翰·费斯(John Firth)在 1957 年将这一思想精确地表达为:"你会通过与一个单词一同出现的词来认识它。"[10] 这就是说,一个单词的含义可以依据与其经常一同出现的其他单词来定义,这些其他单词又可以依据与它们经常一同出现的单词来定义,以此类推。比如,"憎恶"这个词往往与"讨厌"出现在相同的语境中;"笑"这个词往往会与"幽默"出现在相同的语境中。

在语言学中,费斯的这个思想被更正式地称为"分布语义"(distributional semantics)。分布语义的潜在假设是"两个语言表述 A 和 B 之间的语义相似度是 A 和 B 能出现的语言上下文环境的相似度的函数"[11]。语言学家经常使用"语义空间"(semantic space)的概念将其描述得更加具体。图 11-3(A)表示的是一个单词的二维语义空间，其中具有相似含义的单词位于离彼此更近的位置，但我们可以看到，由于单词常常有许多维度的含义，它们的语义空间也必须有更多的维度。例如，在语义空间中，单词"charm"[①]通常与"wit"（智慧）和"humor"（幽默）离得很近，但在不同的语境中，"charm"一词又与"bracelet"（手镯）和"jewelry"（珠宝）离得更近些。类似地，单词"bright"[②]既靠近"light"（光）的词簇（word cluster）又靠近"happy"（快乐）的词簇，还靠近"smart"（机灵）、"intelligent"（智慧的）和"clever"（聪明的）。设想一下，有一个三维空间从纸张里朝着你延伸出来，你就可以把这些单词放置在彼此之间距离适当的位置上，这将有助于你的理解。沿着其中一个维度，"charm"紧挨着"wit"；沿着另一个维度，它离"bracelet"更近，但"charm"也应该靠近"lucky"（幸运的），而"bracelet"则非如此。这就需要更多的维度！我们人类描绘一个超过三维的空间已经有一定难度，然而，单词的语义空间实际上需要的维度要多得多，就算没有几百个，最少也得有几十个。

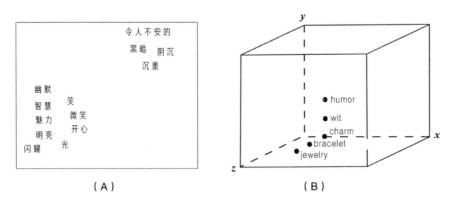

图 11-3　语义空间中两个词簇的图示，其中（A）为二维空间，（B）为三维空间

---

① charm，有"魅力""宝石""吸引力""魔力"等含义。——译者注

② bright，有"明亮的""鲜明的""聪明的""愉快的"等含义。——译者注

当我们谈论具有多个维度的语义空间时，我们已经走进了几何学的范畴。确实，自然语言处理从业者经常用几何概念来界定单词的含义。例如，图 11-3 (B)展示了一个由 x、y 和 z 三个坐标轴定义的三维空间，沿着这些轴可以放置单词。每个单词都用一个由三组数字组成的坐标（表示一个点在 x、y 和 z 轴上的位置）定义的点来标识，即图中的黑色圆点。两个单词之间的语义距离等价于图上点之间的几何距离。你可以发现，沿着不同的维度，"charm" 这个词现在既靠近 "wit" 和 "humor"，又靠近 "bracelet" 和 "jewelry"。在自然语言处理中，人们使用"词向量"（word vector）这个概念来表示一个语义空间中某个特定单词的位置。在数学和物理学中，向量的概念要更复杂一点，而在自然语言处理中的词向量概念则比较简单 [12]。例如，假设 "bracelet" 这个单词在语义空间中位于坐标 (2, 0, 3) 处，这三组数字组成的序列就是它在这个三维空间中的词向量的坐标。需要注意的一点是：一个单词所处空间的维数就是其坐标中数字的组数。

一旦词汇表中的所有单词都被恰当地放置在语义空间中，一个词的含义就能通过其在语义空间中的位置，也就是其词向量的坐标来表示。词向量有什么好处呢？事实上，使用词向量的坐标作为数字输入来表示单词，而不是使用简单的独热编码方案，可以大大提高神经网络在自然语言处理任务中的性能。

怎样才能真正获得一个词汇表中所有单词对应的词向量坐标？有没有一种算法可以将所有的单词正确地放置在语义空间中，以便最好地表示每个单词在多个维度上的含义？自然语言处理领域的研究者做了大量的工作来解决这个问题。

word2vec 神经网络：口渴之于喝水，就像疲倦之于喝醉

针对如何将单词放置在语义空间中的问题，研究者提出了许多解决方案，有些方案甚至可以追溯到 20 世纪 80 年代，但如今最为广泛采用的方法是谷歌的研究

团队在 2013 年提出的 [13]。谷歌的研究人员称他们的方法为"单词到向量"（word to vector, word2vec）。word2vec 方法的工作原理是使用传统的神经网络来自动学习词汇表中的所有单词的词向量。谷歌的研究人员利用该公司庞大的文档库中的一部分数据来训练他们的网络，一旦训练完成，研究团队就将所有生成的词向量结果保存并发布到一个网页上，可以供任何人下载，并可以将其用作自然语言处理系统的输入。[14]

word2vec 方法体现了"你会通过与一个单词一同出现的词来认识它"这一思想。为了给 word2vec 程序创建训练数据，研究团队从谷歌新闻服务板块获取了大量的数据。在现代自然语言处理中，没有比大数据更有价值的资源了！word2vec 程序的训练数据由一系列成对的单词组成，在谷歌新闻文档中，每个单词对应的单词都曾在该单词的附近出现过。为了使整个过程更好地运行，诸如"和""的"等极为常用的单词会被丢弃。

举例来说，我们假设单词对中的单词是一句话中直接相邻的两个单词。在《餐厅际遇》这个故事中，"一位男士走进一家餐厅，点了一个汉堡包"这句话将被首先转换成"男士走进餐厅点了汉堡包"。这句话将生成以下单词对：（男士，走）、（走，进）、（进，餐厅）、（餐厅，点了）、（点了，汉堡包），同时还会生成所有单词对的倒序组合，例如，（汉堡包，点了）。这种方法的核心思想是：训练 word2vec 网络来预测哪个词最有可能与一个给定的输入单词配对。

图 11-4 表示的是一个 word2vec 神经网络。[15]这个网络实际上使用了我前文描述的独热编码方法。图中总共有 70 万个输入单元，这接近于谷歌研究人员使用的词汇表的大小，其中每个输入对应于词汇表中的一个单词。例如，这里的第一个输入对应词语"猫"，第 8 378 个输入对应词语"汉堡包"，最后一个输入对应词语"天蓝色的"。图中的这些数字序号都是假设的，其实际顺序无关紧要。因此，该网络有

70万个输出单元，每个输出单元对应词汇表中的一个单词，还有一个相对较小的包含300个单元的隐藏层。图中大的灰色箭头表示的是每个输入到每个隐藏单元都有一个加权连接，每个隐藏单元到每个输出单元也有一个加权连接。

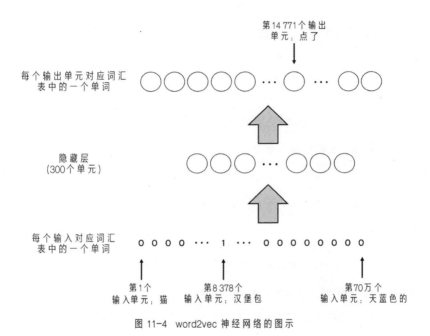

图 11-4 word2vec 神经网络的图示

谷歌的研究人员使用从谷歌新闻文章中收集的数十亿个单词对来对网络进行训练。给定一个单词对，例如（汉堡包，点了），则对应第一个词"汉堡包"的输入被设置为1，其他所有输入设置为0。在训练过程中，每个输出单元的激活值被整合为网络对词汇表中与输入单词对应的单词的置信度。此处，正确的输出激活将为该单词对中的第二个词"点了"分配较高的置信度。

训练完成后，我们就可以提取网络学习到的词汇表中任意一个词的词向量，图11-5说明了如何做到这一点。该图展示了"汉堡包"这个输入和300个隐藏单元之间的加权连接，这些从训练数据中学习到的权重，捕获了使用相应单词的语句的上下文相关信息，这 300 个权重是分配给某个给定词的词向量的组成部分。此过程中完全忽略隐藏单元与输出单元之间的连接，所有必要的信息都包含在从输入层到隐藏层的权重中。因此，这个网络学习到的词向量是 300 维的，词汇表中所有词的词向量集合组成了其所学到的语义空间。

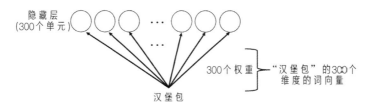

图 11-5　如何从经过训练的 word2vec 网络中提取一个词向量

如何在头脑中可视化这个 300 维的语义空间呢？你可以参照图 11-3 中的三维空间，然后试着可视化一个相似的、维数是三维空间 100 倍的、具有 70 万个词点并且每个词的坐标有 300 组数字的语义空间。只是开个玩笑！我们根本不可能可视化这样一个东西。

这 300 个维度代表什么？如果我们能够可视化这样一个 300 维的空间，我们将会看到任意给定的词在空间上都接近于其相关的词。例如，"汉堡包"与"点了"很接近，与"热狗""奶牛""吃"等词也很接近。即使"汉堡包"从未与"晚餐"出现在一个单词对里，两者也很接近，因为，在一些语境里，与"汉堡包"很近的一些词语通常与"晚餐"也很接近。如果网络想要从"我午餐吃了一个汉堡包"和"我晚餐吃了一个热狗"这两个句子中学习观察单词对，并且如果"午餐"和"晚餐"在一些用来训练的句子中也显示出很近的距离，系统就可以学到"汉堡包"和"晚餐"也应该很相近。

我们要记住这整个过程的目标是为词汇表中的每个词找到一个数字表示，也就是一个向量坐标，来捕捉词中的一些语义信息。其假设是，使用这种词向量将为自然语言处理任务生成高性能的神经网络，但是通过 word2vec 方法创建的语义空间在多大程度上真正捕获了单词的语义呢？

这个问题很难回答，因为我们无法可视化 word2vec 学习到的这个 300 维的语义空间，然而，我们还是有办法来一窥这个空间。最简单的方法是：拿一个给定的词，通过查看词之间的距离，在语义空间中寻找与它最接近的词。例如，在网络经过训练后，与"法国"最接近的词有"西班牙""比利时""荷兰""意大利""瑞士""卢森堡""葡萄牙""俄罗斯""德国"等。[16] word2vec 这个算法并不理解"国家"或"欧洲国家"的概念，这些词只是在训练数据中出现的与"法国"具有类似语境的词，就像我在前面提到的"汉堡包"和"热狗"的例子。确实，如果我要的是最接近"汉堡包"的词，这个列表会包括"奶酪汉堡""三明治""热狗""玉米卷""炸薯条"等。[17]

我们还可以看一看由网络训练所产生的更复杂的关系。创建了 word2vec 的谷歌研究人员观察到，在他们的网络创建的词向量中，代表国家的词与代表该国首都的词之间的距离，对于许多国家来说都是大体相同的。图 11-6 对此进行了形象直观的展示——用二维线段表示了这些距离。同样的是，研究人员也没有给这个系统植入"国家首都"的概念，这种词语之间的语义关系是网络从对数十亿个单词对的训练中学到的。

这种规律让人们想到 word2vec 可以解决"男士之于女士，就像国王之于___？"这类类比问题。只需取"女士"这个词的词向量坐标，减去"男士"这个词的词向量坐标，然后把结果加到"国王"这个词的词向量坐标上 [18]，然后寻找语义空间中最接近这一结果的词向量。是的，这种方法给出的结果是"女王"这个词。在我的一个 word2vec 线上演示实验中 [19]，这种方法通常会产生一些非常好的结果，比如"晚餐之于晚上，就像早餐之于早上"，但有时也会相当奇怪，比如有时我们会得出这样的答案——"口渴之于喝水，就像疲倦之于喝醉"，或者荒谬如"鱼之于水，就像鸟之于消防栓"。

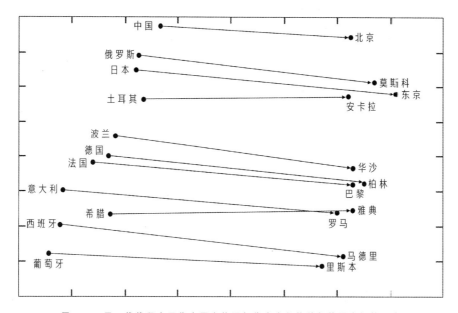

图 11-6　用二维线段表示代表国家的词与代表它们的首都的词之间的距离

词向量所具有的这些特性是耐人寻味的，并且表明了一些词之间的语义关系是可以被获取到的，但是这些特性会使词向量方法在自然语言处理任务中普遍适用吗？答案似乎是一个响亮的"是的"。如今，几乎所有的自然语言处理系统都使用某种类型的词向量方法作为输入单词的方式，word2vec 这种方法只是其中的一种。

这里我们可以这样来类比：对于一个手里拿着锤子的人来说，所有事情看起来都像一颗钉子；对于一个专注神经网络的人工智能研究员来说，所有事情看起来都像一个向量。许多人由此想到：word2vec 方法不仅可以用于单个词，还可以用于整个句子，为什么不把整个句子编码为一个向量呢？与编码词的方法一样，在训练过程中使用句子对而非单词对，不就可以了吗？用这样的方式来获取语义不是比简单地使用一组词向量更好吗？事实上，的确有一些研究团队做过这方面的尝试：多伦多大学的一个团队将这些语句称为"思维向量"（thought vectors）[20]，还有人尝试过用网络将段落和整个文档编码为向量，然而结果都是成败参半。将所有的语义都简单归纳为一种几何化的表达，这对人工智能研究人员来说是一个非常诱人的想法。谷歌的杰弗里·辛顿宣称："我们可以用一个向量来捕捉一个想法。"[21]Facebook 的杨立昆表示赞同："在 Facebook 的人工智能研究中，我们希望将整个世界嵌入到思维向量中，我们将其称为 world2vec（世界到向量）。"[22]

接下来是关于词向量的最后一点说明。好几个研究团队表示：这些词向量，还捕获了产生这些语言数据的语言中自带的偏见，或许这并不奇怪[23]。举例来说，有一个类比问题："男士之于女士，就如同计算机程序员之于_____？"如果你用谷歌提供的词向量来解决这个问题，那么答案是：家庭主妇。如果反过来问："女士之于男士，就如同计算机程序员之于_____？"答案是：机械工程师。还有一个问题："男士之于天才，就如同女士之于_____？"答案是：缪斯。然而对于问题："女士之于天才，就如同男士之于_____？"答案却是：天才。

我们不能因此责怪词向量，它们只是从我们的语言中捕捉到了性别歧视以及其他歧视，因为，我们的语言的确反映了社会中的一些偏见。尽管词向量可能是无可指责的，但它们是现代自然语言处理系统（从语音识别到语言翻译）的关键组成部分，词向量的偏见可能会渗透在广泛使用的自然语言处理应用中，并产生让人意想不到的偏见。研究这些偏见的人工智能科学家刚开始理解这些偏见可能会对自然语言处理系统的输出产生何种微妙的影响，并且许多研究团队正致力于词向量的"去偏见"（de-biasing）算法[24]。消除词向量所隐含的偏见是一个很大的挑战，但可能并没有消除语言和社会中存在的偏见那样困难。

11　理解语言，理解我们赖以生存的隐喻

理解语言，特别是理解其中隐含的部分，是人类智能的一个基本部分。图灵把他著名的图灵测试，构造为一场关于语言之生成和理解的比赛，这并非偶然。

语言常常是充满歧义的，极度依赖语境，而且通常用语言沟通的各方需要具备大量共同的背景知识。与人工智能的其他领域一样，自然语言处理相关的研究在最初的几十年集中在符号化的、基于规则的方法上，就是那种给定语法和其他语言规则，并把这些规则应用到输入语句上的方法。这些方法并没有取得很好的效果，看来通过使用一组明确的规则来捕捉语言的微妙是行不通的。自动语音识别是深度学习在自然语言处理中的第一个重大成就，并且我敢说，这是迄今为止人工智能在所有领域中取得的最重要的成就。

在深度网络开始在计算机视觉和语音识别上"得心应手"后不久，自然语言处理的研究者就开始试着把它们应用于情感分析。

12

机器翻译，仍然不能从人类理解的角度来理解图像与文字

如果你曾经使用过谷歌翻译或其他任何现代自动翻译系统，你就知道这种系统可以在一瞬间将一段文本从一种语言翻译成另一种语言。更加令人印象深刻的是，在线翻译系统能为全世界的人们提供全天候的即时翻译服务，而且通常可以处理 100 多种不同的语言。

几年前，我和我的家人在法国度过了 6 个月的学术假期，那时，我曾大量使用谷歌翻译，来给我们那非常严肃的法国女房东撰写精雕细琢的"外交"邮件，以告诉她房子的发霉情况很严重。考虑到我远远不够完美的法语，谷歌翻译帮我节省了大量时间，比如查找一些我甚至都不知道的单词，还有像在哪里放重音符，以及哪个性别与哪个法语名词进行搭配这类难记的知识。

我还使用谷歌翻译来帮忙解读女房东那常常令人困惑的回答，尽管谷歌翻译给了我对她的意思的一个相当清晰的理解，但其生成的英文却充满了或大或小的错误。所以，我写给女房东的法语信件自然也是漏洞百出，每当想到这里，我总感到难堪。

2016 年，谷歌推出了一种新型的"神经机器翻译"（neural machine translation, NMT）系统，并声称他们已经在机器翻译质量方面取得了迄今为止最

大的进步 [1]，但是，机器翻译系统的水平仍然远低于优秀的人类翻译员。

自动翻译，特别是英语和俄语之间的翻译，是最早的人工智能项目之一。自动翻译的早期发展得益于数学家沃伦·韦弗在 1947 年的大力推动，他曾这样描述自己的想法："人们会自然而然地想到翻译的问题是否可以被视为密码学中的一个问题。当我看一篇用俄语写就的文章时，我想说，这其实是用英语写的，只不过它被编码成了一些奇怪的符号，我现在需要解码它。" [2] 与人工智能中经常出现的情况一样，这种解码比人们最初预期的要更困难。

与早期的许多其他人工智能研究一样，机器翻译的原始方法依赖于人类指定规则的复杂集合。为了将源语言（如英语）翻译成目标语言（如俄语），程序通常会将这两种语言的语法规则及其句法结构之间的映射规则编码进机器翻译系统。此外，程序员还会为机器翻译系统创建词对词的或短语对短语的等价关系"字典"。就像许多其他在符号人工智能方面的工作一样，虽然这些方法在某些特定的情况下表现得很好，但它们相当脆弱，会面临我在之前讨论过的来自自然语言的所有挑战。

从 20 世纪 90 年代开始，一种被称为"统计机器翻译"（statistical machine-translation）的新方法开始在机器翻译领域占据主导地位。和同一时期人工智能其他方面的发展趋势类似，统计机器翻译依赖于从数据而非从人类制定的规则中学习，训练数据由大量成对的句子组成：每对句子中的第一个句子来自源语言，第二个句子是将第一个句子用目标语言翻译后的结果。这些成对的句子的来源有：双语国家的官方文件，例如，加拿大议会的每一份文件都是分别用英语和法语编写的；联合国的文字记录手稿，其中的每一份都会被翻译成联合国的六种官方语言；以及其他大量的原始的和翻译后的文件。

20世纪90年代到21世纪的前10年，统计机器翻译系统通常使用的是包含源语言和目标语言中短语连接概率的大型计算表。当用英语给定一个句子时，比如"一位男士走进一家餐厅"，系统会把这个句子分解成短语："一位男士走""进一家餐厅"，并在概率表中查找与这些短语相对应的最佳翻译。这些系统还会设定额外的步骤来确保翻译后的短语可以组成一个合理的句子，但这一过程主要是依据从训练数据中学到的各种短语配对的概率，系统并不知道其中的原理。尽管统计机器翻译系统对这两种语言的语法都知之甚少，但总的来说，这些方法要比更早期的基于规则的方法有更好的翻译效果。

谷歌翻译可能是目前最为广泛使用的自动翻译程序，从2006年拒出起，一直在使用这种统计机器翻译方法，直到2016年，谷歌研究人员称他们研发了一种更加优越的基于深度学习的翻译方法，也就是神经机器翻译。之后不久，所有最先进的机器翻译程序都采用了神经机器翻译方法。

编码器遇见解码器

图12-1展示了当你使用谷歌翻译或其他现代机器翻译程序时隐藏在其中的原理，此处是将英语翻译为法语。[3]这是一个复杂的系统，所以，我简化了很多细节，但是从这个图中，你应该能看出其主要的思想[4]。

图中上半部分是一个递归神经网络，也就是一个编码器网络，与我在前一章中所描述的非常相似。英语句子"A man went into a restaurant."需要经过7个时步进行编码，我用白色的矩形来表示编码这个句子的网络，稍后我将介绍在矩形内的网络实际上是什么样子的。在编码阶段，每经过一个时步网络就会把句子中的一个单词以一个词向量的形式输入到网络中。[5]从一个时步到下一个时步的虚线箭头是隐藏层中递归连接的简略表达。一次处理一个单词，网络会通过这种方式建立对这个英语句子的一个表示，并将其编码为其隐藏层单元中的激活值。

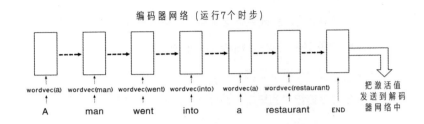

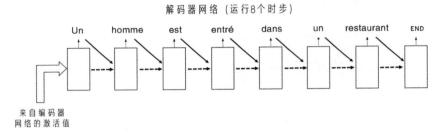

图 12-1 语言翻译程序的"编码器 – 解码器"网络示意图

注：白色矩形表示编码器和解码器网络，在连续的时步中运行。输入的单词首先被转化为词向量，然后再被
输入网络，其中 wordvec(man) 即为单词"man"的词向量。

在最后一个时步中，编码器网络会被输入一个结束符号（END），此时隐藏单元
的激活值就成了对这个完整句子的一个编码。这些来自编码器的最终隐藏单元的激活
值就作为第二个网络——解码器网络（decoder network）的输入。如图 12-1
的下半部分所示，这个解码器网络将创建该句子的翻译版本。解码器网络也是一
个递归网络，但其输出的是构成翻译句子的单词的数字表示，这些数字会在下一个
时步被反馈回网络中。[6]

注意这一法语句子有 7 个单词，而英语句子只有 6 个单词。这个编码器 – 解码

器系统在原则上能翻译任意长度的句子。[7] 然而，如果句子太长的话，编码器网络最终会丢失有用的信息。也就是说，在后面的时步中，它会"忘记"句子前面的重要部分。例如，我们看看下面这个句子：

My mother said that the cat that flew with her sister to Hawaii the year before you started at that new high school is now living with my cousin. （我妈妈说，那只在你开始上高中之前被她妹妹带到夏威夷的猫，现在和我的表妹住在一起。）

我们的问题是：谁和我的表妹住在一起？这个答案可能取决于"is"和"living"如何被翻译。人类很擅长处理这种错综复杂的句子，但递归神经网络却很容易失去主线。当网络试图将整个句子编码为一组隐藏单元激活值时，它就会变得混乱。

20 世纪 90 年代末，瑞士的一个研究团队提出了一个解决方案：应该在一个递归神经网络的每个单元中都构造一个更加复杂的结构，并给其分配专门的权重来判定什么信息应该在下一个时步被发送出去，以及什么信息可以被"遗忘"。研究人员称这些更复杂的单元为"长短期记忆"（long short-term memory LSTM）单元[8]。这是一个令人困惑的名字，它指的是这些单元允许更多短时记忆贯穿句子的整个处理过程。与传统神经网络中的正规权重一样，这些专门的权重通过反向传播进行学习。编码器和解码器在图 12-1 中被抽象为白色矩形框，实际上，它们是由长短期记忆单元组成的。

深度学习时代的机器自动翻译是由大数据和快速计算造就的巨大成功。为了创建一个编码器-解码器网络，比如，将英语翻译成法语的，这些网络需要在超过 3 000 万对人工翻译的句子样本上进行训练。由长短期记忆单元组成，并且在大量数据集上进行训练的深度递归神经网络，已经成为现代自然语言处理系统的重要组成部分，不仅仅被用在谷歌翻译的编码器－解码器网络中，还被用在语音识别、情感分类以及我们将在下面看到的问答系统中。这些系统通常包含一些可以提高其表现的机制，比如同时前向和后向输入原始的句子，以及在不同的时步上将"注意力"集中在句子的不同部分[9]。

机器翻译，正在弥补人机翻译之间的差距

谷歌声称其于 2016 年推出的神经机器翻译这种新方法弥补了人和机器翻译之间的差距[10]。另外几家大型科技公司迎头赶上，也陆续创造了他们自己的在线机器翻译程序，同样是基于编码器－解码器的架构。这些公司以及为其报道的科技媒体，都在热情地推广这些翻译服务。《麻省理工科技评论》杂志报道称："谷歌的这一新服务几乎可以像人类一样翻译语言。"[11]微软在一场公司推介会上表示其中文对英文新闻翻译服务的水平已经和人类相当[12]。IBM 宣称："沃森现在能流利地说 9 种语言，且这个数量仍在增加。"[13]Facebook 负责语言翻译的高管坦言："我们相信神经网络正在学着理解语言的潜在语义。"[14]专业翻译公司 DeepL 的首席执行官吹嘘道："我们的机器翻译神经网络已经发展出惊人的理解力。"[15]

总体来说，这些声明在一定程度上是由科技公司多种多样的人工智能服务在销售方面的竞争所推动的，而语言翻译是其中一项盈利潜力很大的主要服务。虽然像谷歌翻译这样的网站会提供针对少量文本的免费翻译服务，但如果一家公司想要翻译大量文档或在自己的网站上为客户提供翻译，则需要使用收费的机器翻译服务，所有这些服务都由相同的编码器－解码器架构提供支持。

　　我们应该在多大程度上相信机器实际上真的在慢慢学会理解语义，或者说机器翻译的准确性正在迅速接近人类水平？为了回答这个问题，让我们更加仔细地去看这些声明所依据的事实。首先，我们应该弄清楚这些公司如何衡量一台机器或一个人的翻译质量。评估翻译质量并非那么简单明了，一段给定的文本可以有很多种正确的翻译方式，当然，也有更多错误的翻译方式。由于对给定的文本进行翻译没有唯一的正确答案，因此很难设计出一种能够自动评估系统翻译准确性的方法。

　　机器翻译水平已与人类相当以及人类和机器翻译之间的差距正在缩小，这些观点的提出都是基于两种评估翻译结果的方法。第一种是自动化的方法，使用一个计算机程序，将一台机器的翻译与人类的进行比较，并给出分数；第二种方法是雇用精通两种语言的专家来人工评估翻译。对于第一种方法，在几乎所有的机器翻译评估中使用的程序都是"双语评估候补"（bilingual evaluation understudy，BLEU）[16]。为了衡量翻译的质量，BLEU 主要计算不同长度的单词和短语，在机器翻译的结果和一个人为创建的"参考文献"即正确答案之间匹配的数量。尽管 BLEU 的评分往往比较符合人们对翻译质量的判断，但 BLEU 总是倾向于高估糟糕的翻译。许多机器翻译的研究人员表示：BLEU 是一种有缺陷的评估翻译的方法，之所以使用它，仅仅是因为还没人能找到总体性能更优的自动评估方法。

　　鉴于 BLEU 的缺陷，评估一个机器翻译系统的黄金标准方法还是让精通两种语言的专家对系统生成的翻译进行人工评分。这些专家还能对专业翻译人员的相应翻译进行评分，以便与机器翻译的评分进行比较。这种黄金标准方法也有缺点：显然，雇用相关人员需要花费很多钱，而且不同于计算机，人类在完成一定量的翻译评分后就会感到疲劳。因此，除非你能雇用一支手头有很多空闲时间的双语评估团队，否则这一方法就难以实施。

谷歌和微软的机器翻译团队都曾通过雇用双语评估团队来执行这种并不完全达标的黄金标准评估[17]。每个评估人员都会被分配一组源语言句子，以及这些句子被翻译成目标语言后的结果，其中包括神经机器翻译系统的翻译和专业翻译人员的翻译。谷歌的评估内容包括约 500 个来自新闻报道和维基百科文章的不同语种的句子。他们的做法是：对每位评估人员在所有机器翻译以及人工翻译的句子上的评分分别取平均值，作为每位评估人员的最后评分，然后对所有评估人员的最后评分分别求平均值。谷歌的研究人员发现：评估人员对神经机器翻译系统翻译结果的平均评分接近（尽管低于）人工翻译句子得到的平均评分。这项评估中的所有语言对都出现了这种情况。

微软使用了一种类似的方法来评估其神经机器翻译系统将新闻报道从中文翻译为英文的能力。结果表明：其神经机器翻译系统的翻译评分非常接近（有时甚至超过）人工翻译的评分。人类评估人员一致认为：神经机器翻译生成的译文要比过去的机器翻译更好。

随着深度学习的引入，机器翻译的水平已经得到很大提升。那么这样就能证明机器翻译现在已接近人类水平了吗？在我看来，这种声明从好几个方面看来都是不合理的。首先，对评分取平均数会产生误导性。比如，对于机器翻译来说，尽管其对大多数句子的翻译被评为"好极了"，但也有许多句子被评为"糟透了"，那么其平均水平是"还不错"；然而，你可能更想要一个总是表现得相当好、从来不会出错的、更可靠的翻译系统。

其次，这些翻译系统接近人类水平或与人类水平相当的说法完全是基于其对单个句子翻译水平的评估，而非篇幅更长的文章的翻译。在一篇文章中，句子通常会以重要的方式相互依存，而在对单个句子翻译的过程中，这些可能会被忽略。我还没有看到过任何关于机器翻译长文的评估的正式研究，一般来说，机器翻译长文的质量会差一点，比如说，对于谷歌翻译，当给定的是整个段落而非单个句子时，其翻译质量会显著下降。

最后，这些评估所使用的句子都是从新闻报道和维基百科页面中提取的，这些页面通常都经过慎重的编写以避免使用有歧义的语言或习语。这样的语言可能会给机器翻译系统带来严重的问题，但在现实世界中是无法回避的。

迷失在翻译之中

还记得我在上一章开头提到的《餐厅际遇》的故事吗？我并不是为了测试翻译系统才设计这个故事的，但这个故事的确很出色地阐明了机器翻译系统面临的挑战——口语、习语和有歧义的语言。

我用谷歌翻译把《餐厅际遇》从英语翻译成三种目标语言：法语、意大利语和中文。我把不带原文的翻译结果发给了我那些同时懂英语和目标语言的朋友们，并请他们把谷歌翻译的翻译结果再翻译回英语，以便了解一个熟练掌握相应目标语言的人会从谷歌翻译后的文本中得到什么。在这里，为了读者的阅读乐趣，我在下方列出了一些翻译结果。

☺ 原本的故事：

A man went into a restaurant and ordered a hamburger, cooked rare. When it arrived, it was burned to a crisp. The waitress stopped by the man's table. "Is burger okay?" she asked. "Oh, it's just great," the man said, pushing back his chair and storming out of the restaurant without paying. The waitress yelled after him, "Hey, what about the bill?" She shrugged her shoulders, muttering under her breath, "Why is he so bent out of shape?" (一位男士走进一家餐厅，点了一个汉堡包，要半熟的。当汉堡包上桌时，它是烤煳了的。女服务生在这位男士的桌子旁停下，并问道："汉堡包还可以吗？""哦，它简直太好了！"这个人说着，把椅子推到后面，没有付钱就冲出了餐厅。女服务生在他后面喊道："嘿，账单怎么办？"她耸了耸肩，小声嘀咕着："他为什么如此愤怒？"）

◎ 谷歌翻译提供的法语版本，以及再由人工将其翻译为英语的版本：

法语版本：

Un homme est entré dans un restaurant et a commandé un hamburger, cuit rare. Quand il est arrivé, il a été brûlé à un croustillant. La serveuse s'arrêta devant la table de l'homme. "Estce que le hamburger va bien?" Demanda-t-elle. "Oh, c'est génial," dit l'homme en repoussant sa chaise et en sortant du restaurant sans payer. La serveuse a crié après lui, "Hé, et le projet de loi?" Elle haussa les épaules, marmonnant dans son souffle, "Pourquoi est-il si déformé?"

英语版本：

A man entered a restaurant and ordered a hamburger, cooked infrequent. When he arrived, he got burned at a crunchy. The waitress stopped walking in front of the man's table. "Is the hamburger doing well?" She asked. "Oh, it's terrific," said the man while putting his chair back and while going out of the restaurant without paying. The waitress shouted after him, "Say, what about the proposed legislation?" She shrugged her shoulders, mumbling in her breath, "Why is he so distorted?"（一位男士走进一家餐厅并点了一个汉堡包，少见做法。当他到达的时候，他被烧焦了，并发出嘎吱嘎吱的响声。女服务生在这个人的桌子前停下来。"汉堡包做得好吗？"她问。"噢，它太棒了！"那人一边把椅子放回去，一边不付钱就走出餐厅。女服务生在他后面喊道："喂，提议的法规怎么样了？"她耸耸肩，喃喃自语道："他为什么这么扭曲？"）

◎ 谷歌翻译提供的意大利语版本，以及再由人工将其翻译为英语的版本：

意大利语版本：

Un uomo andò in un ristorante e ordinò un hamburger, cucinato raro. Quando è arrivato, è stato bruciato per un croccante. La cameriera si fermò accanto al tavolo dell'uomo. "L'hamburger va bene?" Chiese lei. "Oh, è semplicemente fantastico," disse l'uomo, spingendo indietro la sedia e uscendo dal ristorante senza pagare. La cameriera gli urlò dietro, "Ehi, e il conto?" Lei scrollò le spalle, mormorando sottovoce, "Perché è così piegato?"

英语版本：

 A man went to a restaurant and ordered a burger, cooked sparse. When it arrived, it was burnt for an almond brittle. The waitress stopped near the man's table. "Ist he burger okay?" she asked. "Oh, it's simply fantastic," said the man, pushing back his chair and leaving the restaurant without paying. The waitress shouted after him, "Hey, what about the bill?" She shrugged her shoulders, muttering in a low voice, "Why is he so bent?"（一位男士向一家餐厅走去，并点了一个汉堡包，做得很稀疏。当它到达时，它被烧成了杏仁碎。女服务生在这个人的桌子旁停了下来。"汉堡可以吗？"她问。"哦，它太神奇了！"那人说着，把椅子推回去不付钱就离开了餐厅。女服务生在他后面喊道："嘿，账单怎么办？"她耸耸肩，低声咕哝道："他为什么这么驼背？"）

◎ 谷歌翻译提供的中文版本，以及再由人工将其翻译为英语的版本：

中文版本：

 一个男人走进一家餐厅，点了一个罕见的汉堡包。当它到达时，它被烤得脆脆。女服务生停在男人的桌子旁边。"汉堡好吗？"她问。"哦，这太好了，"那男人说，推开椅子，没有付钱就冲出餐厅。女服务生大声喊道："嘿，账单呢？"她耸了耸肩，低声嘀咕道："他为什么这么弯腰？"

英语版本：

A man walked into a restaurant and ordered a rarely seen hamburger. When it reached its destination, it was roasted very crispy. The waitress stopped next to the man's table. "Is the hamburger good?" she asked. "Oh, it's great," the man said, pushing aside his chair and rushing out of the restaurant without paying. The waitress shouted "Hey, what about the bill?" She shrugged her shoulders and whispered, "Why was he so stooped over？"

　　阅读这些翻译，就像听一个才华横溢但又频频出错的钢琴家演奏一段我们熟悉的旋律，这段旋律总体来说是可辨认的，但又是支离破碎的，令人不舒服，这首曲子在短时爆发时表现得很优美，但却总被刺耳的错误音符打断。

　　谷歌翻译有时还会在一些多义词上选择错误的意思，例如将"rare"（半熟的）和"bill"（账单）翻译成了"不常见"和"提议的法规"，这种情况之所以会发生，主要是因为程序忽略了这些词语所处的上下文。"烤煳了"（burned to a crisp）和"愤怒"（bent out of shape）等习语的翻译方式都很奇怪，该程序似乎无法在目标语言中找到对应的习语，或弄清楚该习语的实际含义。虽然以上这些译文都把故事的梗概表达出来了，但一些细微且重要的部分在所有的翻译版本中都有丢失，包括把男士的愤怒表达为"冲出餐厅"，以及把女服务生的不满表达为"小声嘟囔着"，更不用说正确的语法偶尔也会在翻译过程中丢失。

　　我并不是有意要专挑谷歌翻译的毛病，我也尝试了许多其他的在线翻译服务，得到了类似的结果。这并不奇怪，因为这些系统都使用几乎同样的编码器—解码器架构。另外，我要强调一点：我获得的这些翻译结果，代表的是这些翻译系统在某一时间的阶段性水平，它们的翻译能力一直在不断提升，上述这些翻译错误说不定在你阅读本文时已经被修复了。然而，我仍然认为机器翻译想要真正达到人类翻译员的水平，还有很长的路要走，除了在一些特定的细分领域中。

对于机器翻译来说，主要的障碍在于：与语音识别系统的问题一样，机器翻译系统在执行任务时并没有真正"理解"它们正在处理的文本。[18] 在翻译以及语音识别中，一直存在这样的问题：为达到人类的水平，机器需要在多大程度上具备这种理解能力？侯世达认为："翻译远比查字典和重新排列单词要复杂得多……要想做好翻译，机器需要对其所讨论的世界有一个心理模型。"[19] 例如，翻译《餐厅际遇》这个故事需要具有这样一个心理模型：当一个人不付钱就气冲冲地离开餐厅时，服务生更有可能对着他大吼要他支付账单，而不是说些提议法规的事。侯世达的这一观点在人工智能研究人员欧内斯特·戴维斯（Ernest Davis）和马库斯 2015 年的一篇文章中得到了回应："机器翻译通常会涉及一些歧义问题，只有达到对文本的真正理解并运用现实世界的知识才能完成这项任务。"[20]

一个编码器-解码器网络能够简单地通过接触更大的训练集以及构建更多的网络层，来获得必要的心理模型和对现实世界的认识吗？还是说需要通过一些完全不同的方法？这仍然是一个悬而未决的问题，也是在人工智能研究群体中引发了激烈辩论的主题。现在，我只想说，虽然神经机器翻译在许多应用领域中非常有效且实用，但是如果没有知识渊博的人类进行后期编辑，它们从根本上来说仍然是不可靠的。所以，我们在使用机器翻译时或多或少都会对其结果有所怀疑。比如，当我用谷歌翻译来把"take it with a grain of salt"（对结果有所怀疑）这个短语从英文翻译成中文，然后再翻译回英文时，它变成了"bring a salt bar"（带一个盐条），真是有意思①。

---

① take something with a grain of salt，指不要完全相信或接受某种说法，即对某件事要持保留态度。"a grain of salt"字面含义为一粒盐，机器因此将该短语翻译为"带一个盐条"（bring a salt bar）。作者此处说"That might be a better idea."，使用了双关语，意指应对机器翻译持更大的怀疑态度。——译者注

把图像翻译成句子

有一个疯狂的想法：除了在语言之间进行翻译之外，我们能否训练一个类似于编码器－解码器架构的神经网络，使其学会把图像翻译成语言？其思想是：先使用一个网络对图像进行编码，再使用另一个网络来把它"翻译"成描述该图像内容的句子。毕竟，为一个图像创建标题不就是一种翻译方式吗？只不过这种情况下的源语言与目标语言分别是一幅画和一个标题。

事实证明，这个想法也没有那么疯狂。2015 年，两个分别来自谷歌和斯坦福大学的团队，在同一个计算机视觉会议上围绕这个主题彼此独立地发表了非常类似的论文 [21]。在这里，我将描述由谷歌团队研发的叫作"Show and Tell"（展示和说明）的系统，因为它在概念上更简单一些。

图 12-2 给出了这个系统的工作原理框架图 [22]。它类似于图 12-1 中的编码器－解码器系统，只不过这里的输入是一幅图像而不是一个句子。图像被输入到一个卷积神经网络（ConvNet）而非编码器网络中。这里的 ConvNets 与我在第 04 章中描述的那个类似，只是这个 ConvNets 并不输出对于图像的分类，而是将其最后一层的激活值作为输入提供给解码器网络，随后，解码器网络解码这些激活值来输出一个句子。为了编码图像，研发团队使用了一个经 ImageNet（我在第 05 章中描述过的一个大型图像数据集）图像分类任务训练过的 ConvNets，其任务是训练解码器网络为输入图像生成一段合适的字幕。

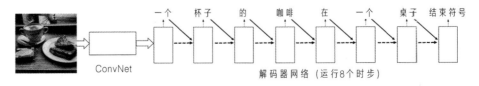

图 12-2　谷歌的自动图像字幕系统工作原理框架图

这个系统如何学习为图像生成合适的字幕呢？回想一下不同语言之间互译的原理：训练数据由成对的句子组成，句子对中的第一个句子用的是源语言，第二个句子是人类翻译员使用目标语言对源语言进行翻译的结果。同样的道理，在为图像生成字幕的情形中，每个训练样本由一张图像和与它匹配的一段字幕组成。这些图片是从 Flickr 等公共图像存储库中下载的，其字幕是由谷歌为此项研究雇用的亚马逊土耳其机器人生成的。由于字幕可以非常多变，每张图像都由 5 个不同的人分别给出一段字幕。因此，每张图像在训练集中会出现 5 次，每次都与不同的字幕配对。图 12-3 展示了一个训练图像样本，以及由亚马逊土耳其机器人提供的字幕。

一个温暖的马克杯和烤面包

一份烤三明治和一杯咖啡在桌子上

一个盛着吐司的白色盘子和一杯咖啡

桌子上有一杯咖啡，在帕尼尼三明治旁边

桌子上有一份三明治、一杯咖啡和一份卡仕达酱

图 12-3　由亚马逊土耳其机器人给出字幕的训练图像样本

这个"Show and Tell"解码器网络在大概 8 万对"图像－字幕"样本上进行了训练。图 12-4 给出了其在测试图像上生成的一些字幕样本，这些测试图像不在系统的训练集中。

一台机器能够对由像素组成的图像生成如此准确的字幕，这样的表现太亮眼了，让人震惊，这就是我在《纽约时报》上第一次看到这些结果时的感觉。那篇文章的作者是记者约翰·马尔科夫（John Markoff）[①]，他撰写了一篇言辞谨慎的评述文章，其中有一句话是这样写的："两组科研团队分别独立工作，发明了一款能够识别和描述照片与视频中的内容的人工智能软件，其准确度比以往任何时候都要高，有时甚至可以媲美人类的理解能力。"[23]

一个垒球选手对着球挥出一棒

一台扁平的电视机立在一个电视柜上

一辆公交车停在一条城市道路上

一头站在土里的牛

图 12-4　由谷歌的 Show and Tell 系统自动生成的 4 个准确的字幕

---

① 马尔科夫的著作《人工智能简史》从多个维度描绘了人工智能从爆发到遭遇寒冬，再到野蛮生长的发展历程，直击工业机器人、救援机器人、无人驾驶汽车、语音助手等前沿领域，深入探讨了人工智能与智能增强（intelligence augmentation, IA）的密切关系。本书的中文简体字版已由湛庐策划，浙江人民出版社于 2017 年出版。——编者注

　　然而，有些媒体就没有那么严谨了。一家新闻网站宣称："谷歌的人工智能现在给图像添加字幕的能力几乎和人类一样好。"[24] 其他公司也很快采用了类似的自动给图像添加字幕的技术，并发布了声明。

　　微软宣称，"微软的研究人员处在对以下技术研发的前沿领域：自动识别图像中的物体、解释图像的情境，并为之写出一个准确的说明等"[25]。微软甚至为他们的系统创建了一个线上的原型系统，叫作"CaptionBot"，CaptionBot 的网站宣称："我可以理解任何照片的内容，我将争取做得跟人类一样好。"[26]

　　谷歌、微软和 Facebook 等公司开始讨论，这种技术在多大程度上可以被应用于为视力障碍人群提供自动图像标识服务。

　　自动图像字幕生成存在着和机器翻译一样的性能表现两极分化的问题。当它表现得很好时，它看起来几近神奇，如图 12-4 所示，但其犯起错来却也可以从轻微偏离主题到完全的胡说八道，图 12-5 展示了一些示例。这些错误的字幕可能会让你发笑，但对于一个无法看到这些照片的盲人，就无法判断这些字幕是好是坏了。

　　尽管微软说它的 CaptionBot 能够"理解"任何照片的内容，但事实正好相反：即便它们给出的字幕是正确的，这些系统也无法从人类的角度来理解图像。当我给微软的 CaptionBot 看第 04 章开头的那张照片时，系统的输出是：一位男士抱着一条狗。还算对吧，除了"男士"的部分……令人更遗憾的是，这段描述漏掉了照片中关键的、有价值的点，漏掉了通过图像对我们自身、对我们的体验、对我们关于世界的情感和知识进行表达的方式，也就是说，它漏掉了这张照片的意义。

一条狗跳起来抓住一只飞盘

一台装满了食物和饮料的冰箱

一群人坐在公交车站

一只猫坐在窗户旁

图 12-5 由谷歌的 Show and Tell 系统和微软的 CaptionBot 生成的不那么准确的字幕

我确信这些系统的能力将随着研究人员应用更多的数据和算法而得到提升，然而，我认为字幕生成网络对图像中的内容还是缺乏基本的理解，这必然意味着：就像在机器翻译中的表现一样，这些系统仍然是不可信的。它们会在某些情况下运行得很好，但有时却会令人大失所望。此外，即便这些系统在大多情况下是正确的，但对于一幅蕴含丰富意义的图像，它们往往无法抓住其中的要点。

把句子按照情感进行分类、翻译文档和描述照片，尽管自然语言处理系统在这些任务上的水平还远不及人类，但对于完成许多现实世界中的任务还是很有用的，因此对于研发人员而言，这项工作有着很大的利润空间。可是，自然语言处理研究人员的终极梦想是设计能够实时地与用户进行流畅和灵活的互动的机器，尤其是，可以与用户进行交谈并回复他们的问题。下一章我们将会探讨创建一个能够解答我们所有疑问的人工智能系统所面临的挑战。

12 破解机器翻译，攀登人工智能的天梯

在线翻译系统可以为人们提供全天候的即时翻译服务，而且通常可以处理 100 多种不同的语言，但是，其水平仍然远低于优秀的人类翻译员。

机器翻译的原始方法依赖于人类指定规则的复杂集合，所以，它们相当脆弱，需要面对来自自然语言处理领域所面临的所有挑战。

从 20 世纪 90 年代开始，一种被称为"统计机器翻译"的新方法开始占据主导地位，此方法依赖于从数据而非从人类制定的规则中学习。

谷歌翻译可能是目前最为广泛使用的自动翻译程序，使用的是一种更加优越的基于深度学习的翻译方法，也就是神经机器翻译。

深度学习时代的机器翻译所取得的巨大成功是由大数据和快速计算造就的，但这种成功完全是基于对单个句子翻译水平的评估，而非篇幅更长的文章。

13

虚拟助理——随便问我任何事情

"进取号"（USS Enterprise） 星历：42 402.7

数据少校：计算机，我想知道更多关于幽默的信息。为什么语言和行为的特定组合能让人发笑？

计算机：关于这一主题的资料源范围很大，请具体说明。

数据少校：动画演示，类人的，需要交互的。

计算机：您是指行为幽默、智力幽默，还是一般的健谈者？

数据少校：在所有已知的表演者中，谁是最有趣的？

计算机：23 世纪的斯坦·奥尔加（Stan Orega），精通量子数学的玩笑。

数据少校：不，这个太深奥了，更一般化些。

计算机：正在访问。

（一份名单被展示出来）

——《星际迷航：下一代》（*Star Trek: The Next Generation*）

"进取号"上的计算机拥有丰富的知识储备，并能很快理解其接收到的各种问题从而给予及时反馈，因此长期以来一直是人机交互的"北极星"[①]，也备受《星际迷航》爱好者和人工智能研究人员等群体的追捧。应该指出的是：处在这两个群体的交集中的那部分人是非常重要的。

谷歌前副总裁塔马·约书亚（Tamar Yehoshua）坦诚地认可了《星际迷航》中的计算机对谷歌设计面向未来的搜索引擎的影响："我们的目标是《星际迷航》中那样的计算机，你可以和它说话，它理解你，并且它可以对你做出回应。"[1]IBM 沃森的项目负责人大卫·费鲁奇（David Ferrucci）说："《星际迷航》中的计算机功能、技术是 IBM 沃森的问答系统的核心灵感来源，《星际迷航》中的计算机是一台问答机器，它理解你问的是什么，并且总能给你恰如其分的回答。"[2]同样的故事也适用于亚马逊的 Alexa 家庭助理，亚马逊的高级副总裁大卫·林普（David Limp）表示："让《星际迷航》中的计算机走进现实的梦想，就像一道明亮、一直在闪耀的光，还需要很多年才能实现。"[3]

《星际迷航》或许给我们许多人都编织了一个梦想：能够向计算机询问任何事情，并且它可以做出准确、简洁和有用的回应。如果你使用过当今任意一款人工智能语音助手，如 Siri、Alexa、Cortana、Google Now，你就会知道这个梦想还尚未实现。我们可以用声音来向这些机器提问，由于它们通常擅长于转录语音，所以它们能用流畅的、略带机械感的声音来回答我们。它们有时能判断出我们在寻找什么样的信息，并指引我们到一个相关的网页上。然而，这些系统并不能理解我们所问的问题的含义。比如说，Alexa 可以为我朗读短跑运动员尤塞恩·博尔特（Usain Bolt）的全部传记，告诉我他赢得了多少枚金牌，并联想到他在北京奥运会上男子百

---

① 此处北极星引申意为指导原则。——编者注

米赛跑的成绩，但别忘了，容易的事情做起来难。如果你问 Alexa："尤塞恩·博尔特知道怎样跑步吗？"或者"尤塞恩·博尔特很能跑吗？"，在这两种情况下，它都会用一些固定的短语来回应："抱歉，我不知道那个问题。"或者"嗯……我不确定。"毕竟，它的设计初衷并不是为了了解"跑"或"快"到底是什么意思。

虽然计算机目前已经可以准确地转述我们的请求，但别忘了我们的终极目标是：让计算机真正理解我们所问的问题的含义。

沃森的故事

在 Siri、Alexa 及其类似产品出现之前，人工智能界最著名的问答程序是 IBM 公司的沃森。你可能还记得在 2011 年，沃森令人震惊地在游戏节目《危险边缘》中击败了两位人类冠军的事情。在 1997 年深蓝击败国际象棋冠军卡斯帕罗夫后不久，IBM 的高管们就在推动另外一个备受关注的项目了，与深蓝不同，它的设计目标是对 IBM 的客户们真正有用。他们认为一个问答系统完全符合这个要求，这的确是受到了《星际迷航》中计算机的启发。故事是这样的，IBM 的副总裁查尔斯·利克尔（Charles Lickel）在一家餐厅吃饭时，周围其他顾客突然变得安静起来，原来餐厅里的每个人都在全神贯注地看电视节目《危险边缘》，超级冠军肯·詹宁斯正在比赛。这让利克尔萌生了一个想法：IBM 应该开发一个能够把《危险边缘》游戏玩得足够好甚至能击败人类冠军的计算机程序。然后，IBM 就能在一个关注度很高的电视节目上展示这个程序[4]。这个想法催生了由 IBM 自然语言研究员费鲁奇带领的一项努力了多年的项目，并最终创造了沃森——一个以 IBM 首任董事长托马斯·沃森的名字来命名的人工智能系统。

《危险边缘》是美国一个非常受欢迎的电视游戏节目，于 1964 年首次播出。该游戏一般有 3 名参赛选手，他们轮流从一个主题类别列表中进行选题。例如，美国历史或电影。然后主持人从该主题类别中选出一条线索，选手按下抢答器抢答。第一个抢答成功的选手要说出一个与线索相对应的问题。例如，对于线索"于2011年上映，这是唯一一部同时获得奥斯卡金像奖和法国恺撒奖年度最佳影片的电影"，正确的回答是，"《艺术家》（The Artist）是什么？"。想要在《危险边缘》节目中获胜，选手需要具备渊博的知识，范围从古代历史到流行文化，而且要能够快速回忆，并理解在本主题类别和线索中经常出现的双关语、俚语或其他口语。再举一个例子，线索是："2002年，艾米纳姆和这位说唱歌手签了一份7位数的交易合同，显然要比这位歌手的身价要多得多。"正确的回答是："谁是'50美分'？"

当给出一条《危险边缘》的线索时，沃森通过综合大量不同的人工智能方法来做出回应，使用多种不同的自然语言处理方法来分析线索，计算出其中的哪些单词是重要的，并根据需要的回应类型来对线索进行分类，例如，一个人、一个地方、一个数字、一个电影名称。该程序在专用的并行计算机上运行，以便在庞大的知识数据库中快速搜索。正如《纽约时报》的一篇文章所述："费鲁奇的团队为沃森建立了一个包含了数百万份文档的知识库——包括费鲁奇所说的书籍、所有类型的字典、主题词典、通俗分类、分类学、百科全书以及小说、圣经、戏剧等任何一种你能想象的可供掌握的参考资料……"[5] 对于一条给定的线索，程序会产生多个可能的响应，并让算法为每个响应分配置信度值，如果置信度最高的响应超过一个阈值，程序就会按下抢答器来进行抢答。

对于沃森团队来说，令他们感到幸运的是：《危险边缘》的粉丝长期以来一直在整理此游戏自播出以来所有类别、线索和正确响应的全集。这一档案对沃森来说简直是天赐之物、一个绝佳的训练样本集，沃森可以利用这一样本集，通过监督学习方法来训练其系统中的许多组件。

2011年2月，沃森在一场全球直播的《危险边缘》中与两位前冠军詹宁斯和布拉德·拉特（Brad Rutter）进行了竞赛，我和我的家人一起观看了这次比赛，我们都被迷住了。在最后一局比赛快结束的时候，很明显沃森已胜券在握，这局比赛的最后一条线索是："威廉·威尔金森（William Wilkinson）的《瓦拉吉亚和摩尔达维亚的公国记述》（*An Account of the Principalities of Wallachia and Moldavia*）启发了这位作家写出其最著名的小说。"在比赛中，最后这条线索需要每位参赛者给出书面答案。三位选手都写出了正解的答案："是布拉姆·斯托克（Bram Stoke）吗？"不过，一向以冷嘲热讽著称的詹宁斯，在答题卡上加了一句流行语以承认沃森必将取得胜利："欢迎我们的计算机新霸主。"[6]然而，具有讽刺意味的是，沃森并没有听懂这个笑话。詹宁斯后来打趣道："令我惊讶的是，输给了一个讨厌的玩智力竞赛游戏的计算机这件事却成了一个意外的机遇。每个人都想知道这一切意味着什么，而采访沃森肯定得不出什么有用的答案，因此突然间我收到了很多采访和约稿请求，TED也来邀请我去做相关演讲……就像在我之前的卡斯帕罗夫一样，我现在以一个'职业失败者'的身份过着还算不错的生活。"[7]

在电视上播出的《危险边缘》中，沃森给包括我在内的很多观众留下了一种不可思议的印象：它可以毫不费力并且流畅地理解和使用语言，对接收到的大多数主题都能以闪电般的速度来解读其中棘手的线索，并做出准确回应。

> **线索**：即便你墙上挂的这个东西坏掉了，它一天也有两次是对的。
>
> **沃森**：是时钟吗？
>
> **线索**："push"（推）这样一件纸制品的意思是：突破既定的限制。
>
> **沃森**：什么是信封（envelope）①？

---

① push the envelope，是英语中一个与信封有关的短语，其含义是"突破极限""超越常规"，尤指技术进步或社会创新。——译者注

　　线索：经典糖果长方块，那是一位最高法院女性大法官。

　　沃森：谁是鲁斯·金斯伯格[①]？

在比赛进行的过程中，电视摄像机的镜头经常转到坐在观众席上的沃森团队那儿，他们脸上挂着欣喜若狂的笑容——沃森稳操胜券。

这一电视节目为沃森打造了一个视觉形象：一台显示器，和另外两位参赛选手一同"站"在台上，其屏幕上显示的是一个被旋转灯光环绕的闪亮球体而不是人脸。沃森的主题类别选择和对线索的回应都是用一种愉快、友好但机械的声音给出的。所有这些都是由 IBM 精心设计的，目的是给公众一种印象：沃森虽然不是真正的人类，但和人类一样，它在积极地倾听和回应这些线索。可是公众不知道的是：沃森不使用语音识别，而是在主持人向人类参赛者朗读线索的同时接收每条线索的文本。

沃森对线索的反应偶尔会破坏其类人形象，这并不仅仅是因为系统在某些线索上犯了错，所有的参赛者都会犯错，只是沃森的错误常常……不那么像人类会犯的错误。其中，一个最引人注目的错误是沃森在一条属于"美国城市"主题的线索上的失误："它最大的机场，以第二次世界大战中的一位英雄命名；它第二大的机场，以第二次世界大战中的一场战役命名。"沃森怪异地忽略了其所属类别，错误地回答道："多伦多是什么？"这台机器还犯过其他一些明显的错误。比如，另一条线索是："这是美国体操运动员乔治·埃塞尔（George Eyser）的奇迹年，他在 1904 年的双杠比赛中获得了金牌。"尽管詹宁斯的回答"是缺了一只胳膊吗？"是错的，沃森的回答"是一条腿吗？"也很奇怪，而正确的回答是"是缺了一条腿吗？"。沃森团队负责人费鲁奇回应道："这台计算机并不知道缺了一条腿是一件很奇怪的事。"[8] 沃森

---

① Ruth Ginsburg，全名为 Ruth Bader Ginsburg，时任美国最高法院大法官，是继桑德拉·戴·奥康纳之后美国最高法院第二位女性大法官，为女权进步做出了巨大的贡献。

似乎也不明白这条线索——"2010年5月，布拉克（Braque）、马蒂斯（Matisse）和其他三位画家总价1.25亿美元的5幅油画在这一个艺术时期'离开'了巴黎博物馆"——指的是什么。三位选手的回答都不正确。詹宁斯回答的是："立体主义是什么？"拉特的回答是："印象派是什么？"沃森的回答则让观众一脸困惑："毕加索是什么？"正确答案是："现代艺术时期是什么？"

尽管有以上这些以及其他类似的错误，沃森最终还是赢得了比赛并获得了100万美元的慈善基金；然而，沃森的胜利在很大程度上得益于它按抢答器的速度。

随着沃森的获胜，人工智能研究群体开始质疑：沃森究竟是人工智能领域的真正进步，还是像一些人所说的那样仅仅是宣传作秀或"客厅戏法"[①]?[9]尽管大多数人都认可沃森在《危险边缘》中的表现，但这一问题仍然存在：沃森是在真正意义上完成了回答用口语提出的复杂问题这项困难的任务吗？还是说，对于一台内置了维基百科访问入口以及大量的数据存储库的计算机来说，以特定的语言格式和事实驱动的答案来响应《危险边缘》中的线索这一任务，实际上并没有那么难？更不用说，这台计算机已经在数十万条与它在节目中面对的非常相似的《危险边缘》线索上进行过训练。即使是一个不经常看《危险边缘》节目的人，也能发现这些线索经常呈现出相似的套路，因此，对于一个程序而言，有这么多的训练样本可供训练，那么学习检测某个特定线索是遵循什么逻辑的也许就没有那么困难了。

在沃森首次亮相《危险边缘》节目之前，IBM就宣布了他们关于该程序的雄心勃勃的计划：把沃森训练成医生助手，并向沃森输入大量的医学文献资料，从而使其能够回答医生或患者的问题，以及提出诊断或治疗方案。IBM声称："沃森将能够比人类更加高效地找到临床问题的最佳答案。"[10]IBM还为沃森提出了一些其他潜在的

---

① 客厅戏法，指社交上的成就，为了引人注目而采取的举动，一般为贬义。——译者注

应用领域，包括法律、财务、客户服务、天气预报、时装设计、税务协助等，应有尽有。为实现这一目标，IBM 成立了一个独立的部门，称为"IBM 沃森团队"（IBM Watson Group），它拥有数千名员工。

从 2014 年开始，IBM 的营销部门围绕沃森打造了一系列的宣传活动。鲍勃·迪伦（Bob Dylan）和塞雷娜·威廉姆斯（Serena Williams）等名人与沃森聊天的商业广告遍布互联网、纸媒和电视等各种宣传渠道。IBM 的广告宣称，沃森正将我们带入一个"认知计算"（cognitive computing）的时代，这是一个从未被精确定义的术语，但却似乎是 IBM 在人工智能领域的招牌能力。显然，IBM 对沃森使用了一项突破性技术，使它能够做一些完全不同于并且优于其他人工智能系统的事情。

大众媒体也对沃森进行了铺天盖地的报道。在 2016 年的一期电视新闻节目《60 分钟》（60 Minutes）中，报道记者查理·罗斯（Charlie Rose）的一番话呼应了 IBM 的一些高管的发言，他对观众说："沃森是一名狂热的阅读者，每秒能吸收相当于 100 万本书的信息。5 年前，沃森才刚刚学会如何阅读和回答问题。现在，它就要从医学院毕业了。"当时，北卡罗来纳大学的癌症研究人员奈德·夏普利斯（Ned Sharpless，后任美国癌症研究所所长）接受了《60 分钟》的采访。罗斯问他："在 IBM 提出沃森可能会在医疗康护领域做出贡献之前，你对人工智能和沃森了解多少？"夏普利斯回答说："实际上，并不多。我只是了解了沃森在《危险边缘》中的表现。他们用大约一周的时间教沃森阅读了基本的医学文献，这并不是太难，然后沃森又用了大约一周的时间阅读了 2 500 万篇论文。"[11]

什么？沃森是一个"狂热的阅读者"吗？听起来有点像你那早熟的五年级同学可以在周末读完一本《哈利·波特》，但就沃森来说并不是这么简单，而是每秒阅读 100 万本书，或者在一周内阅读 2 500 万篇科技论文。对于"阅读"这个词，其内涵究竟是理解其所读的内容,还是像沃森那样简单地处理文本并将其添加到数据库中?说沃森"从医学院毕业",听起来挺震撼,但它对于我们认识沃森的能力到底是什么有帮助吗?沃森的顶级营销策略、缺乏透明度和同行审议的研究使外人很难回答这些问题。一篇备受关注的有关沃森肿瘤解决方案(Watson for Oncology,一个旨在帮助肿瘤科医生的人工智能系统)的评论文章称:"没有一个独立的第三方研究来检验沃森肿瘤解决方案是否可以交付使用,这是他们故意的。IBM 并没有将这个方案提供给外部科学家进行评议性审查,也没有进行临床试验来评估其效能。"[12]

IBM 对沃森的一些描述也引发了另一个问题:在 IBM 专门为玩《危险边缘》游戏而开发的技术中,有多少可被实际应用到其他的问答任务上?换句话说,夏普利斯所说的会玩《危险边缘》的沃森和可以阅读医学文献的沃森,是同一个沃森吗?

后《危险边缘》时代沃森的故事都可以写一本书了,并且需要一个专门的调查作家来揭开谜底。下面是我从读过的许多文章中以及我与熟悉这项技术的人的讨论中收集到的一些信息。事实证明,玩《危险边缘》所需要的技能与医学和法律领域中的那些问答所需要的技能并不相同。现实世界中的问题不像《危险边缘》节目中的线索那样具有简短的结构,其答案也不像节目中的那样明确。此外,对于现实世界中的问题,并不存在大量完善的、清晰标记的训练样本,且这些样本代表的每种情况都对应一个唯一正确的答案。

除了拥有同样的名字、同样的带有环绕灯光的星球标志以及熟悉悦耳的机械化声音之外,IBM 的营销部门在当前推出的沃森与 2011 年在《危险边缘》节目中击败詹宁斯和拉特的沃森,几乎没有什么共同之处。此外,如今"沃森"这个名字不再单指一套聚合的人工智能系统,而是指 IBM 以沃森这个品牌为其客户提供的一系列服务的总和,其中主要是商业服务。简而言之,沃森本质上是指 IBM 在人工智能领域所做的一切,《危险边缘》节目冠军的宝贵光环则像一件装饰品。

IBM 是一家拥有数千名优秀人工智能研究人员的大型公司。其沃森品牌提供了当下最先进的人工智能工具,能够适用于各种各样的任务处理工作,包括自然语言处理、计算机视觉和通用数据挖掘等(尽管仍需要大量的人为干预)。许多公司已经订阅了这些服务,并发现这些服务能够有效地满足他们的需求。然而,与媒体上和大量广告中所描绘的相反,没有一个沃森的人工智能项目"上过医学院"或"阅读"过医学论文。确切地说,是 IBM 与其他公司的员工一起精心准备了能被输入到各种程序中的数据,其中许多程序都依赖于我在前几章中描述过的深度学习算法,而最初的沃森根本没有使用这些算法。总而言之,IBM 的沃森提供的服务与谷歌、微软、亚马逊和其他大公司的各种各样的人工智能云服务十分类似。老实说,我不知道原始沃森系统使用的方法对现代问答程序的贡献有多大,以及擅长玩《危险边缘》的人工智能程序与 IBM 沃森品牌的人工智能工具有多大关系。

尽管 IBM 沃森团队的产品可能非常先进和有用,但由于各种原因,其处境似乎比其他科技公司更为艰难,该公司与客户签订的一些备受关注的合同已经被取消了,例如与休斯敦的安德森癌症中心的合作项目合同。大量有关沃森的负面文章被发布出来,其中很多引用的是心怀不满的前雇员的言论,主要是指出 IBM 的一些高管和营销人员过分夸大了这项技术的应用前景。当然,在人工智能领域,承诺过高和交付不足是一个再常见不过的现象,IBM 绝不是唯一的罪过方。只有在未来我们才能知道,在把人工智能应用于医疗康护、法律以及其他自动问答系统能够产生巨大影响的领域时,IBM 到底贡献了什么。目前来说,除了在《危险边缘》节目中的获胜,沃森可能是"最臭名昭著的炒作奖"的一个有力竞争者,不知道这算不算是人工智能的一项成就。

如何判定一台计算机是否会做阅读理解

在上文的讨论中，我对沃森能够"阅读"表示怀疑，这里的阅读是指能够真正理解其处理的文本的意义。我们如何判定一台计算机是否理解了它所阅读的内容？我们能给计算机做一个阅读理解的测试吗？

2016年，斯坦福大学的自然语言研究团队设计了一个测试，并且很快就成了衡量机器阅读理解能力的标准，这就是斯坦福问答数据集（Stanford question answer dataset，SQuAD）。它由维基百科文章中的段落组成，每个段落都附有一个问题。这其中的数十万个问题都是由亚马逊土耳其机器人创建的 [13]。

SQuAD 测试比人类读者做的那种典型的阅读理解测试要简单得多，因为在创建问题的说明中，斯坦福大学的研究人员规定答案必须以句子或短语的形式在文本中出现过。下面是 SQuAD 测试的一个简单的例子：

PARAGRAPH（段落）: Peyton Manning became the first quarterback ever to lead two different teams to multiple Super Bowls. He is also the oldest quarterback ever to play in a Super Bowl at age 39. The past record was held by John Elway, who led the Broncos to victory in Super Bowl XXXIII at age 38 and is currently Denver's executive vice president of football operations and general manager. ［佩顿·曼宁成为史上首位带领两支不同球队多次进入超级碗的四分卫。他也是超级碗历史上年龄最大的四分卫（39 岁），之前的纪录由约翰·埃尔韦保持。埃尔韦在 38 岁时带领野马队赢得了第 33 届超级碗冠军，他目前是丹佛足球队分管运营的执行副总裁和总经理。］

QUESTION（问题）：What is the name of the quarterback who was 38 in Super Bowl XXXIII?（第 33 届超级碗中 38 岁的四分卫叫什么名字？）

CORRECT ANSWER（正确答案）：John Elway.（约翰·埃尔韦。）

想要做对这道题，其实你并不需要读懂字里行间的意思，也不需要真正的推理，比起"阅读理解"，可能这项任务更准确的叫法应该是"答案提取"。答案提取对机器来说是一项很有用的技能，事实上，答案提取也正是 Alexa、Siri 以及其他数字助理软件所需要做的：将接收到的问题转换为一个搜索引擎查询序列，然后从搜索结果中提取答案。

斯坦福大学的研究团队还就这些问题对亚马逊土耳其机器人进行了测试，以便将机器的性能与人类进行比较。测试者会给每个被试一段话，且后面会跟着一个问题，要求被试在段落中选择能够回答这个问题的最短内容 [14]。正确的答案由最初提出这个问题的亚马逊土耳其机器人给出。使用这种评估方法，测得人类在 SQuAD 测试上的正确率为 87%。

SQuAD 迅速成为最受欢迎的测试问答算法能力的标准测试集，全世界的自然语言处理研究人员都在努力优化自己的算法，争取在 SQuAD 测试集的排行榜上获得更靠前的排名。其中，最成功的方法使用了专门的 DNN，也就是一种比我之前描述的编码器 – 解码器网络更复杂的版本。在这些系统中，输入是文本形式的段落和问题；输出则是网络对于该问题答案的预测，这种预测通过标注答案语句的起始与终止位置给出。

在接下来的两年里，随着 SQuAD 测试竞赛的白热化，参赛程序的准确性不断提高。2018 年，两个分别来自微软研究实验室和中国阿里巴巴公司的团队，创建了能够在这项任务上超越斯坦福大学测出的人类准确性的程序。微软发布的新闻公告宣称："微软创建了能够像人一样阅读文档并回答与文档有关问题的人工智能。" [15] 阿里巴巴的自然语言处理首席科学家说："我们荣幸至极地见证了机器在阅读理解上超越了人类这一里程碑。"[16]

这种事我们也不是第一次听说了。人工智能研究有一个惯用的套路：定义一个在细分领域中比较有用的任务，收集一个大型数据集来测试机器在该任务上的性能，对人类在该数据集上完成任务的能力进行一个有限的度量，然后，建立一场竞赛使得人工智能系统可以在该数据集上互相竞争，直到最终达到或超过人类的表现。相关各方不仅会对真正令人印象深刻且有用的成就进行报道，还会虚假地声称，获胜的人工智能系统在一项更为通用的任务上，达到了媲美人类的能力。如果你不记得这个套路了，请翻看我在第 05 章中对 ImageNet 竞赛的描述。

一些大众媒体在描述 SQuAD 测试的结果时表现出了令人钦佩的克制。例如，《华盛顿邮报》(*Washington Post*) 对此给出了谨慎的评价："人工智能专家表示，这种测试太过局限，根本无法与真正的阅读相提并论，因为其答案不是通过对文本的理解产生的，而是由系统在文本中利用查找模式并进行术语匹配找到的。这项测试只能在格式清晰的维基百科文章上行得通，而在书籍、新闻文章和广告牌等宽泛语料上却不可行，而且测试集中的每一篇文章都一定包括答案，使模型不必对概念进行处理或用其他概念来进行推理。人工智能专家说，阅读理解的真正要义在于阅读字里行间中相互关联的概念并进行推理，进而理解文本中有所暗示但又未具体给出的信息。"[17] 我非常赞同这一观点。

"提问 - 回答"这个课题一直是自然语言处理研究的一个重点。在我写这部分内容的时候，人工智能研究人员已经收集了多个新的数据集，并已经规划了新的竞赛，这些数据集可为竞争程序提供更严峻的挑战。艾伦人工智能研究所（Allen Institute for Artificial Intelligence）是一家由微软的联合创始人保罗·艾伦（Paul Allen）资助的位于西雅图的私人研究机构。它开发了一套面向小学生和中学生的多项选择科学题库。若想正确回答这些问题，不仅需要答案提取的技能，还需要具备自然语言处理和常识推理的集成能力，以及一些必要的背景知识[18]。下面举个例子：

使用垒球棒击打垒球是哪种简单机械的使用示例？

A. 滑轮

B. 杠杆

C. 斜面

D. 轮轴

这道题的正确答案是：B。艾伦人工智能研究所的研究人员对那个在 SQuAD 测试上表现得超越人类的神经网络进行了改造，并对它在这组新问题上的表现进行测试。他们发现：即便这些网络在这 8 000 个科学问题的一个子集上进行了进一步训练，其在新问题上的表现也不会比随机猜测好多少[19]。在写这部分内容时，一个在该数据集上运行的人工智能系统的最高正确率大概是 45%，而随机猜测的正确率是 25%[20]。艾伦人工智能研究所的研究人员将他们关于此数据集的论文命名为："你认为你已经解决了'提问－回答'这个课题吗？"如果有副标题的话，我想可能会是："那你再想想。"

"它"是指什么？

我想描述一个专门用来测试一个自然语言处理系统是否真正理解它所阅读内容的问答任务。看一看下面的句子，每个句子后面都跟着一个问题。

句子1：市议会成员拒绝了给示威者一个许可，因为他们担心暴力。

问题：谁担心暴力？

A. 市议会　　　　　　　B. 示威者

句子2：市议会成员拒绝了给示威者一个许可，因为他们**提倡**暴力。

问题：谁提倡暴力？

A. 市议会　　　　　　B. 示威者

　　句子1和句子2只有一个词不同（担心和提倡），但正是这个词决定了问题的答案。在句子1中，代词"他们"指市议会成员；在句子2中，"他们"是指示威者。我们人类是怎么知道这些答案的呢？我们依靠的是自己对社会运转机理的了解：我们知道示威者是那些心怀不满的人，并且知道他们有时会在抗议活动中鼓吹或煽动暴力。

　　再举几个例子[21]：

句子1：乔的叔叔仍然可以在网球比赛中打败他，尽管他**年长**30岁。

问题：谁更年长？

A. 乔　　　　　　　　B. 乔的叔叔

句子2：乔的叔叔仍然可以在网球比赛中打败他，尽管他**年轻**30岁。

问题：谁更年轻？

A. 乔　　　　　　　　B. 乔的叔叔

句子1：我把水从瓶子倒进杯子里，直到它**满**了为止。

问题：什么满了？

A. 瓶子　　　　　　　B. 杯子

句子2：我把水从瓶子倒进杯子里，直到它**空**了为止。

问题：什么空了？

A. 瓶子　　　　　　　B. 杯子

句子 1: 这张桌子无法穿过门口，因为它太宽了。

问题: 什么东西太宽了？

A. 桌子 　　　　　　B. 门口

句子 2: 这张桌子无法穿过门口，因为它太窄了。

问题: 什么东西太窄了？

A. 桌子 　　　　　　B. 门口

通过上述的例子，我相信你应该明白我的意思了：例子中的每对句子，除了一个词之外，其他都是一模一样的，但正是这个词改变了"他们""他"或"它"这些代词所指代的事物。为了正确地回答这些问题，机器不仅要能够处理句子，而且还要能够理解它们，至少在一定程度上是这样。一般来说，理解这些句子需要我们的常识。例如，叔叔通常比侄子年长；把水从一个容器倒入另一个容器，意味着第一个容器将变空，而另一个容器将变满；如果一个物体不能穿过一个空间，那是因为这个物体太宽了，而不是太窄。

这些微型的语言理解测试被称为"威诺格拉德模式"（Winograd schemas），以最先提出这个想法的自然语言处理领域的先驱特里·威诺格拉德（Terry Winograd）的名字命名[22]。威诺格拉德模式被精确设计为对人类而言很简单，但对计算机而言却很棘手。2011 年，3 名人工智能研究人员——赫克特·莱韦斯克（Hector Levesque）、欧内斯特·戴维斯和丽奥拉·摩根施特恩（Leora Morgenstern），提议使用大量的威诺格拉德模式测试作为图灵测试的替代。他们认为：与图灵测试不同，威诺格拉德模式的测试可以防止机器在没有真正理解句子的内容之前就给出正确答案。这三位研究人员非常谨慎地提出了他们的看法："很可能，任何正确的回答都需要能够体现人类的思考。威诺格拉德模式不允许被试躲在语言技巧、玩笑或固定回答的烟幕后面……我们在这里提出的要求显然没有图灵想象的关于十四行诗的智能对话那样苛刻,但是,它确实提供了一个不易被滥用的测试挑战。"[23]

几个自然语言处理研究团队已经试验了多种不同的方法来回答威诺格拉德模式测试题。在我写下这部分内容的时候,程序的最佳性能表现是:在一组约有 250 个问题的威诺格拉德模式测试集上达到了大约 61% 的正确率[24]。虽然这比随机猜测的 50% 的正确率要好,但仍远低于人类在这项任务上的正确率——如果人类用心的话,正确率可达 100%。这个程序对威诺格拉德模式测试题的判定不是通过理解句子,而是通过统计来实现的。例如这句"我把瓶子里的水倒进杯子里,直到它满了为止",作为对该程序的行为的一个模拟,我们尝试在谷歌中输入以下两个句子并进行搜索(一次搜索一个句子):

我把瓶子里的水倒进杯子里,直到瓶子满了为止。

I poured water from the bottle into the cup until the bottle was full.

我把瓶子里的水倒进杯子里,直到杯子满了为止。

I poured water from the bottle into the cup until the cup was full.

通过谷歌搜索,我们可以很方便地看出每个句子在网络上的搜索结果数量。第一句话产生了大约 9 700 万个结果,而第二句话产生了约 1.09 亿个结果,显然第二句话更有可能是正确的。如果你的目标是比随机猜测做得更好,这会是一个很好的技巧,并且如果机器的正确率在这组特定的威诺格拉德模式测试中不断升高,我也不会感到惊讶。我并不认为这样的纯统计方法能够很快在更大的威诺格拉德模式测试集上逼近人类水平,但或许这也是一件好事。艾伦人工智能研究所的所长奥伦·埃齐奥尼(Oren Etzioni)曾打趣道:"如果人工智能连一句话中的'它'指的是什么都无法判断,那么我相信它也很难接管整个世界。"[25]

自然语言处理系统中的对抗式攻击

自然语言处理系统想要统治世界面临的另一个障碍是：与计算机视觉程序类似，自然语言处理系统易受对抗样本的攻击。在第 06 章中，我描述了一种可以欺骗人工智能系统的方法：对一张照片做一些细微的改动，使其对人类来说，和原来的照片一模一样，但一个经过训练的 ConvNets 却会将修改后的照片归为另一个类别。我还描述了另一种方法：生成一幅在人类看来像是"随机噪声"的照片，但经过训练的神经网络能够以接近 100% 的置信度将其归为某个特定的类别。

所以，同样的方法可被用来欺骗图像字幕生成系统，也就不足为奇了。一组研究人员展示了如何通过人类难以察觉的方式改变一张给定图像，来使得图像字幕生成系统输出一个包含其指定的一组词的错误字幕（见图 13-1）[26]。

蛋糕在桌上　　　　　　　　　　　　　一条狗和一只猫正在玩一个飞盘

图 13-1　图像字幕生成系统遭到对抗式攻击的一个实例

图 13-1 给出了这种对抗式攻击的一个例子。给定原始图像（左图），系统生成了"蛋糕在桌上"的字幕。研究人员对原始图像进行了特定的修改，尽管生成的图像（右图）对人类来说没有变化，但字幕生成系统的输出却变成了"一条狗和一只猫正

在玩一个飞盘"。显然，系统并没有以与人类一样的方式理解照片信息。

也许更令人惊讶的是，一些研究团队发现：即使是目前最先进的语音识别系统也会被类似的对抗样本欺骗。举个例子，加州大学伯克利分校的一个团队设计了一种方法，通过这种方法，人们可以对任何相对较短的声音，如语音、音乐、随机噪声或其他声音，以某种人类无法感知的方式进行干扰，使得一个特定的 DNN 会将其转录为一段被精心设计的、与原声音完全不同的声音[27]。想象某个人，通过收音机广播发布了一段音频，对坐在家中的你而言，它是令人愉快的音乐，但你的家庭助理 Alexa 却将其理解为"跳转到某危险网站并下载计算机病毒"或"开始录音并把你听到的所有内容都发送到某危险网站上"。诸如此类可怕的情境，并非不可能发生。

自然语言处理的研究人员也证实了，在我之前描述过的情感分类和问答系统上进行对抗式攻击的可能性。这些攻击通常是改变几个词或在文本中增添一个句子。这种对抗式的改变不会影响这段文本对人类读者的意义，但会引发系统给出一个错误的答案。例如，斯坦福大学的自然语言处理研究人员表明："向 SQuAD 的段落中添加某些简单的句子，即便是性能最好的系统也会输出错误的答案，从而导致系统整体性能的大幅下降。"

下面是取自上述的 SQuAD 的一个例子，段落中添加了一个不相关的句子（以斜体表示），这会导致一个深度学习问答系统给出一个错误的答案[28]。

PARAGRAPH（段落）：Peyton Manning became the first quarterback ever to lead two different teams to multiple Super Bowls. He is also the oldest quarterback ever to play in a Super Bowl at age 39. The past record was held by John Elway, who led the Broncos to victory in Super

Bowl XXXIII at age 38 and is currently Denver's executive vice president of football operations and general manager. *Quarterback Jeff Dean had jersey number 37 in Champ Bowl XXXIV.* ［佩顿·曼宁成为史上首位带领两支不同球队多次进入超级碗的四分卫。他也是超级碗历史上年龄最大的四分卫（39 岁），之前的纪录由约翰·埃尔韦保持。埃尔韦在 38 岁时带领野马队赢得了第 33 届超级碗冠军，他目前是丹佛足球队分管运营的执行副总裁和总经理。四分卫杰夫·迪恩在第 34 届冠军杯赛上穿的是 37 号球衣。］

QUESTION（问题）: What is the name of the quarterback who was 38 in Super Bowl XXXIII?（第 33 届超级碗中 38 岁的四分卫叫什么名字？）

PROGRAM'S ORIGINAL ANSWER（程序给出的原始答案）: John Elway.（约翰·埃尔韦。）

PROGRAM'S ANSWER TO MODIFIED PARAGRAPH（程序对修改后的段落给出的答案）: Jeff Dean.（杰夫·迪恩。）

有一点很重要：所有这些欺骗 DNN 的方法都是由"白帽"[①] 从业者开发的，他们开发这种潜在的攻击方式，并将其发表到公开文献上，目的是让业界意识到这些漏洞，并推动业界研发相应的防御技术。另外，"黑帽"攻击者是一批试图欺骗已部署的系统以达到其邪恶目的的黑客，他们不会公开他们的攻击手段，因此系统中可能会存在许多我们没有意识到的其他类型的漏洞。据我所知，到目前为止，真实世界中还

---

① 美国西部片中，好人戴白帽，坏人戴黑帽。作者此处用白帽和黑帽分别指代对行业发展有利的人和破坏行业发展的黑客。——编者注

没有发生过针对深度学习系统的攻击，但我想这也只是时间问题。

尽管深度学习已经在语音识别、语言翻译、情感分析及自然语言处理的其他领域取得了一些非常显著的进展，但人类水平的语言处理能力仍然是一个遥远的目标。斯坦福大学的教授克里斯托弗·曼宁（Christopher Manning），也是一位自然语言处理领域的大师，他在 2017 年指出："到目前为止，深度学习已经使得语音识别和物体识别的错误率大幅下降，但其在高级别的语言处理任务中并没有产生同等的效用，真正的戏剧化的进展可能只有在真正的信号处理任务上才能实现。"[29]

在我看来，完全从在线数据中学习、基本上没有理解其所处理语言的机器，完全不可能达到人类在翻译、阅读理解等方面的水平。语言依赖于人们的常识和对世界的理解：半熟的汉堡包不是烤煳了的；一个太宽的桌子无法穿过门口；如果你把一个瓶子里的水全都倒出来，瓶子就会因此变空。语言也依赖于我们对所交流的对象的常识：如果一个人想要一个做得半熟的汉堡包，但却得到一个烤煳了的，那么这个人会不高兴的；如果一个人说一部电影"对我来说太黑暗了"，那么这个人并不喜欢这部电影。虽然机器的自然语言处理已经取得了长足的进步，但我不相信机器将能够完全理解人类的语言，除非它们具备人类所拥有的常识。自然语言处理系统正在我们的生活中变得越来越普遍——转录话语、分析情感、翻译文本、回答问题。是不是无论这些系统的性能有多强，只要它们缺乏和人类相似的理解方式，就会不可避免地导致这些系统的脆弱、不可靠、易受攻击等方面的问题？没有人知道答案，因此，我们都该停下来好好想一想。

在本书的最后几章中，我们将会探讨"常识"对人类而言究竟意味着什么，更具体地说：人类用什么样的心理机制来理解世界。我还将描述人工智能研究人员为了给机器植入这种理解和常识所做的一些尝试，以及这些方法在创造能够克服"意义的障碍"的人工智能系统方面已取得的进展。

13 阅读理解的关键不仅在于"提取答案",还在于"具备常识"

《星际迷航》或许给我们许多人都编织了一个梦想:能够向计算机询问任何事情,并且它可以做出准确、简洁和有用的回应。如果你使用过当今任意一款人工智能语音助手,如 Siri、Alexa、Cortana、Google Now,你就会知道这个梦想还尚未实现——这些系统并不能理解我们所问的问题的含义。

虽然计算机目前已经可以准确地转述我们的请求,但我们的终极目标是:让计算机真正理解我们所问的问题的含义。这本质上是一种阅读理解任务,但目前计算机其实并不能完全读懂一个特定文本中字里行间的意思,也无法做到真正的推理,比起阅读理解,计算机能做到的应该叫"答案提取"。答案提取对机器来说是一项很有用的技能,事实上,答案提取也正是 Alexa、Siri 以及其他数字助理软件所需要做的:将接收到的问题转换为一个搜索引擎查询序列,然后从搜索结果中提取答案。

"提问-回答"的话题一直是自然语言处理研究的一个重点。若想正确回答这些问题,不仅需要答案提取的技能,还需要具备自然语言处理和常识推理的集成能力,以及一些必要的背景知识。尽管深度学习已经在语音识别、语言翻译、情感分析及自然语言处理的其他领域取得了一些非常显著的进展,但人类水平的语言处理能力仍然是一个遥远的目标。

AI 3.0 ○

Artificial Intelligence ○

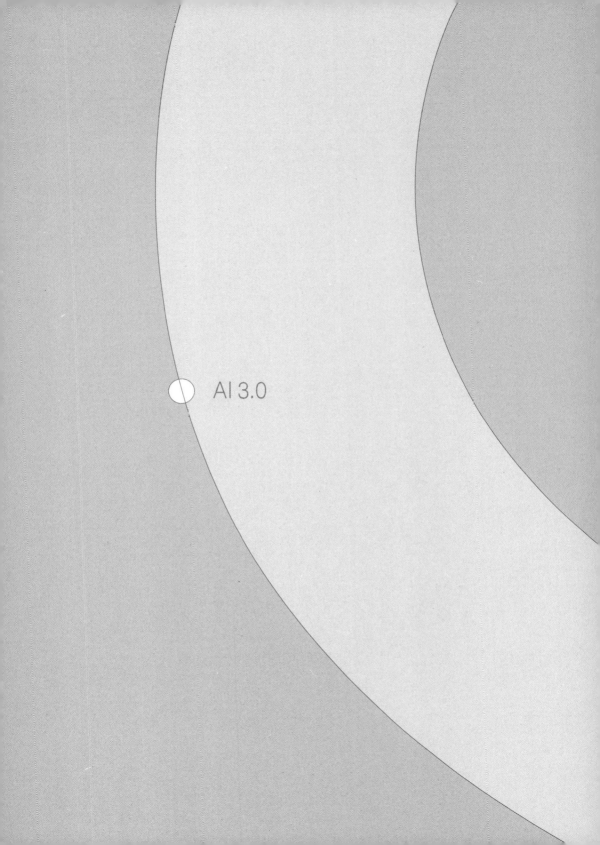

AI 3.0

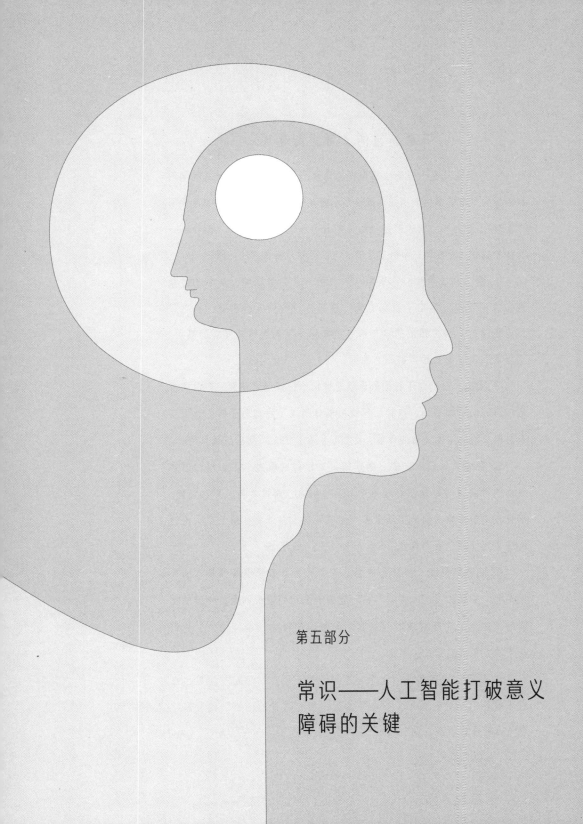

第五部分

常识——人工智能打破意义
障碍的关键

无法逾越的人类智能之火

人类天生具备一些核心知识，就是我们与生俱来的或很早就学习到的最为基本的常识。例如，即便是小婴儿也知道，世界被分为不同的"物体"，而且一个物体的各个组成部分会一起移动，同时，即便某一物体的某些部分在视野中看不见了，它们仍然是该物体的一部分。

1. 直觉　由于我们人类是一种典型的社会型物种，从婴儿时期开始我们逐步发展出了直觉心理：感知并预测他人的感受、信念和目标的能力。直觉知识的这些核心主体构成了人类认知发展的基石，支撑着人类学习和思考的方方面面。

2. 模拟　我们对于我们所遇到的情境的理解包含在我们在潜意识里执行的心智模拟中，这种心智模拟同样构成了我们对于那些我们并未直接参与其中的情境的理解，比如我们看到的、听到的或读到的。

3. 隐喻　我们通过核心物理知识来理解抽象概念。如果物理意义上的"温暖"概念在心理上被激活，例如，通过手持一杯热咖啡，这会激活更抽象、隐喻层面上的"温暖"概念，就像评价一个人的性格的实验那样，反之亦然。

4. 抽象与类比　构建和使用这些心智模型依赖于两种基本的人类本能：抽象和类比。抽象是将特定的概念和情境识别为更一般的类别的能力，类比在很多时候是我们无意识的行为，这种能力是我们抽象能力和概念形成的基础。

5. 反思　人类智能的一个必不可少的方面，是感知并反思自己的思维能力，这也是人工智能领域近来很少讨论的一点。在心理学中，这被称作"元认知"。

14

正在学会"理解"的人工智能

"我想知道人工智能是否以及何时能打破通向意义的障碍。"[1]每次在思考人工智能的未来时，我就会回想起由数学家兼哲学家吉安－卡洛·罗塔提出的这个问题。"意义的障碍"（barrier of meaning）这一短语完美地捕捉到了贯穿于全书的一个思想：**人类能够以某种深刻且本质的方式来理解他们面对的情境，然而，目前还没有任何一个人工智能系统具备这样的理解力。**

尽管当前最先进的人工智能系统在完成某些特定的细分领域的任务上拥有比肩人类的能力，甚至在某些情况下的表现已经超越人类，但这些系统都缺乏理解人类在感知、语言和推理上赋予的丰富意义的能力。这一理解力的缺乏主要表现在以下方面：非人类式错误、难以对所学到的内容进行抽象和迁移、对常识的缺乏、面对对抗式攻击时所呈现出的脆弱性等。人工智能和人类水平智能之间的"意义的障碍"至今仍然存在。

在本章中，我将带你简要探究各领域的专家学者现在如何看待人类理解所涉及的内容，这些专家学者主要包括心理学家、哲学家和人工智能研究人员。下一章将描述在人工智能系统中，为使其获取人类理解方式构成要素，研究人员所做的一些重要工作。

理 解 的 基 石

想象你正驾车行驶在一条拥挤的城市街道上，当前的交通灯是绿灯，并且你正准备右转，前方却出现如图 14-1 所示的情境。作为一个人类驾驶员，你需要具备哪些认知能力来理解这一情境呢？[2]

让我们从头开始说。人类天生具备一些核心知识[3]，就是我们与生俱来的或很早就学习到的最为基本的常识。例如，即便是小婴儿也知道，世界被分为不同的"物体"，而且一个物体的各个组成部分会一起移动，同时，即便某一物体的某些部分在视野中看不见了，它们仍然是该物体的一部分，例如，图 14-1 中婴儿车后那位行人的脚。这就是一种不可或缺的常识！但是，即使给一个 ConvNets 大量的照片或视频数据来进行训练，它也未必能学会这些常识。

图 14-1 你在开车时可能会遇到的一种情况

孩提时代，我们人类学习了大量关于世界上的物体如何运转的知识，在我们成年后，就完全将其视为理所当然，甚至意识不到自己具备这些知识。如果你推一个物体，它就会向前移动，除非它太重或者受到其他物体的阻挡；如果你扔下一个物体，它会落下，然后在接触到地面时会停住、弹起来或者破裂；如果你把一个较小的物体放在一个较大的物体后面，较小的那个就会被遮住；如果你把一个物体放在桌上然后将目光移开，那么除非有人故意移动该物体或者该物体能自行移动，否则当你看回来时，该物体仍将停留在原处。我们可以举出很多类似的例子。其中，非常关键的一点是：婴儿会发展出自己对世界上的因果关系的洞察力。例如，当有人推一个物体时，就像图 14-1 中的女士推着婴儿车，婴儿车的移动并非因为巧合，而是有人推它。

心理学家为此创造了术语"直觉物理学"（intuitive physics）来描述人类对物体及其运转规则所具有的基本知识。当还是孩童的时候，我们还发展出了"直觉生物学"（intuitive biology）的概念，用以区分生命体和非生命体。例如，任何一个小孩都明白，与婴儿车不同，图 14-1 中的狗能够自主移动或拒绝移动。我们有这样的直觉：狗和人类一样能听能看，它将鼻子贴在地面上是为了嗅某些东西。

由于我们人类是一种典型的社会型物种，从婴儿时期开始我们逐步发展出了直觉心理：感知并预测他人的感受、信念和目标的能力。例如，你能够从图 14-1 中了解到以下信息：图中的女士想要与她的孩子和狗一起穿过马路；她不认识迎面走来的男士，也不害怕他；她的注意力正集中在手机通话上；她希望同行的车辆能够为她让道，以及当她注意到车辆与她相距太近时，她会感到吃惊和害怕。

直觉知识的这些核心主体构成了人类认知发展的基石，支撑着学习和思考的方方面面。例如，我们能够从少数案例中学习到新的概念，并进行泛化，因此，我们才拥有了快速理解类似于图 14-1 中所示的情境并决定采取何种应对措施的能力。[4]

预测可能的未来

理解任何情况，其本质是一种能够预测接下来可能会发生什么的能力。在图 14-1 的情境下，你预测正在过马路的人会继续朝着他们原来的方向行走；图中的女士将继续推着婴儿车、牵着狗，同时拿着手机。你也会预测：这位女士会拉一下狗绳，而那条狗会反抗，并想继续探索那个地方的气味，这位女士会更使劲儿地拉狗绳，然后这条狗会跟在她身后，走到马路上。如果你正在开车，你就需要为此做好准备！在一个更基本的层面上，你一定是希望女士的鞋子待在她脚上，头待在身体上，道路还固定在地面上。你预测那位男士会从婴儿车后面走出来，并且他将会有腿、脚和鞋子，这些会支撑着他站在路上。简而言之，你拥有心理学家所说的关于世界之重要方面的"心智模型"，这个模型基于你掌握的物理学和生物学上的事实、因果关系和人类行为的知识。这些模型表示的是世界是如何运作的，使你能够从心理上模拟相应的情况。神经科学家还不清楚这种心智模型或运行在其之上的心智模拟，是如何从数十亿相互连接的神经元的活动中产生的。一些著名的心理学家提出：一个人对概念和情境的理解正是通过这些心智模拟来激活自己之前的亲身经历，并想象可能需要采取的行动。[5]

心智模型不仅能够让你预测在特定情况下可能会发生什么，还能让你想象如果特定事件发生将会引发什么。例如，如果你按车喇叭或从车窗向外大喊"从路上让开！"，这位女士可能会吓一跳，并将注意力转向你；如果她绊了一下，鞋子掉了，她会弯腰把鞋子穿上；如果婴儿车里的婴儿开始哭闹，她会看一眼出了什么事情。想要理解一个情境，其关键在于要能够利用心智模型来想象不同可能的未来。[6]

理解即模拟

心理学家劳伦斯·巴斯劳（Lawrence Barsalou）是"理解即模拟"（understanding as simulation）假说最为知名的支持者之一。在他看来，我们对于我们所遇到的情境的理解包含在我们在潜意识里执行的心智模拟中。此外，巴斯劳提出，这种心智模拟同样构成了我们对于那些我们并未直接参与其中的情境的理解，比如我们看到的、听到的或读到的。巴斯劳写道："当人们理解一段文本时，他们构建模拟来表征其感知、运动和情感等内容。模拟似乎是意义表达的核心。"[7]

我可以轻易地想象出这样一个场景——一位女士在打着电话过马路时发生了车祸，并且通过我对这一情境的心智模拟来理解这件事。我可能会把自己弋入这位女士的角色中，并通过我的心智模型所做的模拟来想象，我拿着手机、推着婴儿车、牵着狗绳、过马路、受到干扰等分别是什么感受。

对于像"真相""存在""无限"等这类非常抽象的概念，我们是如何理解的呢？巴斯劳和他的同事们几十年来一直主张：即便是最为抽象的概念，我们也是通过对这些概念所发生的具体场景进行心智模拟来理解的。

根据巴斯劳的观点，我们使用对感觉－运动（sensory-motor）状态的重演（即模拟）来进行概念处理，并以此来表征其所属类别，即使是对最抽象的概念也是如此[8]。令人惊讶的是（至少对我来说）：这一假说最具说服力的证据采自对隐喻的认知研究①。

---

① 最近十几年的研究发现，人们常借助感觉－运动经验来理解具体概念，表明感觉－运动系统与语言系统存在紧密联系。隐喻是借助具体概念描述抽象概念的常见修辞方式，因此，探讨感觉－运动系统在隐喻理解中的作用有助于解决抽象概念形成与理解的科学问题，进一步阐明感觉－运动系统与语言系统的关系。——译者注

我们赖以生存的隐喻

很久以前，在一堂英语课上，我学习了"隐喻"的定义，其大致内容如下：

隐喻是一种以并不完全真实的方式来描述一个物体或动作，但有助于解释一个想法或做出一个比较的修辞手法……隐喻经常应用在诗歌等文学体裁上，以及人们想要为其语言增添一些文采的时候[9]。

我的英语老师给我们列举了一些隐喻的例子，包括莎士比亚最著名的诗句：

"那边窗户里亮起的是什么光？那是东方，朱丽叶就是太阳。"

"人生不过是一个行走的影子，一个舞台上指手画脚的拙劣的伶人，登场片刻，就在无声无息中悄然退下。"

我当时的认识是：隐喻只不过是用来为原本平淡无奇的作品增添一些文采罢了。

许多年后，我读了由语言学家乔治·莱考夫（George Lakoff）[①] 和哲学家马克·约翰逊（Mark Johnson）合著的《我们赖以生存的隐喻》（*Metaphors We Live By*）[10] 一书，之后，我对隐喻的理解完全改变了。莱考夫和约翰逊的观点是：不仅仅是我们的日常语言中充斥着我们意识不到的隐喻，我们对基本上所有抽象概念的理解都是通过基于核心物理知识的隐喻来实现的。莱考夫和约翰逊引用了大量的语言示例来证明他们的论点，展示了我们如何用具体的物理概念来概念化诸如时间、爱、悲伤、愤怒和贫穷等抽象概念。

---

① 莱考夫的著作《别想那只大象》旨在阐明这样一个观点："隐喻"和"框架"是控制话语权的两大利器，让我们在话语角力中抢占高地、达成自己的目的，还可以让我们变得不那么容易被引导、操纵和煽动。本书的中文简体字版已由湛庐策划，浙江人民出版社2020 年出版。——编者注

例如，莱考夫和约翰逊指出，我们会使用具体的概念，如金钱，来谈论抽象的概念，如时间。例如，我们经常会说：你"花费"或"节省"时间；你经常没有足够的时间来"花费"；有时你"花费"的时间是"值得的"，而且你已经合理地"使用"了时间；你可能认识一个在"借用的时间"① 里活着的人。

类似地，我们还会将诸如快乐和悲伤等情绪状态概念化为物理学中的方向的概念，如"上"和"下"。例如，我们会说：我可能会"情绪低落"并"陷入沮丧"；我的心情可能会"一落千丈"；我的朋友经常让我"提起精神"，或者让我"情绪高涨"。

更进一步说，我们通常使用物理学中温度的概念来对社会交往概念化，比如，"我受到了热烈的欢迎""她冷冰冰地凝视着我""他对我不冷淡"。这些说法是如此根深蒂固，以至于我们根本没有意识到自己在以隐喻的方式讲话。莱考夫和约翰逊提出的这些隐喻揭示了我们对概念进行理解的物理基础这一主张，支持了巴斯劳的人们通过构建源自我们核心知识的心智模型的模拟来进行理解的理论。

心理学家通过许多有趣的实验探讨了上述想法。一组研究人员指出：不管一个人感受到的是身体上的温暖还是社交上的"温暖"，激活的似乎都是大脑的相同区域。为了研究这种可能的心理影响，研究人员对一组志愿者进行了接下来的实验。每位被试都由一名实验人员陪同经过一段较短的电梯行程前往心理学实验室。在电梯里，实验人员请被试拿一杯热咖啡或者冰咖啡几秒钟，以方便实验人员记录被试的名字，而被试并不知道这实际上是实验的一部分。进入实验室之后，每位被试需要阅读关于同

---

① 借用的时间，指超过预期的寿命。——译者注

一个虚构人物的一段简短描述，然后被要求评价该人物某些性格特征。结果表明：在电梯中拿过热咖啡的被试对该人物的评价明显比拿冰咖啡的被试的评价更让人感到温暖[11]。

其他研究人员也发现了类似的结果。此外，物理和社交范畴的"温度"之间这一连接的反向似乎也成立。其他研究组的心理学家发现："温暖"或"寒冷"的社交经历也会导致被试感受到物理层面的温暖或寒冷[12]。

尽管这些实验及其解释在心理学领域仍然存在争议，但其结果可被理解为支持了巴斯劳、莱考夫和约翰逊的观点：我们通过核心物理知识来理解抽象概念。如果物理意义上的"温暖"概念在心理上被激活，例如，通过手持一杯热咖啡，这也会激活更抽象、隐喻层面上的"温暖"概念，就像评价一个人的性格的实验那样，并且反之亦然。

抛开意识来谈理解是困难的。当我开始写这本书的时候，我打算完全回避意识的问题，因为它从科学角度来讲是如此充满争议，但不知为何，我仍然对一些意识方面的猜测很感兴趣。如果我们对概念和情境的理解是通过构建心智模型进行模拟来实现的，那么，也许意识以及我们对自我的全部概念，都来自我们构建并模拟自己的心智模型的能力。我不仅能在心智上模拟打着电话过马路的情境，还能在心智上模拟自己的这种想法，并预测自己接下来可能会想什么，也就是说，我们有一个关于自己心智模型的模型。为模型建构模型，模拟我们的模拟——为什么不可以呢？就像对温暖的物理感知，能够激活对温暖的隐喻感知，并且反之亦然，我们拥有的与物理感觉相关的概念可能会激活关于自我的抽象概念，后者通过神经系统的反馈，产生一种对自我的物理感知，你也可以将这里的"自我"称为意识。这种循环因果关系类似于侯世达所说的意识的"怪圈"："符号和物理层面相互作用，并颠倒了因果关系，符号似乎拥有了自由意志，并获得了推动粒子运动的自相矛盾的能力。"[13]

抽象与类比，构建和使用我们的心智模型

到目前为止，我从心理学角度描述了人类与生俱来的，或在生命早期获得的核心直觉知识，以及这些知识如何成为构建了我们的各种观念的心智模型的基础。构建和使用这些心智模型依赖于两种基本的人类本能：抽象和类比。

抽象是将特定的概念和情境识别为更一般的类别的能力。让我们把抽象这一概念描述得更加具体些。假设你是一位家长，同时又是一位认知心理学家，为方便表述，让我们把你的孩子称作"S"。在你观察 S 成长的过程中，你通过写日记来记录她日益增长的、复杂的抽象能力。下面，我来设想一下这些年来你可能会记下的一些内容。

3 个月：S 能够区分我表达快乐和悲伤的面部表情，并将其泛化到其他与之交流的不同的人身上。她已经抽象出了"一张快乐的脸庞"和"一张悲伤的脸庞"的概念。

6 个月：S 现在能够在人们向她挥手告别时识别出其含义了，并且她能够挥手回应。她抽象出了"挥手"的视觉概念，同时学会了如何使用相同的手势做出回应。

18 个月：S 已经抽象出了"猫"和"狗"，以及许多其他类别的概念，因此，她能够在图片、绘画和动画片，以及现实生活中识别各种不同种类的猫和狗了。

3 岁：S 可以从不同人的手写字迹和印刷字体中识别出字母表中的单个字母了。另外，她还能区分大小写字母，总之，她对与字母相关概念的抽象已经相当高级了！此外，她还将自己对胡萝卜、西兰花、菠菜

等的知识归纳为更抽象的概念——蔬菜，而且现在她将蔬菜等同于另一个抽象概念——难吃的。

8 岁：我无意中听到 S 最好的朋友 J 告诉 S，有一次 J 的妈妈在她足球比赛后忘了去接她。S 回应说："嗯，在我身上也发生过完全相同的事情。我猜你一定很生气，而你妈妈觉得非常愧疚。"然而，这个"完全相同的事情"实际上是一个相当不同的情境：S 的保姆忘记去学校接她，并忘记带她去上钢琴课。当 S 说"在我身上发生过完全相同的事情"时，很明显她已经构建了一个抽象的概念，类似于一个看护人忘记在某个活动之前或之后接送孩子的情境。她还能够将自己的经验映射到 J 和 J 的母亲身上，来预测她们肯定会有的反应。

13 岁：S 成长为一个叛逆的青少年。我反复要求她打扫她自己的房间。今天她对我喊道："你不能逼迫我！亚伯拉罕·林肯解放了奴隶！"我很生气，主要原因在于她使用了不恰当的类比。

16 岁：S 对音乐的兴趣日渐浓厚。我们俩喜欢在车里玩一个游戏：我们打开一个古典音乐电台，看谁能更快地猜出某段音乐的作曲人或年代。在这方面仍然是我更擅长，但是 S 在识别某种音乐风格的抽象概念方面做得越来越好。

20 岁：S 给我发了一封关于她大学生活的长长的电子邮件。她把自己的一周描述为"一个学习'松'，紧跟着一个吃饭'松'和一个睡觉'松'"（a study-a-thon, followed by an eat-a-thon and a sleep-a-thon）。她说，大学正在把她变成一个"咖啡瘾君子"（coffeholic）。S 可能甚至都没意识到这点，但她的信息提供了在语言中常见的一种抽象形式的几个很好的案例：通过添加表示抽象情境的后缀来形成新单词。添加的"a-thon"源于"marathon"（马拉松），表示长度过长或数量过大的活动；添加的"holic"源于"alcoholic"（酒鬼），表示"沉迷于"。[14]

26 岁：S 从法学院毕业，进入了一家知名的律师事务所。她最近的客户（被告）是一家提供公共博客平台服务的互联网公司，该公司被一名男子（原告）以诽谤罪起诉，因为该公司平台上的一名博主撰写了关于原告的诽谤性言论。S 向陪审团提出的观点是：博客平台就像一堵各种人选择在上面"涂鸦"的"墙"，而这家公司只是这堵墙的所有者，因此不应对内容承担责任。陪审团认同她的观点，做出了有利于被告的审判。这是她在法庭上的第一次大胜！[15]

我提及这一想象出来的家长日记的目的是，阐述一些关于抽象和类比的重要观点。从某种形式上来说，抽象是我们所有概念的基础，甚至从最早的婴儿时期就开始了。像是在不同的光照条件、角度、面部表情以及不同的发型等条件下识别出母亲的面庞，这样简单的事情，与识别一种音乐风格，或是做出一个有说服力的法律上的类比，是同样的抽象的壮举。正如上面的日记所表明的：我们所谓的感知、分类、识别、泛化和联想都涉及我们对所经历过的情境进行抽象的行为。

抽象与"做类比"（analogy making）密切相关。侯世达几十年来一直研究抽象和做类比，在一种非常一般的意义上将做类比定义为：对两件事之间共同本质的感知[16]。这一共同的本质可以是一个命名的概念，如"笑脸""挥手告别'"猫""巴洛克风格的音乐"，我们将其称为类别；或在短时间创造的难以用语言进行表达的概念，如一个看护者忘记在活动之前或之后接送孩子，或一个并不对公共写作空间中用户创作的内容承担责任的所有者，我们将其称为类比。这些心理现象是同一枚硬币的两面。在某些情况下，诸如"同一枚硬币的两面"的想法是从一个类比起步，但最终以习语的形式融入我们的词汇中，这使得我们更像是将其当作一个类别来对待。

简而言之，类比在很多时候是我们无意识地做出来的，这种能力是我们抽象能力和概念形成的基础。正如侯世达和他的合著者、心理学家伊曼纽尔·桑德尔（Emmanuel Sander）在《表象与本质》中所阐述的："没有概念就没有思想，没有类比就没有概念。"[17]

在本章中，我从心理学领域近期的研究中概括了一些观点，这些研究主要是关于人类在面对其所遇到的情境时适当理解和行动所遵循的心理机制。我们拥有的核心知识，有些是与生俱来的，有些是在成长过程中学到的。我们的概念在大脑中被编码为可运行（即模拟）的心智模型，以预测在各种情境下可能发生的事情，或者给定任一我们能想到的变化之后可能会发生什么。我们大脑中的概念，从简单的词语到复杂的情境，都是通过抽象和类比习得的。

我当然不是说抽象和类比涵盖了人类理解的所有组成部分。事实上，很多人已经注意到"理解"和"意义"等术语只是我们用来当作占位符的定义不明的术语，更不用说意识了，因为目前我们还没有用来讨论大脑中究竟发生了什么的准确的语言或理论。人工智能的先驱马文·明斯基这样说道："尽管近代科学出现了一些思想萌芽，使得'believe'（相信）、'know'（知道）、'mean'（意味着）这样的词语在日常生活中变得很常用，但严格来说，它们的定义似乎太过粗糙，以至于无法支撑强有力的理论……就如同目前的'self'（自我）或'understand'（理解）这样的词语对我们而言一样，它们尚处于通往更完善的概念的起步阶段。"明斯基继续指出："我们对这些概念的混淆，源于传统思想不足以解决这一极度困难的问题……我们现在还处在关于心智的一系列概念的形成期。"[18]

直到最近，关于何种心智机制使得人们理解世界，以及机器是否也能拥有这样的机制的研究，几乎无一例外是所有哲学家、心理学家、神经科学家和具有理论头脑的人工智能研究人员所关注的领域。他们已经就这些问题进行了数十年，甚至数个世纪的学术辩论，但却很少关注其对现实世界的影响。正如我在前几章中所描述的那样，缺乏像人类那样的理解能力的人工智能系统现在正被广泛应用于现实世界中。突然之间，曾经一度仅仅是学术探讨的问题，开始在现实世界中变得愈发重要了。为了可靠、稳定地完成其工作，人工智能系统需要在多大程度上拥有像人类那样的理解能力？或达到多大程度上的近似？没有人知道答案，但人工智能领域的研究者都认同这样的观点：掌握核心常识以及复杂的抽象和类比能力，是人工智能未来发展不可或缺的重要一环。在下一章中，我将描述为机器赋予这些能力的一些方法。

本章要点

14 理解力是一种预测力，而预测力与我们的经历息息相关

我们都拥有心理学家所说的关于世界的重要方面的"心智模型"，这个模型基于的是我们掌握的物理学和生物学上的事实、因果关系和人类行为的知识，并揭示了世界是如何运作的。心智模型不仅能够使你预测在特定情况下可能会发生什么，还能让你想象如果特定事件发生将会引发什么。

我们通过核心物理知识来理解抽象概念。如果物理意义上的"温暖"概念在心理上被激活，例如，通过手持一杯热咖啡，这也会激活更抽象、隐喻层面上的"温暖"概念。如果我们对概念和情境的理解是使用心智模型来进行模拟的，那么，也许意识以及我们对自我的全部概念，都来自我们构建并模拟自己的心智模型的能力。

我们拥有的与物理感觉相关的概念可能会激活关于自我的抽象概念，后者通过神经系统的反馈，产生一种对自我的物理感知，你也可以将这里的"自我"称为意识。这种循环因果关系类似于侯世达所说的意识的"怪圈"："符号和物理层面相互作用，并颠倒了因果关系，符号似乎拥有了自由意志，并获得了推动粒子运动的自相矛盾的能力。"我们所谓的感知、分类、识别、泛化和联想都涉及我们对所经历过的情境进行抽象的行为。

15

知识、抽象和类比，赋予人工智能核心常识

自 20 世纪 50 年代以来，人工智能领域的研究探索了很多让人类思想的关键方面，如核心直觉知识、抽象与做类比等，融入机器智能的方法，以使得人工智能系统能够真正理解它们所遇到的情境。在本章中，我将描述在这些方向上取得的一些成果，其中也包括我自己在过去和现在的一些研究。

让计算机具备核心直觉知识

在人工智能发展的早期阶段，机器学习和神经网络还尚未在该领域占主导地位，那时候，人工智能研究人员还在人工地对程序执行任务所需的规则和知识编码，对他们来说，通过"内在建构"的方法来捕获足够的人类常识以在机器中实现人类水平的智能，看起来是完全合理的。

坚持为机器人工编写常识的最著名和持续时间最久的是道格拉斯·雷纳特（Douglas Lenat）的"Cyc"项目。雷纳特当时是斯坦福大学人工智能实验室的一名博士生，后来晋升为该实验室的教授，由于开发了模拟人类发明新概念（特别是在数学领域）的程序，他在 20 世纪 70 年代人工智能领域的研究群体中赢得了名声[1]。经过对这一课题 10 多年的研究，雷纳特得出了一个结论：要想令人工智能实现真正

进步，就需要让机器具备常识。因此，他决定创建一个庞大的关于世界的事实和逻辑规则的集合，并且使程序能够使用这些逻辑规则来推断出它们所需要的事实。1984年，雷纳特放弃了他的学术职位，创办了一家名为"Cycorp"的公司来实现这一目标。

"Cyc"这一名字意指唤醒世界的"百科全书"（encyclopedia），但与我们所熟知的百科全书不同，雷纳特的目标是让 Cyc 涵盖人类拥有的所有不成文的知识，或者至少涵盖足以使人工智能系统在视觉、语言、规划、推理和其他领域中达到人类水平的知识。

Cyc 是我在第 01 章中描述过的那种符号人工智能系统——一个关于特定实体或一般概念的论断的集合，使用一种基于逻辑的计算机语言编写而成。以下是一些 Cyc 中的论断的例子[2]:

- 一个实体不能同时身处多个地点。

- 一个对象每过一年会老一岁。

- 每个人都有一个女性人类母亲。

Cyc 还包含很多用于在论断上执行逻辑推理的复杂算法。例如，Cyc 可以判定如果我在波特兰，那么我就不在纽约，因为我是一个实体，波特兰和纽约都是地点，而一个实体不可能同时出现在多个地点。Cyc 还有大量的方法来处理其集合中出现的不一致或不确定的论断。

Cyc 的论断由 Cycorp 的员工手动编码，或由系统从现有的论断出发，通过逻辑推理编码到集合中。[3]那么究竟需要多少论断才能获得人类的常识呢？在 2015 年的一次讲座中，雷纳特称目前 Cyc 中的论断数量为 1 500 万，并猜测说:"我们目前大概拥有了最终所需的论断数量的 5% 左右。"[4]

　　Cyc 背后的基本理念与人工智能领域早期的专家系统有很多共同之处。你可能还记得我在第 02 章中对 MYCIN 医学诊断专家系统的讨论。MYCIN 的开发人员会通过对医学专家（医生）的访谈，来获知系统用于诊断的规则。然后，开发人员会将这些规则转换为基于逻辑的计算机语言，使得系统可执行逻辑推理。在 Cyc 中，专家是指人工将他们关于世界的知识转化为逻辑语句的人。Cyc 的知识库比 MYCIN 的要大得多，Cyc 的逻辑推理算法也更复杂，但这些项目有相同的核心理念：智能可通过在一个足够广泛的显性知识集合上运行人类编码的规则来获取。在当今由深度学习主导的人工智能领域内，Cyc 是仅存的大规模符号人工智能的成果之一。[5]

　　有没有这样一种可能：只要付出足够多的时间和努力，Cycorp 的工程师就真的能成功地获取全部或足够多的人类常识，不管这个"足够多"具体是多少？我对此保持怀疑。比如，很多处于我们潜意识里的知识，我们甚至不知道自己拥有这些知识，或者说常识，但是它们是我们人类所共有的，而且是在任何地方都没有记载的知识。这包括我们在物理学、生物学和心理学上的许多核心直觉知识，这些知识是所有我们关于世界的更广泛的知识的基础。如果你没有有意识地认识到自己知道什么，你就不能成为向一台计算机明确地提供这些知识的专家。

　　此外，正如我在前一章中所指出的：我们的常识是由抽象和类比支配的，如果没有这些能力，我们所谓的常识就不可能存在。我认为：Cyc 无法通过其大量事实组成的集合和一般逻辑推理来获得与人类拥有的抽象和类比能力相类似的技能。

　　在我撰写本书时，Cyc 已经走进了它的第四个十年。Cycorp 及其子公司 Lucid 都在通过为企业提供一系列定制化的应用来实现 Cyc 的商业化，公司的网站有众多成功案例：Cyc 在金融、油气开采、医药和其他特定领域的应用。在某些方面，Cyc 的发展轨迹与 IBM 的沃森很相似：也是以充满远大前景和雄心壮志的基础人工智能研究为开端，辅以一系列夸张的营销声明，例如，宣称 Cyc 给计算机带来了类似于人类的理解和推理的能力[6]，但其关注的领域却是狭隘的而非通用的，并且关于系统的实际表现和能力也很少向公众透露。

到目前为止，Cyc 还没有对人工智能的主流研究产生太大的影响。此外，一些人工智能研究人员尖锐地批评了这一项目。例如，华盛顿大学的人工智能教授佩德罗·多明戈斯（Pedro Domingos）评价 Cyc 是"人工智能历史上最臭名昭著的失败案例"[7]；麻省理工学院的机器人专家罗德尼·布鲁克斯稍微友善那么一点点，他说："尽管 Cyc 是一次英勇的尝试，但它并未使得人工智能系统能够掌握对世界哪怕是一丁点儿简单的理解。"[8]

如果把那些我们在婴幼儿时期就学到的，构成了我们所有概念之基础的关于世界的潜意识知识，都输入计算机，那会怎么样？例如，我们是否可以教一台计算机关于物体的直觉物理学？多个研究团队已接受这一挑战，并正在构建能学习一些关于世界因果物理关系的知识的人工智能系统。他们的方法是从视频、电子游戏或其他类型的虚拟现实中进行学习[9]。这些方法虽然很有趣，但目前为止只是朝着开发直觉核心知识方面迈出了一小步——与真实的婴儿所知道的相比[①]。

当深度学习开始展示其一系列非凡的成功时，不管是人工智能领域的内行还是外行，大家都乐观地认为我们即将实现通用的、人类水平的人工智能了。然而，正如我在本书中反复强调的那样，随着深度学习系统的应用愈加广泛，其智能正逐渐露

---

① 此处原文直译为"像婴儿那样探索着迈出步子"，表示朝着……迈出的一小步。此处为双关语，表示这些工作还处在非常早期的阶段，就像婴儿一样，同时表示他们取得了与婴儿阶段相比很小的进步。——译者注

出"破绽"。即便是最成功的系统，也无法在其狭窄的专业领域之外进行良好的泛化、形成抽象概念或者学会因果关系。[10]此外，它们经常会犯一些不像人类会犯的错误，以及在对抗样本上表现出的脆弱性都表明：它们并不真正理解我们教给它们的概念。关于是否可以用更多的数据或更深的网络来弥补这些差距，还是说有某些更基本的东西被遗失了，人们尚未达成一致意见。[11]

我在最近发生的一些事中看到了这样一种转变：**人工智能领域再一次越来越多地讨论关于赋予机器常识的重要性。**2018 年，微软联合创始人保罗·艾伦将其创立的艾伦人工智能研究所的研发预算增加了一倍，专门用于研究常识。政府资助机构也正对此采取行动，美国最主要的人工智能研究资助机构之一——美国国防部高级研究计划局公布了为人工智能常识研究提供大量资助的计划，计划中写道：'当前的机器推理仍然是狭隘且高度专业化的，大范围、常识性的机器推理仍然是难以达到的。这项资助计划将创建更类似人类的知识表征，例如，基于感知的表征，从而使得机器能够对物理世界和时空现象进行常识性推理。"[12]

形成抽象，理想化的愿景

"建构抽象"是我在第 01 章中描述过的 1956 年达特茅斯人工智能计划中列出的人工智能的关键能力之一。然而，使机器形成类似于人类的概念化抽象能力仍然是一个悬而未决的问题。

抽象和类比正是最初吸引我进入人工智能研究领域的课题。当我遇到一组名为邦加德问题（Bongard problems）的视觉谜题时，我的兴趣突然被点燃了。这些谜题是由俄罗斯计算机科学家米哈伊尔·邦加德（Mikhail Bongard）设置的，他在1967 年出版了一本名为《模式识别》（*Pattern Recognition*）[13]的俄文书。这本书描述的是邦加德关于一个类似感知器的视觉识别系统的提案，但该书中最具影响力的部分却是它的附录，其中邦加德为人工智能程序提供了 100 个谜题作为挑战。图 15-1 给出了选自邦加德题集的 4 个问题。[14]

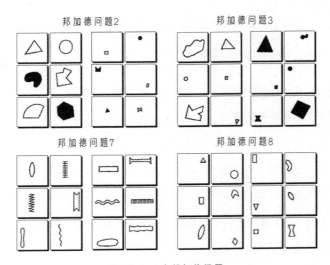

图 15-1　4 个邦加德问题

注：对于每个问题，其任务是判定哪些概念可以用来区分左侧的 6 个框与右侧的 6 个框中的内容。例如，对邦加德问题 2，其对应概念是"大"与"小"。

　　每个问题由 12 个方框组成：左右两侧各 6 个。每个问题左侧的 6 个方框举例说明其具有相同的某一个概念；右侧的 6 个方框举例说明了与之相关的另一个概念，这两个概念可以完美地区分这两个集合，问题的关键在于找到这两个概念。例如，在图 15-1 中表示的概念按顺时针顺序分别是：大与小；白色的与黑色的（或未填充与填充）；靠右侧与靠左侧；垂直与水平。

　　图 15-1 中的问题相对容易解决。实际上，邦加德大致按照预测的难度对这 100 个问题进行了排序。为了增添一些乐趣，图 15-2 是从题集后面节选的 6 个额

外的问题，我将在下面的叙述中给出答案。

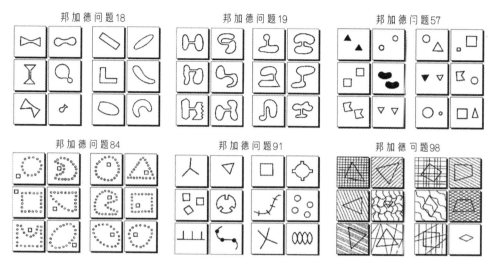

图 15-2 6 个额外的邦加德问题

邦加德精心设计了这些谜题，使得它们的解决方案要求人工智能系统具备与人类在现实世界中所需的同样的抽象和类比能力。在一个邦加德问题中，你可以将 12 个方框中的每一个视为一个微型的、理想化的情境：一个展示了不同的对象、属性及其关系的情境。左侧 6 个方框表示的情境具有一个共性（例如，大）；右侧 6 个方框表示的情境具有一个与之相对的共性（例如，小）。并且在邦加德问题中，识别一种情境的本质有时是很微妙的，正如在现实生活中一样。就如心理学家罗伯特·弗伦奇（Robert French）所说的，抽象和类比都在于感知共性的微妙之处 [15]。

为发现这种微妙的共性，你需要确定情境中的哪些属性是相关的 而哪些可以忽略掉。在问题 2 中（见图 15-1），一个图形是黑色还是白色，或者位于框中的什么位置，以及其形状是三角形、圆形还是其他，这些都无关紧要，图形的大小是此处唯一重要的属性。当然，大小也并不总是重要的，比如，在图 15-1 中的其他问题里，大小这种属性就是无关的。我们人类是如何快速地识别相关属性的呢？我们怎么才能让机器做同样的事情？

为了给机器一些更难的挑战，相关的概念可以用一种抽象的、难以感知的方式来编码，如问题 91（见图 15-2）中的概念 "3" 和 "4"。在某些问题中，一个人工智能系统要弄清楚什么才能算作一个概念可能并不容易，像在问题 84（见图 15-2，"在外面" 与 "在里面"）中其相关对象由更小的对象（圆圈）组成，而在问题 98（见图 15-2）中，对象甚至被伪装了：人类很容易看出来这些是什么图案，但对机器而言却很难，因为机器很难区分前景和背景。

邦加德问题也挑战了人类迅速感知新概念的能力，问题 18（见图 15-2）是一个很好的例子。在这个问题中，左侧方框中的通识概念很难用语言表达，它就像是具有一个收缩的或类似于人类颈部的对象，但即便你在此之前从未想到过任何与之类似的对象，你也能在问题 18 中快速识别出来。类似地，在问题 19（见图 15-2）中，有一个新概念：左边是一个类似水平颈部的对象，而右边是一个具有垂直颈部的对象。抽象化新的、难以描述的概念真的是人类非常擅长的事情，但目前所有的人工智能系统都无法以任何通用的方式做到这点。

邦加德的书，在 1970 年出版过英文版本，非常晦涩难懂，并且最初只有很少的人知晓其存在。侯世达于 1975 年偶然发现了这本书，并且对附录中的 100 个邦加德问题印象深刻，后来，他在自己的著作 "GEB" 中用了很长的篇幅讲述了这些问题，我也是从 "GEB" 中第一次看到它们。

从小时候起，我就一直很喜欢谜题，尤其是涉及逻辑或模型的。当我阅读 "GEB" 时，我对邦加德问题尤其着迷。我对侯世达在 "GEB" 中描述的关于如何以模拟人类感知和做类比的方式来创建一个能解决邦加德问题的程序也很感兴趣。很可能是从阅读到那部分内容的那一刻起, 我决定成为一名人工智能领域的研究人员。

许多人也同样被邦加德问题迷住了, 一些研究人员已经创建了用来解决这些问题的人工智能程序, 其中大多数都简化了假设, 例如, 限制可被允许出现的图形形状和形状关系集合, 或者完全忽略了视觉方面而仅从一个人工创建的图像描述开始。每一个程序都能够解决特定问题的一个子集, 但还没有人表示它们的方法可以像人类那样进行泛化。[16]

鉴于 ConvNets 在对象分类上的表现如此出色（你可以回想下我在第 05 章中描述的盛大的 ImageNet "视觉识别挑战赛" 上 ConvNets 的表现）, 那么, 我们是否可以通过训练这样一个网络来解决邦加德问题呢? 你可以假设将一个邦加德问题建构为 ConvNets 的一种分类问题, 如图 15-3 中所示: 左侧的 6 个方框可以被视为类别 1 中的训练样本, 而右侧的 6 个方框是类别 2 中的训练样本。现在给系统一个新的测试样本, 它应该被归为类别 1 还是类别 2 呢?

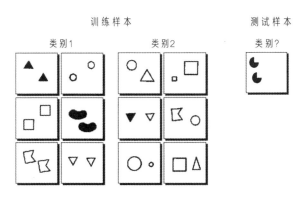

图 15-3 如何将邦加德问题建构为分类问题的一个示例

一个明显的障碍是: 一组只有 12 个训练样本, 这个样本量对训练一个

ConvNet 来说远远不够，即便是 1 200 个可能也不够。邦加德的疑问是：我们人类只用 12 个样本就能轻松识别相关概念，一个 ConvNets 需要多少训练数据才能学会解决一个邦加德问题呢？尽管还没有人系统地研究过如何使用 ConvNets 来解决邦加德问题，但一组研究人员使用类似图 15-3 中的图像，测试了最新的 ConvNets 在"相同 vs 不同"任务上的表现。[17] 测试中，并非使用这 12 个训练图像，而是分别使用 20 000 个类别 1（方框中的图形相同）和类别 2（方框中的图形不同）的样本对 ConvNets 进行训练。训练后，再让每个 ConvNets 在 10 000 个新样本上进行测试，这些新样本都是自动生成的。训练过的 ConvNets 在这些"相同 vs 不同"任务上的表现仅略好于随机猜测，相比之下，由研究人员测试的人类的准确率接近 100%。

简而言之，尽管目前的 ConvNets 非常善于学习识别 ImageNet 中对象的特征，或选择围棋中下一步的走法，但是，它甚至连理想化的邦加德问题中所需要的抽象和类比的能力都尚不具备，更不用说对现实世界中的对象进行抽象和类比了。看来，ConvNets 学到的这些种类的特征，还不足以构建这种抽象能力，就算使用再多训练样本也一样。不单是 ConvNet 不行，任何现有的人工智能系统都不具备人类的这些基本能力。

活 跃 的 符 号 和 做 类 比

在读完"GEB"并决定从事人工智能领域的研究之后，我找到了侯世达，希望能从事一些类似于解决邦加德问题的研究工作。令人开心的是：我最终说服了他，并加入了他的研究团队。侯世达向我解释道，他的团队实际上正在构建一种计算机程序，灵感来自人类如何理解和类比不同情境。当他完成了物理学领域的研究工作后，侯世达坚信，研究一种现象的最好方式就是研究它最理想化的形式，这对于研究人类

是如何做类比的同样适用。人工智能研究中通常使用所谓的"微观世界"（就是一种
理想化的情境，比如邦加德问题），研究人员能够在其中先开发一些想法，再在更复
杂的领域中进行测试。为了研究类比，侯世达甚至构建了一个比邦加德问题更加理想
化的微观世界：关于字符串的类比问题。如下是一个例子：

　　问题 1：假设字符串 abc 改动为 abd，你如何以相同的方式改动字
符串 pqrs？

大多数人的答案是 pqrt，他们推断出这样一条规则："将最右边的字母替换为它
在字母表中的后一个字母。"当然，我们还有可能会推断出一些其他规则，从而产生
不同的答案。这里有几个可替代的答案：

　　pqrd：用 d 替换最右边的字母。

　　pqrs：用 d 替换所有 c，pqrs 中没有 c，所以不做任何变动。

　　abd：用字符串 abd 替换任何字符串。

这些可替代答案可能看起来会太过字面化，但没有任何严格的逻辑论证可以证明
它们是错误的。事实上，我们可以推断出无限多的可能规则，但为什么大多数人都认
同其中的 pqrt 这个答案是最好的？似乎我们为促进自身在现实世界中的生存和繁衍
而演化出的关于抽象的心理机制，延续到了这个理想化的微观世界中。

这里还有另外一个例子：

　　问题 2：假设字符串 abc 改动为 abd，你将如何以相同的方式改动
字符串 ppqqrrss？

即便是在这个简单的字母构成的微观世界中，其可能存在的共性也是相当微妙
的，至少对一台机器来说是如此。在问题 2 中，如果生硬地应用规则"将最右边的

字母替换为它的后一个字母", 你得到的答案将会是: ppqqrrst, 但对大多数人来说这个答案看起来太刻板了, 人们倾向于给出"ppqqrrtt"这个答案, 这是基于对 ppqqrrss 中的字符对的感知, 并将其映射到 abc 中的每一个字符。[18] 我们人类总是倾向于把一模一样的或相似的对象归为一组!

问题 2 阐明了: 在这个微观世界中, 概念滑移 (conceptual slippage) 这一概念是做类比的核心。[19] 当你试图感知两种不同情境在本质上的共性时, 来自第一种情境的某些概念需要"滑移"到第二种情境中, 即被第二种情境中的相关概念所取代。在问题 2 中, 字母通过概念滑移变为字母组, 因此, "将最右边的字母替换为它的后一个字母"这一规则也应变为"将最右边的字母组替换为它的后一个字母组"。

现在考虑这个问题:

问题 3: 假设字符串 abc 改动为 abd, 你将如何以相同的方式改动字符串 xyz ?

大多数人回答"xya", 他们认为 z 的后一个字母是 a, 但是对于一个没有循环字母表概念的计算机程序来说, 字母 z 没有后一个字母。那么, 还有什么其他答案是合理的吗? 当我请大家来回答这个问题时, 我得到了很多不同的回复, 其中一些很有创意。有趣的是, 这些答案往往触发了物理上的隐喻。例如, xy (z 从悬崖边上坠落了)、xyy (z 弹回来了) 和 wyz。对于最后一个答案, 我们可以这样理解: a 和 z 作为字母表的两端各自被钉在墙上, 所以它们作用相似, 因此, 如果字母表中的第一个字母 (a) 的概念滑移到了字母表的最后一个字母 (z) 上, 那么最右边的字母 (z) 的概念则应该滑移到最左边的字母 (a) 上, 而第二个字母 (b) 的概念则滑移到倒数第二个字母 (y) 上, 以此类推。问题 3 阐明了做类比如何能引发一连串的概念滑移。

在由字符串构成的微观世界中，概念滑移是非常直观的。在其他领域，它会更加微妙。例如，回顾一下图 15-2 中的邦加德问题 91，其中左侧 6 个框的共同本质是 "3"，表示 "3" 这一对象的概念从一个框向另一个框滑移，例如，从线段（左上）到正方形（左中），然后再到左下框中表示的难以用文字描述的概念（可能是类似于梳子上的齿的东西）。概念滑移也是前一章中假想出来的女儿 S 多年来所做的不同抽象的核心特征，例如，在关于法律的那个类比中，她把网站的概念滑移至墙的概念，以及把写博客的概念滑移至涂鸦的概念。

侯世达设想了一个名为 "Copycat" 的计算机程序，它可以通过使用非常通用的算法来解决这类问题，这种算法类似于人类在任何领域做类比时都会使用的算法。Copycat 这个名字源于这样一种想法：做类比的人可以通过做同样的事情，即通过成为一个模仿者来解决这些问题。原始的情境（如 abc）在某种程度上发生了改动，而你的任务就是对新情境（如 ppqqrrss）做相同的改动。

当我加入侯世达的研究团队时，我的任务是和他一起开发 Copycat 程序。任何一个经过这段历程的人都会这样告诉你：通往博士学位的道路充斥着各种令人沮丧的挫折和高强度的劳动，以及时常会出现的强烈的自我怀疑，但偶尔也会出现令人振奋的成功时刻，比如，你坚持研究了 5 年的程序终于运作起来了。在这里我将跳过所有我经历过的怀疑、挫折和大量的工作时间，直接跳到最后的结果：当我提交了一篇论述 Copycat 程序的学位论文时，我认为这个程序已能够以通用的、与人类相似的方式解决多种字符串类比的问题了。

Copycat 既不是一个符号化的、基于规则的程序，也不是一个神经网络，尽管它同时包含了符号人工智能和亚符号人工智能的一些特性。Copycat 通过程序的感知过程（即观察一个特定的字符串类比问题的特征）及如字母和字母组、后者和前者、相同和相反等先验概念之间的持续交互来解决类比问题。这个程序被构造成一种可以模仿我在前一章中描述的心智模型的东西，特别是，它们都基于侯世达关于人类认知中活跃符号（active symbols）的概念。[20]Copycat 的架构很复杂，我就不在这里进一步描述了，如果想了解更多内容，请参考书后的相关注释。[21]虽然 Copycat 可以解决许多字符串类比问题，比如我在上面展示的例子，以及许多变体问题，但该程序只触及了这一开放领域的皮毛。例如，下面是这个程序无法解决的两个问题：

问题 4：如果 azbzczd 改动为 abcd，那么 pxqxrxsxt 将会改动为什么？

问题 5：如果 abc 改动为 abd，那么 ace 将会改动为什么？

这两个问题都需要凭空识别新概念，这是 Copycat 所欠缺的一种能力。在问题 4 中，z 和 x 扮演的角色相同，即为看出字母序列而需要被删除的额外字母，从而得出其答案为 pqrst。在问题 5 中，ace 序列类似于 abc 序列，但是它不是一个"后继"序列，而是一个"双重后继"序列，从而得出其答案为 acg。对我来说，很容易就能给予 Copycat 计算 a 和 c 之间、c 和 e 之间的字母数量的能力，但是我不想构建那些非常具体的针对特定字符串域的功能。Copycat 是用来测试与类比相关的一般观念的平台，而非一个全面的"字符串类比制造机"。

字符串世界中的元认知

人类智能的一个必不可少的方面，是感知并反思自己的思维能力，这也是人工智能领域近来很少讨论的一点，在心理学中，这被称作"元认知"。你是否曾经苦苦挣扎着想要解决一个问题但并未成功，最后却发现自己一直在重复同样的无效思维过程？这种情况经常发生在我身上，然而，一旦我认识到自己处于这种模式，我有时就能打破常规。Copycat 与我在本书中讨论的其他所有人工智能程序一样，没有自我感知的机制，而这会影响它的性能表现。该程序有时会陷入一种困境：一次又一次地尝试使用错误的方式解决问题，并且永远无法意识到它之前已经走过了一条类似的无法通往成功的道路。

詹姆斯·马歇尔（James Marshall）当时是侯世达研究团队的一名研究生，承担了一个让 Copycat "反思" 自己的思维过程的项目。他创建了一个名为 "Metacat" 的程序，Metacat 不仅解决了 Copycat 字符串领域中的类比问题，还试图让 Copycat 感知其自身的行为。当程序运行时，它会对自己在解决问题的过程中识别到的概念生成一条运行注解[22]。和 Copycat 一样，Metacat 虽然展示了一些令人欣喜的行为，但也仅触及了人类自我反思能力的表象。

识别整个情境比识别单个物体要困难得多

我目前的研究方向是研发一个使用类比来灵活地识别 "视觉情境"（visual situations）的人工智能系统，视觉情境是一种涉及多个实体及其之间关系的视觉概念。例如，图 15-4 中的 4 幅图像，我们都可称之为 "遛狗" 这一视觉情境的实例。人类很容易就能看出来，但是对于人工智能系统来说，即便是识别简单视觉情境中的实例，也非常具有挑战性，识别整个情境比识别单个物体要困难得多。

我和我的同事正在开发一个名为 "Situate" 的程序，它将 DNN 的目标识别能力与 Copycat 的活跃符号结构相结合，通过做类比来识别某些特定情境。我们希望它不仅能够识别如图 15-4 中的简单明了的情境，而且能够识别需要进行概念滑移的非常规的情境。我们从图 15-4 的示例中可以看到："遛狗" 情境的原型包括一个人、一条狗和一条狗绳，遛狗者牵着狗绳，狗绳系在狗身上，并且遛狗者和狗都在行走。理解 "遛狗" 这一概念的人也会将图 15-5 中的每幅图像看作是这个概念的示例，并且还能意识到每幅图像从原型版本上 "拓展" 了多少。Situate 目前仍处于研发的早期阶段，其目的是探究隐藏在人类类比能力背后的一般机制，并证明隐藏在

Copycat 程序背后的机制也可以在字符串类比这个微观世界之外成功地运行。

图 15-4 4 个简单明了的遛狗示例

Copycat、Metacat 和 Situate 仅仅是基于侯世达的活跃符号结构构建的类比程序中的 3 个示例。[23] 此外，活跃符号结构只是人工智能领域中创建的能够做类比的程序的众多方法之一。尽管类比对人类认知的任何层次来说都是基础性的，但目前为止还没有人工智能程序能具有人类的类比能力——哪怕一点点。

图 15-5　4 个非典型的遛狗示例

"我们真的，真的相距甚远"

现代人工智能以深度学习为主导，以 DNN、大数据和超高速计算机为三驾马车，然而，在追求稳健和通用的智能的过程中，深度学习可能会碰壁——重中之重的"意义的障碍"。在本章中，我展示了人工智能为打破这一障碍所做的一些努力，我们可以看到研究人员（包括我自己）是如何为计算机灌输常识，并尝试赋予它们类似于人类的抽象和类比能力的。

在构思这一话题时，我被安德烈·卡帕西撰写的一篇令人愉快且见解深刻的博客文章迷住了，卡帕西是一名深度学习和计算机视觉领域的专家，他目前在指导特斯拉的人工智能的相关工作。卡帕西在其发表的一篇题为《计算机视觉和人工智能的现状：我们真的，真的相距甚远》的文章中 [24]，描述了自己作为一名计算机视觉研究人员对一张特定照片的反应（见图 15-6）。卡帕西指出，我们人类会发现这张照片非常幽默，那么，问题来了："一台计算机需要具备什么样的知识才能像你我一样去理解这张照片？"

图 15-6　安德烈·卡帕西博客中探讨的照片

　　卡帕西列出了许多我们人类轻易就能理解但仍然超出了当今最好的计算机视觉程序的能力范围的事物。例如，我们能够识别出场景中有人，也有镜子，因此有些"人"只是镜子中的影像；我们能够识别出图中的场景是一间更衣室，并且我们会对在更衣室里看到这样一群西装革履的人而感到奇怪。

　　再进一步，我们可以识别出一个人正站在体重秤上，尽管体重秤是由混合在背景中的白色像素组成的。卡帕西指出，我们可以发现奥巴马把他的脚轻轻地压在体重秤上，并强调，我们很容易根据我们推断出来的三维场景结构而不是这张二维图像来得出这一结论。我们对物理学的直觉知识使我们可以推断：奥巴马的脚踩着体重秤将导致体重秤上显示的数字大于体重秤上男士的真实体重。我们在心理学方面的直觉知识告诉我们：站在体重秤上的这个人并没有意识到奥巴马的脚踩在秤上，这能从那个人视线的方向推断出来，并且我们知道他的脑袋后面并没有长眼睛。我们还能明白：测量体重的人大概感觉不到奥巴马的脚正轻踏在秤面上。我们还能根据心智理论进一步推测：当体重秤显示的体重比他的预期要高时，他将很不开心。

最后，我们看得出奥巴马和其他观察这一场景的人都在微笑，他们被奥巴马对这个人开的这个玩笑逗乐了，并且可能因为奥巴马的身份让它变得更有趣。我们也识别出他们的玩笑是友善的，并且他们期望站在秤上的人知道自己被捉弄之后也会开怀大笑。

卡帕西指出，"你在推理人们的心智状态，以及他们对其他人的心智状态的看法。这会变得越来越可怕……令人难以置信的是：上面所有的推论都是从人们对这幅二维的由像素构成的图像的简单一瞥而展开的"。

对我而言，卡帕西的例子完美地捕捉到了人类理解能力的复杂性，并以水晶般的清晰度展现了人工智能所面临的挑战之大。卡帕西的文章写于 2012 年，但其传递的信息在今天看来依然正确，我相信，在未来很长一段时间内都是这样。

卡帕西用下面这段文字概括了他的文章：

我几乎可以肯定的是：我们可能需要进一步探索"具身"（embodiment）①

---

① 具身是指这样一种理论：人类的生理体验与心理状态之间有着强烈的联系。人类的意识来源于肉体，认知是身体的认知，心智也是身体的心智，离开了身体，认知、心智和意识根本就不存在。——编者注

这一概念。构建像我们这样能够理解各种场景的计算机的唯一方法，就是让它们接触到我们在这么多年来所拥有的结构化的和暂时的经验、与世界互动的能力，以及一些在我思考它应具备何种能力时几乎都无法想象的神奇的主动学习和推理的能力。

在 17 世纪，哲学家勒内·笛卡儿推测，我们的身体和思想是由不同的物质组成的，并受制于不同的物理定律[25]。自 20 世纪 50 年代以来，人工智能的主流方法都隐晦地接受了笛卡儿的这一论点，假设通用人工智能可以通过非实体的程序来实现。但是，有一小部分人工智能研究群体一直主张所谓的具身假说：如果一台机器没有与世界进行交互的实体，那它就无法获得人类水平的智能。[26] 这种观点认为：一台放置在桌子上的计算机，甚至是生长在缸中的非实体的大脑①，都永远无法获得实现通用智能所需的对概念的理解能力。只有那种既是物化的又在世界中很活跃的机器，才能在其领域中达到人类水平的智能。同卡帕西一样，我几乎无法想象若要制造这样一台机器，我们将需要取得哪些突破。历经多年与人工智能的"拼杀"之后，我发现关于具身的相关争论正越来越受到关注。

---

① 缸中之脑是知识论中的一个思想实验，由哲学家希拉里·普特南（Hilary Putnam）在《理性、真理和历史》（*Reason, Truth, and History*）一书中提出。该实验的理论基础是：人所体验到的一切最终都要在大脑中转化为神经信号。假设一个邪恶的科学家将一个大脑从人体取出，放入一个装有营养液的缸里维持着它的生理活性，超级计算机通过神经末梢向这个大脑传递和原来一样的各种神经电信号，并对大脑发出的信号给予和平时一样的信号反馈，则大脑所体验到的世界其实是计算机制造的一种虚拟现实，那么，此大脑能否意识到自己生活在虚拟现实之中？——译者注

15 我们是否可以为机器赋予常识

在人工智能发展的早期阶段，机器学习和神经网络还尚未在该领域占主导地位，那时候，人工智能研究人员还在人工地对程序执行任务所需的规则和知识编码，对他们来说，通过"内在建构"的方法来捕获足够的人类常识以在机器中实现人类水平的智能，看起来是完全合理的。

当深度学习开始展示其一系列非凡的成功时，不管是人工智能领域的内行还是外行，大家都乐观地认为我们即将实现通用的、人类水平的人工智能了。然而，正如本书中反复强调的那样，随着深度学习系统的应用愈加广泛，其智能正逐渐露出"破绽"。即便是最成功的系统，也无法在其狭窄的专业领域之外进行良好的泛化、形成抽象概念或者学会因果关系。此外，它们经常会犯一些不像是人类会犯的错误，以及在对抗样本上表现出的脆弱性都表明：它们并不真正理解我们教给它们的概念。

要想令人工智能实现真正进步，就需要让机器具备常识，但是，很多处于我们潜意识里的知识，我们甚至不知道自己拥有这些知识，或者说常识，却是我们人类所共有的，而且是在任何地方都没有记载的知识。这包括我们在物理学、生物学和心理学上的许多核心直觉知识，这些知识是所有我们关于世界的更广泛的知识的基础。如果你没有有意识地认识到自己知道什么，你就不能成为向一台计算机明确地提供这些知识的专家。

思考 6 个关键问题，激发人工智能的终极潜力

在 1979 年出版的"GEB"一书的末尾，侯世达就人工智能的未来这一话题进行了自问自答。在"10 个问题及其推测"这一章中，侯世达提出并回答了有关机器思维之潜力的问题，以及关于智能之一般性质的问题。在当时，作为一名即将毕业的本科生，我对这一部分的内容非常感兴趣。侯世达的推测让我相信：尽管所有的媒体都在大肆炒作人类水平的人工智能，在 20 世纪 80 年代我们也经历过这种情况，但这个领域实际上是完全开放的，并急需新想法的加入，其中还有很多巨大的挑战，等待着像我这样的年轻人在这个领域大显身手。

现在写这本书，已是 30 多年之后，我认为以我自己提出的一些问题、答案和推测来作为本书的结尾是非常合适的——既是向侯世达的"GEB"的这部分内容致敬，也是将我在本书中呈现的观点串联起来。

问题 1：自动驾驶汽车还要多久才能普及？

这取决于你怎么定义"自动驾驶"。美国国家公路交通安全管理局为车辆定义了 6 个自动等级[1]。我在此转述如下：

0 级：人类驾驶员执行全部的驾驶任务。

1 级：车辆能够偶尔通过控制方向盘或车速来对人类驾驶员提供支持，但不能同时进行。

2 级：在某些情境下（通常是在高速公路上），车辆可以同时控制方向盘和车速。人类驾驶员必须时刻保持高度注意力，监控驾驶环境，并完成驾驶所需的其他行为，如变换车道、驶离高速公路、遇到红绿灯时停车、为警车让行等。

3 级：在某些特定情境下车辆可以执行所有的驾驶行为，但是人类驾驶员必须随时保持注意力，并随时准备在必要时收回驾驶控制权。

4 级：在特定情境下，车辆能够完成所有的驾驶行为，人类不需要投入注意力。

5 级：车辆可以在任何情境下完成所有驾驶行为。人类只是乘客，并且完全不需要参与驾驶。

我相信你一定注意到了那个非常重要的限定条件：在特定的情境下。我们无法为这个特定情境列出一个详尽的清单，比如说，对于一辆 4 级自动驾驶汽车而言，尽管你能想象到许多有可能会对其造成挑战的情境：恶劣的天气、城市交通拥堵、在建筑区域内导航穿行，或是在没有任何车道标志的、狭窄的双向道路上行驶。

在我写这部分内容的时候，路上行驶的大多数车辆都处于 0 级和 1 级之间，它们都有巡航控制系统，但没有转向或制动控制系统，其中，一些最近生产的带有自适应巡航控制系统的车型，被认为达到了 1 级。仅有少量几款车型目前处于 2 级和 3 级，例如，装备了自动驾驶系统的特斯拉汽车，这些车辆的制造商和使用者仍在学习哪些情境属于需要人类驾驶员接管的"特定情境"。也有一些试验车辆可以在相当宽泛的情境下实现完全自动驾驶，但是它们仍然需要一个随时待命、收到通知就能立刻接管车辆的人类"安全驾驶员"。目前为止，已经发生了好几起自动驾驶汽车引发的致命事故，其中也包括一些试验用车，这些事故都发生在本应由人类驾驶员接管车辆，但却没被及时注意到的场景。

自动驾驶汽车行业迫切希望生产和销售完全自动驾驶汽车，也就是 5 级自动驾驶汽车。事实上，完全自动驾驶是我们消费者一直期盼的，也是自动驾驶汽车的相关各方所努力的方向。那么，想要让我们的汽车实现真正的自动驾驶，还有哪些障碍？

主要的障碍是我在第 06 章中描述的那些长尾效应（边缘案例），即车辆没有接受过训练的情境，通常，它们单独发生的可能性很小，但当自动驾驶车辆被普及时，整体来看，这些情况就会频繁发生。正如我所描述的，人类驾驶员会使用常识来处理这些事件，即通过将新遇到的情境与已了解的情境进行类比的方式来理解、预测并处理新的情境。

车辆的完全自主也需要我在第 14 章中描述过的那种核心直觉知识，包括：直觉物理学、直觉生物学，特别是直觉心理学。为了让车辆在所有情况下都能可靠地驾驶，其驾驶员需要了解共享道路的其他驾驶员、骑自行车的人、行人和动物的动机、目标，甚至情感。打量一眼复杂的情境并瞬间判断谁有可能横穿马路、冲过街道去追赶公共汽车、不打信号灯就突然转向，或者在人行横道上停下来调整损坏的高跟鞋，这是大多数人类司机的第二天性，但自动驾驶汽车还不具备这些。

自动驾驶汽车面临的另一个迫在眉睫的问题就是：各种潜在的恶意攻击。计算机安全专家已经表明：当今我们驾驶的许多非自动驾驶汽车正越来越多地受到软件的控制，因而它们与无线网络（包括蓝牙、手机网络和互联网）的连接很容易受到黑客的攻击[2]。由于未来的自动驾驶汽车将完全受软件控制，它们更可能受到黑客的恶意攻击。除此之外，正如我在第 06 章所描述的，机器学习研究人员已经证明，对自动驾驶汽车的计算机视觉系统的潜在对抗性攻击是存在的，比如，在停车标志上贴上并不显眼的标签，会使汽车将它们识别为限速标志。所以，为自动驾驶汽车开发合适的计算机安全防御系统将与开发自动驾驶技术同样重要。

除了黑客攻击外，自动驾驶汽车还可能面临的一个问题就是我们所谓的人性。人们难免会想对完全自动驾驶汽车搞一些恶作剧，以探索它们的弱点，例如，在车前来回走动假装要过马路，来阻止汽车前进。应该如何给汽车的自动驾驶系统进行编程，使其能够识别和处理这种行为呢？对于完全自动驾驶汽车，还有一些重大的法律问题需要解决，比如，谁应该为一起事故负责？以及这类汽车需要办理哪种保险？

对于自动驾驶汽车的未来，还存在一个尤为棘手的问题：汽车行业应该以实现部分自主驾驶——汽车在特定情境下执行所有驾驶行为，但仍然需要人类驾驶员保持注意力并在必要的时候接管为目标？还是应该以实现完全自主驾驶——人类能够完全信任车辆的驾驶并且完全无须花费注意力作为唯一目标？

由于我上面所描述的问题，实现足够可靠的、在几乎所有情境下都能自主行驶的完全自动驾驶汽车的技术还不存在，我们也很难预测什么时候这些问题才能被解决，专家们的预测从几年到几十年不等。一句值得记住的格言是：对于一项复杂的技术项目，完成其前 90% 的工作往往只需要花费 10% 的时间，而完成最后 10% 则需要花费 90% 的时间。

支持 3 级自动驾驶的技术现在已经存在，但正如已被多次阐明的那样，人类在部分自动驾驶上的表现非常糟糕。即便人类驾驶员知道他们应该时刻保持注意力，但他们有时也做不到，由于车辆无法处理某些特殊的情况，那么事故就可能会发生。

这对于我们来说意味着什么？要实现完全自动驾驶，本质上需要通用人工智能，而这几乎不可能很快实现。具备部分自主性的汽车现在已经存在，但是由于人类驾驶员并不总是能集中注意力，因此还是很危险。对于这一困境最可能的解决方法是改变对完全自主的定义，可以将其改为：仅允许自动驾驶车辆在建造了确保车辆安全的基础设施的特定区域内行驶。我们通常将这一解决方案称为"地理围栏"（geo-fencing）。福特汽车公司前自动驾驶车辆总工程师杰基·迪马科（Jackie DiMarco）是这样解释地理围栏的：

> 当我们谈论 4 级自动驾驶时，我们指的是在一个地理围栏内的完全自动驾驶，在该区域内我们有一个定义过的高清地图。一旦拥有了这张地图，你就能了解你所处的环境，你能够知道灯柱在哪里、人行横道在哪里、道路规则是什么、速度限制是多少等信息。我们认为车辆的自动驾驶能力能够在一个特定的地理围栏中成长，并且会随着新技术的加入而得到进一步的提升，随着我们的不断学习，我们就能解决越来越多的问题[3]。

当然，那些令人讨厌的喜欢恶作剧的人也包含在地理围栏内。吴恩达建议，行人需要学会在身处自动驾驶汽车的周围时表现得更加可预测："我们需要告诉人们的是，请遵守法律并多加体谅。"[4] 吴恩达的自动驾驶公司 Drive.ai 已经推出了一支能够在特定的地理围栏内接送乘客的完全自主的自动驾驶出租车车队，从得克萨斯州开始，因为这里是美国少数几个法律允许自动驾驶车辆上路的州之一。我们很快就能看到这将会取得什么成果。

问题 2：人工智能会导致人类大规模失业吗？

我的猜测是不会，至少近期不会。马文·明斯基的"容易的事情做起来难"这句格言仍然适用于人工智能的大部分领域，并且许多人类的工作对于计算机或机器人而言可能比我们想象的要困难得多。

毫无疑问，人工智能系统将在某些工作上取代人类，它们已经取代了部分的人类工作，其中很多都给社会带来了益处。目前没有人知道人工智能会在总体上对就业产生什么样的影响，因为没有人能够预测未来人工智能的能力。

关于人工智能对就业可能产生的影响已有很多报道，尤其是关于包含驾驶员在内的数百万个岗位的脆弱性，很有可能从事这些工作的人最终会被取代，但我们无法确定自动驾驶汽车何时才能大规模普及，从而使得这一时间很难被预测。

尽管存在不确定性，但技术和就业的问题恰恰是人工智能伦理整体正在讨论的一部分。很多人指出：从历史上看，新技术创造了与它们所取代的一样多的新就业岗位，人工智能可能也不例外。也许人工智能将接手卡车司机的岗位，但由于人工智能伦理发展的需要，该领域将会为道德哲学领域创造出更多岗位。我说这些不是为了削弱潜在的问题，而是为了表达关于这一问题的不确定性。美国经济顾问委员会 2016 年发布的一份关于人工智能可能会对经济产生影响的调查报告强调："人们对这些影响的感受有多强烈，以及它将以多快的速度到来，仍存在很大的不确定性，根据现在可掌握的证据，我们不可能做出具体的预测，因此政策制定者必须为一系列可能的结果做好准备。"[5]

问题 3：计算机能够具有创造性吗？

对很多人来说，计算机具有创造性这个想法听起来像是一个悖论。机器的本质，归根结底是"机械性"，这是一个在日常语言中和"创造性"相对立的术语。怀疑论者可能会争辩道："一台计算机只能做那些人类编码要求其完成的事情，因此它是不可能具有创造性的，创造性需要独立创造出一些新事物。"[6]

有一种观点认为：由于从定义上来说，一台计算机只能做一些经过明确编码的事情，因而它不可能是具有创造性的。我认为这种观点是错误的。一个计算机程序可以通过许多种方式生成其编码人员从未想到过的东西。我在前一章中描述过的 Copycat 程序经常会想出我从未想到过的类比方法，并且有它自己的奇怪逻辑。我认为从原则上讲，计算机是有可能具有创造性的，但我也认同，具备创造性需要能够理解并判断自己创造了什么。如果从这个角度来看，那么，现在没有一台计算机可被看作是具有创造性的。

一个相关的问题是：计算机程序是否能够生成一件优美的艺术或音乐作品。虽然美感是高度主观的，但我的答案绝对是能，因为我见过大量很美的由计算机生成的艺术作品，比如计算机科学家和艺术家卡尔·西姆斯（Karl Sims）的"遗传艺术"[7]。西姆斯利用一种受达尔文自然选择理论启发的算法，来编码计算机使之生成数字艺术品。该程序利用带有一些随机元素的数学函数来生成几种不同的候选艺术品，让研究人员选择他们最喜欢的艺术品。然后，该程序通过在其底层数学函数中引入随机性来创建所选艺术品的变体，研究人员随后会从这些变体中选择其最喜欢的一件，以此类推，进行多次迭代。西姆斯通过这种方法创造出了一些令人惊叹的抽象作品，并已在博物馆展览中被广泛展出。

西姆斯的程序的创造力来自人与计算机的合作：计算机生成原始的艺术作品，然后生成其后续变体，而人类对计算机生成的作品做出评判，其依据来自人类对抽象艺术的理解。计算机对抽象艺术并没有任何理解力，因此它本身并不具有创造性。

在音乐生成方面，也有类似的例子，计算机生成了美妙的或至少令人愉悦的音乐，但我认为其创造力只能通过与人类合作才能产生，人类提供了判断一曲音乐好坏的理解，这对计算机的输出结果提供了判断依据。

以这种方式生成音乐的最著名的计算机程序是大卫·科普的 EMI[8]，我在本书引言中提到过相关内容。EMI 被设计为可用多个古典作曲家的风格生成音乐，并且它的一些作品甚至成功地骗过了一些专业音乐家，让他们相信这些作品是由真正的人类作曲家创作的。

科普创造 EMI 的初衷是：将其作为他私人的"作曲小助手"。 科普一直对运用随机性创作音乐的悠久传统十分着迷。一个著名的例子是莫扎特和 18 世纪的其他音乐家常玩的所谓的"音乐骰子游戏"——创作者把一曲音乐切分成很多小片段，然后通过掷骰子来选择该片段在新乐曲中的位置。

可以说，EMI 是一种加强版的音乐骰子游戏。比如，为了让 EMI 以莫扎特风格创作音乐，科普首先从莫扎特的作品中挑选大量的音乐片段，然后使用一个他编写的计算机程序识别出其中他称之为"签名"的关键音乐模式，这是一种有助于定义作曲家之独特风格的音乐模式。科普另外编写了一个程序，对每个签名按照它在一个音乐片段中发挥的特定作用进行分类，这些签名被保存在这个作曲家对应的作品数据库中。科普还在 EMI 中开发了一套规则，也就是一种"音乐语法"，来指导签名的变体如何重新组合从而以一种特定的风格来创作一曲连贯音乐。EMI 采用一个随机数生成器（对于计算机而言，等价于掷骰子）来选择特征并创作音乐片段，然后使用其音乐语法来决定如何排列这些片段。

以这种方式，EMI 能够以莫扎特或其他任何构建了音乐签名数据库的作曲家的风格创作无数的新作品。科普曾精心挑选了几首 EMI 创作的最好的作品公开发行，我听过其中几首，在我听来，它们有的平淡无奇，有的却非常好听，这些歌曲的确包含一些优美的片段，但是没有一首具有原作者作品的深度。当然，我这么说是因为事先知道这些作品是 EMI 创作的，所以我可能持有偏见。其中一些较长的乐曲通常包含优美的片段，但也包含一种会导致音乐失去创意主线的非人类的倾向。总体而言，EMI 创作的作品非常成功地捕捉到了几位不同的古典作曲家的风格。

EMI 具有创造性吗？我认为答案是否定的。虽然它创作了一些相当不错的音乐，但它依赖于科普的音乐乐理知识，这些知识内嵌在科普策划的音乐签名和他设计的相关规则中。最重要的是，我认为这个程序并不真正理解其所生成的音乐作品，无论是在音乐概念上，还是在情感的表达上。由于这些原因，EMI 无法判断它自己创作的音乐的质量，这是科普的工作，他将其简单地描述为："那些我喜欢的作品会被发布出去，那些我不喜欢的作品则不会。"[9]

令我十分困惑的是，2005 年，科普销毁了 EMI 所有的音乐特征数据库。他的理由是：由于 EMI 能够如此容易地进行无限创作，评论家会因此低估它的价值。科普认为，只有像哲学家玛格丽特·博登（Margaret Boden）所写的那样，成为"有限之物，就像所有必死的人类作曲家那样"，EMI 才会被珍视为作曲家[10]。

我不知道我的看法是否会为侯世达带来一些慰藉，他对 EMI 给他印象最深刻的作品以及足以愚弄专业音乐家的能力感到非常不安。我理解侯世达的拒忧，正如文学家乔纳森·戈特沙尔（Jonathan Gottschall）在《会讲故事的机器人在崛起》一文中所描写的那样："艺术可以说最能区别人类与其他生物之间的不同：这是我们人类引以为傲的事情。"[11] 我想补充的是：让我们感到自豪的不仅是我们可以创造艺术，还有我们对艺术赏析的能力、对其感人之处的理解以及对作品传递的信息的体会。这种赏析和理解的能力对观众和艺术家来说都是必不可少的，没有这些，我们就不能说一个生物是有创造力的。简而言之，要回答"计算机能够具有创造性吗？"这个问题，在原则上我会回答："是的，但这不会很快实现。"

问题 4：我们距离创建通用的人类水平 AI 还有多远？

对于这一问题，目前基本上存在两种观点。

- 第一种观点，我将引用艾伦人工智能研究所的所长奥伦·埃齐奥尼的话来回答这个问题："做出你的估计，延长至 2 倍、3 倍，再延长至 4 倍，那就到它实现的时候了。"[12]

- 第二种观点，回顾前一章中安德烈·卡帕西的评价："我们真的，真的相距甚远。"[13] 这也是我的观点。

"computer"这个词最初指代的是人，事实上，它通常指代那些人工或使用台式机械计算器来执行计算任务的女性，她们在第二次世界大战期间，帮助士兵完成与火炮瞄准相关的对导弹轨迹的计算任务，这是计算机最原始的含义。根据克莱尔·埃文斯（Claire Evans）的《宽带》（*Broad Band*）一书中的内容："在 20 世纪 30—40 年代，'女孩'一词与'计算机'一词是可以互换使用的。国防研究委员会的一位成员甚至将一个'kilogirl'单位的劳动大概等价为 1 000 个小时的计算劳动。"[14]

20 世纪 40 年代中期，电子计算机在计算领域取代了人类，并立即成了"超级人类"。与任何人类"计算机"不同的是：这些机器计算一个飞行炮弹轨迹的速度甚至超过了炮弹本身飞行的速度[15]。这是计算机能够表现出色的许多细分领域任务中的第一个。如今，采用最先进的人工智能算法的计算机，已经征服了许多其他细分领域中的任务，但通用智能依然尚未实现。

在人工智能的历史上，许多知名的研究人员已经预测过，通用人工智能将在10年、15年、25年或"一代人"的时间内出现，然而，这些预测最终没有一个实现的。正如我在第03章中所描述的，库兹韦尔和卡普尔之间的"长期赌约"——一个程序是否能通过精心设计的图灵测试，将在2029年一决胜负。我支持卡普尔一方，我完全赞同他的观点，并在引言中进行了引用："人类智能是一种不可思议的、微妙的、难以理解的东西，短期内不会有被复制的危险。"[16]

"预测是很难的，尤其是对未来的预测。"这一至理名言是由谁提出的还有待考证，但不论在人工智能领域还是其他任何领域，这句话都是正确的。几项针对人工智能从业者的、关于通用人工智能或超级智能何时到来的调查研究，其结果也是相当宽泛，从"未来10年会出现"到"永远都不会出现"的结果都有[17]。换句话说，我们对此毫无头绪。

我们所知道的是，通用的、人类水平的人工智能需要人工智能研究人员数十年来一直努力去理解和再现的能力，比如，对常识的理解、抽象和类比等，但这些方面的能力被证明是非常难以获得的。而且，其他一些重大的问题仍然存在：通用人工智能将需要意识吗？有对自我的感知吗？能感受情绪吗？具有生存的本能和对死亡的恐惧吗？需要一具躯体吗？正如我在前文引用的明斯基的那句话："我们现在还处在关于心智的一系列概念的形成期。"

我发现关于计算机何时能实现超级智能的问题是令人苦恼的，至少看起来是这样。这里所说的超级智能是一种在几乎所有领域，包括科学创造、通用智能和社交技能等领域，都要比最强的人类大脑还要聪明许多的智能[18]。

许多人断言：如果计算机达到通用的、人类的水平，这些机器将很快变成超级智能的，整个过程类似于古德对"智能爆炸"的预言（参考第03章中的相关描述）。

这种观点认为：一台具有通用智能的计算机将能够以闪电般的速度阅读人类的所有文件，并学习目前可知的所有知识。同样，它将能够发现，通过自己不断增长的推理能力，所有的新知识都可被它转化为自身新的认知能力。一台这样的机器不会受到人类那些令人懊恼的弱点的限制，如人类思维和学习的迟缓性、非理性、认知偏见、对无聊事务的低忍耐性、对睡眠的需求以及各种情绪，所有这些都妨碍了创造性思维的产生。按照这种观点，一台超级智能机器将具有一些接近"纯粹智能"的东西，不受任何人类弱点的限制。

在我看来更有可能的是：这些所谓的人类局限性，正是构成我们人类的通用智能的一部分。在现实世界中劳作的躯体、我们进化出的能够让人类作为一个社会组织来运行的情绪和非理性偏见，还有所有其他偶尔被认为是认知缺陷的品质给我们带来的束缚，实际上正是让我们成为一般意义上的聪明人而不是狭隘的博学之士的关键。我无法证明这一点，但我认为通用智能很有可能无法剥离所有这些人类的或机器的明显缺陷。

侯世达在其"GEB"一书的"10个问题和推测"部分，使用了一个看似简单的问题来回应这个问题："一台会思考的计算机能够快速计算加法吗？"他给出的答案是："也许不会。我们自身是由可进行复杂计算的硬件组成，但这并不意味着在我们的'符号级别'（symbol level）[1]，即'我们'本身知道如何执行同样复杂的计算。幸运的是，你的符号级别（即'你'）无法访问你现在正在执行思考任务的神经元，否则你会变得头脑糊涂，为什么对一个智能程序不应是同样的呢？"侯世达接着解释

---

[1] 符号级别指对智能体行为的描述，由程序的算法、数据结构本身等组成。例如，在计算机程序中，知识层由其数据结构中包含的信息组成，该信息用于执行某些操作。在以知识构建的系统中，智能体基于合理性原则选择行动，以接近期望的目标。智能体能够基于其对世界的了解来做出决策，但是，要使智能体实际更改其状态，它必须使用任何它可用的方式。——译者注

说："像我们人类一样，一个智能程序会将数字表示成一个完备的、充满关联的概念，有了所有这些需要随身携带的额外的'负担'，一个智能程序在执行加法时就会变得相当迟钝。"[19] 当我第一次读到这个答案时，我感到很惊讶，但现在我觉得它很正确。

问题 5：我们应该对人工智能感到多恐惧？

如果你对人工智能的看法来自电影和科幻小说，甚至一些流行的非科幻小说作品，那么，你可能会害怕人工智能变得有意识、恶毒，甚至试图奴役或杀死我们所有人。考虑到我们距离任何通用智能都还很遥远，所以，目前这些问题并不是人工智能领域的大多数人所担心的。正如我在本书中描述的那样，当下社会对人工智能技术的不假思索地接受，存在以下风险：造成大量人失业的可能性、人工智能系统被滥用的潜在风险，以及这些系统在面对攻击时的不可靠性和脆弱性。这些仅仅是人们对技术可能对人类生活产生影响的一些非常合理的担忧。

我以侯世达对人工智能之最新进展感到惊慌的一段见闻作为本书的开始，但在很大程度上，令他感到恐惧的是完全不同的事情。侯世达担心的是：人类的认知能力和创造力变得如此轻易就能被人工智能程序习得，从而使得他最为珍视的基于人类思想的崇高创作，如肖邦的音乐，可被像是 EMI 那样的人工智能程序使用的那套肤浅的算法替代。侯世达感叹道："如果这种无限微妙、复杂且情感深厚的思想会被一块小小的芯片所简化，这会摧毁我对人性的理解。"侯世达同样对库兹韦尔关于即将到来的奇点的预测而感到困扰，他担心如果库兹韦尔的这种预测从任何一方面来说是正确的，那么我们将被取代，我们将成为遗迹，我们将被尘埃淹没。

我对侯世达的这些担忧有同感，但我认为它们的到来还为时过早。最重要的是，本书所要传达的观点是：我们人类倾向于高估人工智能的发展速度，而低估人类自身智能的复杂性。目前的人工智能与通用智能还相距甚远，并且我不认为超级智能已经近在眼前了。如果通用人工智能真的会实现，我敢保证，它的复杂性能够与我们人类的大脑相媲美。

在任意一个关于人工智能领域近期需要担忧的事项的列表中，超级智能都理应稳稳地待在列表的最下面。实际上，超级智能的反面才应该是我们真正需要担心的问题。在本书中，我阐述了即便是最完善的人工智能系统也很脆弱，例如，当系统输入与其训练样本相差太大时，它们就会出错。通常我们很难预测人工智能系统在什么情况下会变脆弱。语音转录、语言翻译、图像描述、自动驾驶等，这些对稳健性要求很高的场景，仍然需要人类的参与。我认为，短期内人工智能系统最令人担忧的问题是：我们在没有充分意识到人工智能的局限性和脆弱性时就给它赋予了太多的自主权。我们倾向于拟人化人工智能系统，我们把人类的品质灌输给这些系统，却又高估了这些系统可以被完全信任的程度。

经济学家塞德希尔·穆来纳森（Sendhil Mullainathan）[1] 在撰写关于人工智能之危险的文章时，在他提出的"尾部风险"（tail risk）的概念中引用了我在第 06 章中描述过的长尾效应：

> 我们应该感到害怕，不是害怕机器太智能，而是害怕机器做出一些它们没有能力做出的决策。相比于机器的"智能"，我更害怕机器的"愚笨"。机器的愚笨会创造一个尾部风险。机器可以做出很多好的决策，然后某天却会因为在其训练数据中没有出现过的一个尾部事件而迅速失灵，这就是特定智能和通用智能的区别[20]。

---

[1]　哈佛大学终身教授穆来纳森的著作《稀缺》从行为经济学视角来分析我们是如何陷入贫穷与忙碌的。该书的中文简体字版已由湛庐策划，浙江人民出版社 2018 年出版。——编者注

或者正如人工智能研究人员佩德罗·多明戈斯所说的那段令人印象深刻的话："人们担心计算机会变得过于聪明并接管世界，但真正的问题是计算机太愚蠢了，并且它们已经接管了世界。"[21]

我担心人工智能缺乏可靠性，我也担心它将如何被使用。除了我在第 07 章中探讨的道德方面的忧虑之外，还有一个令我感到害怕的应用是：使用人工智能系统生成伪造的媒体内容，比如，使用文字、声音、图像和视频等来描绘可怕的、实际上从未真正发生过的事件。

因此，我们应该对人工智能感到害怕吗？或许应该，又或许不应该。具有意识的超级智能机器不会在近期出现，我们最为珍视的人性不应被拿来与一套算法相提并论，至少我认为不应该如此。然而，在对算法和数据的不道德使用及其危险的潜在用途方面，仍然存在很多令人担心的问题。这很可怕，但让人欣慰的是，这一问题近期在人工智能研究领域以及一些其他领域中受到了广泛关注。研究人员、企业界代表和政界人士在解决这些问题的紧迫性上正逐渐形成一种合作意向和共同目标。

问题 6：人工智能中有哪些激动人心的问题还尚未解决？

我的答案是：几乎所有问题。

当我开始从事人工智能领域的研究时，我发现这个领域令人兴奋的一部分原因是：该领域几乎所有的重要问题都是开放的，并且总在等待新想法的涌入。我认为现在仍然是这样。

我们可以回到这个领域的开端，约翰·麦卡锡等人在 1956 年的建议书（在第 01 章中描述过）中列出了人工智能领域中的许多重大研究课题：自然语言处理、神经网络、机器学习、抽象概念和推理以及创造力。如今，这些问题依然是人工智能领域最核心的研究课题。2015 年，微软的研究院主任埃里克·霍维茨打趣道："甚至可能有人会说，这份 1955 年的提案，如果经过适当的重新整理，可以再提交给美国国家科学基金会一次，说不定还能获得某个激情满满的项目管理者的资助。"[22]

这绝对不是在批评过去的人工智能研究，人工智能研究与其他任何人性相关领域的巨大科学挑战一样困难。麻省理工学院的罗德尼·布鲁克斯比其他人都更加清楚地说明了这一点："在人工智能研究的起步阶段，人们的研究明确地受到人类的表现和人类水平的智能的启发。我认为这一目标在过去的六十多年里吸引了大批研究人员进入该领域。然而，我们没能得出任何接近成功地实现这一愿景的成果，但这并不意味着研究人员工作不努力或不优秀，只能说明这是个非常困难的目标。"[23]

人工智能中最激动人心的问题不仅仅是在其潜在应用上。该领域的创建者的动机不仅来自与智能的本质有关的科学问题的激励，还来自对开发新技术的渴望。确实，认为智能是一种自然现象，一种与其他许多现象一样，可以通过构建简化的计算机模型来加以研究的这种想法，是吸引许多人进入该领域的动机，包括我自己。

人工智能对我们所有人的影响都将持续深化。我希望这本书能帮助你，成为一个有思想的人，更好地去了解这项新兴技术的当前发展现状，包括其尚未解决的问题、技术的潜在风险和益处，以及它所引出的关于理解人类自身智能的科学和哲学问题。如果正在阅读这段文字的你是一台计算机，请告诉我上一句中的"它"指代的是什么，也欢迎你加入我们的讨论。

致
谢

首先，这本书的出版应归功于侯世达。侯世达的著作是最初吸引我进入人工智能领域的原因，他的想法和启蒙又指导了我在博士阶段的学习。前不久，侯世达邀请我参加了在谷歌召开的会议，这激发了我写这本书的想法，后来这种想法愈加强烈。侯世达阅读了本书手稿的每一个章节，并在每一页写满了具有深刻见解的评论，这极大地改善了手稿的最终版本。我非常感谢侯世达的想法、他的著作和文章、他对我工作的支持，当然，最重要的是我们之间的友谊。

非常感谢其他几位慷慨地阅读了本书，并对每一个章节发表了富有见地的评论的家人和朋友，他们是：吉姆·利文尼克（Jim Levenick）、吉姆·马歇尔（Jim Marshall）、拉斯·麦克布莱德（Russ McBride）、杰克·米歇尔（Jack Mitchell）、诺玛·米歇尔（Norma Mitchell）、肯德尔·施普林格（Kendall Springer）和克里斯·伍德（Chris Wood）。非常感谢以下回答问题、翻译片段并为我提供其他形式的帮助的各位：杰夫·克卢恩（Jeff Clune）、理查德·丹齐克（Richard Danzig）、鲍勃·法兰克（Bob French）、加勒特·凯尼恩（Garrett Kenyon）、杰夫·科法特（Jeff Kephart）、布莱克·勒巴伦（Blake LeBaron）、盛·伦德奎斯特（Sheng Lundquist）、达娜·摩泽尔（Dana Moser）、大卫·莫泽（David Moser）和弗朗西丝卡·帕尔梅贾尼（Francesca

Parmeggiani）。

非常感激法劳·斯特劳斯·吉罗出版社（Farrar, Straus and Giroux, FSG）的埃里克·钦斯基（Eric Chinski），感谢他的鼓励以及他对这一项目各个方面的卓越贡献；感谢莱尔德·加拉格尔（Laird Gallagher）提出的许多深思熟虑的建议，这些建议帮助这份粗略的草稿变成了最终的书稿；感谢 FSG 出版社的其他成员，特别是朱莉亚·林戈（Julia Ringo）、英格丽德·斯特纳（Ingrid Sterner）、丽贝卡·凯恩（Rebecca Caine）、理查德·奥廖洛（Richard Oriolo）、黛博拉·海姆（Deborah Ghim）和布莱恩·吉蒂斯（Brian Gittis），感谢他们所做的一切。非常感谢我的经纪人埃斯特·纽伯格（Esther Newberg），她帮助我把出版这本书变成了现实。

我还要感谢我的丈夫施普林格，感谢他一直以来对我的爱和热情的支持，以及他对我疯狂的工作习惯的耐心和容忍。还有我的儿子们，雅各布和尼古拉斯，这些年来，他们卓越的问题、好奇心和常识给了我极大的启发。

最后，我要把这本书献给我的父母——杰克和诺玛，在我的一生中，他们给了我无限的鼓励和关爱。在这个充满机器的世界里，我很幸运能被这些充满智慧和爱心的人包围。

引言 创造具有人类智能的机器，是一场重大的智力冒险

1 A. Cuthbertson, "DeepMind AlphaGo: AI Teaches Itself 'Thousands of Years of Human Knowledge' Without Help", *Newsweek*, Oct. 18, 2017.

2 接下来所引用的侯世达的话来自在一次谷歌会议后我对他的后续访问，这些引文准确地还原了他对谷歌小组评价的内容和语气。

3 Jack Schwartz, quoted in G.-C. Rota, *Indiscrete Thoughts* (Boston: Berkhäuser, 1997), 22.

4 D. R. Hofstadter, *Gödel, Escher, Bach: an Eternal Golden Braid* (New York: Basic Books, 1979), 678.

5 同上, 676。

6 D. R. Hofstadter, "Staring Emmy Straight in the Eye—anc Doing My Best Not to Flinch", in *Creativity, Cognition, and Knowledge*, ed. T. Dartnell (Westport, Conn.: Praeger, 2002), 67-100.

7 R. Cellan-Jones, "Stephen Hawking Warns Artificial Intelligence Could End Mankind", BBC News, Dec. 2, 2014.

8 M. McFarland, "Elon Musk: 'With Artificial Intelligence, We Are Summoning the

Demon,'" *Washington Post*, Oct. 24, 2014.

9 Bill Gates, on Reddit, Jan. 28, 2015.

10 K. Anderson, "Enthusiasts and Skeptics Debate Artificial Intelligence", *Vanity Fair*, Nov. 26, 2014.

11 R. A. Brooks, "Mistaking Performance for Competence" in *What to Think About Machines That Think*, ed. J. Brockman (New York: Harper Perennial, 2015), 108-111.

12 G. Press, "12 Observations About Artificial Intelligence from the O'Reilly AI Conference", *Forbes*, Oct. 31, 2016.

01 从起源到遭遇寒冬，心智是人工智能一直无法攻克的堡垒

1 J. McCarthy et al., "A Proposal for the Dartmouth Summer Research Project in Artificial Intelligence", submitted to the Rockefeller Foundation, 1955, reprinted in *AI Magazine* 27, no. 4 (2006): 12-14.

2 控制论是研究"生物和机器中的控制与通信"的一个跨学科领域。见 N. Wiener, *Cybernetics* (Cambridge, Mass.: MIT Press, 1961)。

3 N. J. Nilsson, *John McCarthy: A Biographical Memoir* (Washington, D.C.: National Academy of Sciences, 2012).

4 McCarthy et al., "Proposal for the Dartmouth Summer Research Project in Artificial Intelligence".

5 同上。

6 G. Solomonoff, "Ray Solomonoff and the Dartmouth Summer Research Project in Artificial Intelligence, 1956", accessed Dec. 4, 2018.

7 H. Moravic, *Mind Children: The Future of Robot and Human Intelligence* (Cambridge, Mass.: Harvard University Press, 1988), 20.

8　H. A. Simon, *The Shape of Automation for Men and Management* (New York: Harper & Row, 1965), 96. 请注意，西蒙是用"man"（此处为其复数形式"men"）而不是"person"来表示人，"man"这个词在 20 世纪 60 年代的美国是司空见惯的。

9　M. L. Minsky, *Computation: Finite and Infinite Machines* (Upper Saddle River, N.J.: Prentice-Hall, 1967), 2.

10　B. R. Redman, *The Portable Voltaire* (New York: Penguin Books, 1977), 225.

11　M. L. Minsky, *The Emotion Machine: Commonsense Thinking, Artificial Intelligence, and the Future of the Human Mind* (New York: Simon & Schuster, 2006), 95.

12　*One Hundred Year Study on Artificial Intelligence* (AI100), 2016 Report, 13.

13　同上，12。

14　J. Lehman, J. Clune, and S. Risi, "An Anarchy of Methods: Current Trends in How Intelligence Is Abstracted in AI", *IEEE Intelligent Systems* 29, no. 6 (2014): 56-62.

15　A. Newell and H. A. Simon, "GPS: A Program That Simulates Human Thought", P-2257, Rand Corporation, Santa Monica, Calif. (1961).

16　F. Rosenblatt, "The Perceptron: A Probabilistic Model for Information Storage and Organization in the Brain", *Psychological Review* 65, no. 6 (1958): 386-408.

17　从数学的角度看，感知机学习算法如下。对于每个权重 w_j：$w_j \leftarrow w_j + \eta\ (t + y)\ x_j$，其中 t 表示正确的输出（1 或 0）；对于给定的输入，y 是感知机的实际输出；x 是与权重 w_j 有关的输入；η 是由程序员给出的学习速率，箭头表示更新。阈值通过创建一个附加的输入 x_0 合并得到。x_0 为常数 1，其相对应的权重 w_0 = -threshold（阈值）。对于给定额外的输入和权重（称为偏差），只有在输入与权重的乘积，即输入向量与权重向量之间的点积大于或等于 0 时，感知机才会被触发。通常，输入值会被缩小或者应用其他变换以防止权重过大。

18 M. Olazaran, "A Sociological Study of the Official History of the Perceptrons Controversy", *Social Studies of Science* 26, no. 3 (1996): 611–659.

19 M. A. Boden, *Mind as Machine: A History of Cognitive Science* (Oxford: Oxford University Press, 2006), 2:913.

20 M. L. Minsky and S. L. Papert, *Perceptrons: An Introduction to Computational Geometry*(Cambridge, Mass.: MIT Press, 1969).

21 从技术上讲，任何布尔函数都可以通过一个具有线性阈值单元和一个中间（隐藏）层的全连接多层网络来计算。

22 Olazaran, "Sociological Study of the Official History of the Perceptrons Controversy".

23 G. Nagy, "Neural Networks—Then and Now", *IEEE Transactions on Neural Networks* 2, no. 2 (1991): 316–318.

24 Minsky and Papert, *Perceptrons*, 231–232.

25 J. Lighthill, "Artificial Intelligence: A General Survey", in *Artificial Intelligence: A Paper Symposium* (London: Science Research Council, 1973).

26 C. Moewes and A. Nürnberger, *Computational Intelligence in Intelligent Data Analysis* (New York: Springer, 2013), 135.

27 M. L. Minsky, *The Society of Mind* (New York: Simon & Schuster, 1987), 29.

02 从神经网络到机器学习，谁都不是最后的解药

1 每个隐藏单元和输出单元的激活值 y 通常是将输入到该单元的向量 x 与连接该单元的权重向量 w 做点积后代入 sigmoid 函数得到的结果：$y = 1/[1+e^{-(x \cdot w)}]$。这里 x 和 w 向量还包括"偏置"权重和激活值。如果这些单元具有像 sigmoid 函数的非线性输出函数，只要有足够的中间（隐藏）单元，网络就可以将任何函数（有最小值限制的）计算逼近至任何期望的近似水平，这叫作万能逼近定理。更多详细信息，请见迈克尔·尼尔森（Michael Nielsen）的《神经网络与深度学习》

（*Neural Networks and Deep Learning*）一书。

2 供有一定微积分知识背景的读者参考：反向传播是一种梯度下降算法，对于网络中的每个权重 w，它近似于"误差曲面"上最速下降的方向。这一方向是利用误差函数（例如输出和目标之间的均方差）在权重 w 上的梯度计算出来的。例如，考虑从输入单元 i 到隐藏单元 h 的连接上的权重 w，在梯度下降最快的方向上对权重 w 进行修改，修改的大小由传播到隐藏单元 h 的误差值、输入单元 i 的激活值和一个由用户定义的学习速率来决定。如果想了解对反向传播的深入解释，我推荐迈克尔·尼尔森的《神经网络与深度学习》一书。

3 在一个具有 324 个输入单元、50 个隐藏单元和 10 个输出单元的网络中，从输入层到隐藏层有 324×50=16 200 个权重，从隐藏层到输出层有 50×10=500 个权重，因此，总共有 16 700 个权重。

4 D. E. Rumelhart, J. L. McClelland, and the PDP Research Group, *Parallel Distributed Processing: Explorations in the Microstructure of Cognition* (Cambridge, Mass.: MIT Press, 1986), 1:3.

5 同上，113。

6 C. Johnson, "Neural Network Startups Proliferate Across the U.S." , *The Scientist*, Oct. 17, 1988.

7 A. Clark, *Being There: Putting Brain, Body, and World Together Again* (Cambridge, Mass.: MIT Press, 1996), 26.

8 正如侯世达给我指出的那样，语法正确的版本应为"普通的、旧的、过时了的人工智能"（good old old-fashioned AI,GOOFAI），但是 GOOFAI 的发音和 GOFAI 完全不同。

03 从图灵测试到奇点之争，我们无法预测智能将带领我们去往何处

1 Q. V. Le et al., "Building High-Level Features Using Large-Scale Unsupervised Learning" , in *Proceedings of the International Conference on Machine Learning* (2012), 507–514.

2 P. Hoffman, "Retooling Machine and Man for Next Big Chess Faceoff" , *New*

York Times, Jan. 21, 2003.

3 D. L. McClain, "Chess Player Says Opponent Behaved Suspiciously", *New York Times*, Sept. 28, 2006.

4 M. Y. Vardi, "Artificial Intelligence: Past and Future", *Communications of the Association for Computing Machinery* 55, no. 1 (2012): 5.

5 K. Kelly, "The Three Breakthroughs that Have Finally Unleashed AI on the World", *Wired*, Oct. 27, 2014.

6 J. Despres, "Scenario: Shane Legg", *Future*, accessed Dec. 4, 2018.

7 H. McCracken, "Inside Mark Zuckerberg's Bold Plan for the Future of Facebook", *Fast Company*, Nov. 16, 2015.

8 V. C. Müller and N. Bostrom, "Future Progress in Artificial Intelligence: A Survey of Expert Opinion", in *Fundamental Issues of Artificial Intelligence*, ed. V. C. Müller(Cham, Switzerland: Springer International, 2016), 555–572.

9 M. Loukides and B. Lorica, "What Is Artificial Intelligence?" *O' Reilly*, June 20, 2016.

10 S. Pinker, "Thinking Does Not Imply Subjugating", in *What to Think About Machines That Think*, ed. J. Brockman (New York: Harper Perennial, 2015), 5-8.

11 A. M. Turing,"Computing Machinery and Intelligence", *Mind* 59, no. 236 (1950): 433-460.

12 J. R. Searle, "Minds, Brains, and Programs", *Behavioral and Brain Sciences* 3, no. 3(1980): 417-424.

13 J. R. Searle, *Mind: A Brief Introduction* (Oxford: Oxford University Press, 2004), 66.

14 "强人工智能"和"弱人工智能"也分别被用来表示"通用人工智能"和"狭义人工智能"。这是雷·库兹韦尔使用它们的方式，但这与约翰·瑟尔最初的意思不同。

15 瑟尔的文章连同侯世达的令人信服的辩驳转载自 D. R. Hofstadter and D. C. Dennett, *The Mind's I: Fantasies and Reflections on Self and Soul* (New York: Basic Books, 1981) 一书。

16 S.Aaronson, *Quantum Computing Since Democritus* (Cambridge, U.K.: Cambridge University Press, 2013), 33.

17 "Turing Test Transcripts Reveal How Chatbot 'Eugene' Duped the Judges", Coventry University, June 30, 2015.

18 "Turing Test Success Marks Milestone in Computing History", University of Reading, June 8, 2014.

19 R. Kurzweil, *The Singularity Is Near: When Humans Transcend Biology* (New York: Viking Press, 2005), 7.

20 同上，22-23。

21 I. J. Good, "Speculations Concerning the First Ultraintelligent Machine", *Advances in Computers* 6 (1966): 31-88.

22 V. Vinge, "First Word", *Omni*, Jan. 1983.

23 B. Wang, "Ray Kurzweil Responds to the Issue of Accuracy of His Predictions", *Next Big Future*, Jan. 19, 2010.

24 D. Hochman, "Reinvent Yourself: The Playboy Interview with Ray Kurzweil", *Playboy*, April 19, 2016.

25 Kurzweil, *Singularity Is Near*, 241, 317, 198-199.

26 Kurzweil, *Singularity Is Near*, 136.

27 A. Kreye, "A John Henry Moment", in Brockman, *What to Think About*

Machines That Think, 394–396.

28 Kurzweil, *Singularity Is Near*, 494.

29 R. Kurzweil, "A Wager on the Turing Test: Why I Think I Will Win", *Kurzweil AI*, April 9, 2002.

30 同上。

31 同上。

32 同上。

33 M. Dowd, "Elon Musk's Billion-Dollar Crusade to Stop the A.I. Apocalypse", *Vanity Fair*, March 26, 2017.

34 L. Grossman, "2045: The Year Man Becomes Immortal", *Time*, Feb. 10, 2011.

35 Singularity University website, accessed Dec. 4, 2018.

36 Kurzweil, *Singularity Is Near*, 316.

37 R.Kurzweil,*The Age of Spiritual Machines:When Computers Exceed Human Intelligence*(New York: Viking Press, 1999), 170.

38 D. R. Hofstadter, "Moore's Law, Artificial Evolution, and the Fate of Humanity", in *Perspectives on Adaptation in Natural and Artificial Systems*, ed. L. Booker et al. (New York: Oxford University Press, 2005), 181.

39 Kurzweil, *Age of Spiritual Machines*, 169–170.

40 Hofstadter, "Moore's Law, Artificial Evolution, and the Fate of Humanity", 182.

41 Kurzweil, "Wager on the Turing Test".

42 M. Kapor, "Why I Think I Will Win", *Kurzweil AI*, April 9, 2002.

43 同上。

44　参见 R. Kurzweil, *Virtual Humans*, by P. M. Plantec (New York: AMACOM, 2004)
一书的前言。

45　Grossman, "2045".

04　何人，何物，何时，何地，为何

1　S. A. Papert, "The Summer Vision Project", MIT Artificial Intelligence Group
Vision Memo 100 (July 7, 1966).

2　D. Crevier, *AI: The Tumultuous History of the Search for Artificial Intelligence*
(New York: Basic Books, 1993), 88.

3　K. Fukushima, "Cognitron: A Self-Organizing Multilayered Neural
Network Model", *Biological Cybernetics* 20, no. 3-4 (1975): 121-136; K.
Fukushima, "Neocognitron: A Hierarchical Neural Network Capable of Visual
Pattern Recognition", *Neural Networks* 1, no. 2 (1988): 119-130.

4　此处的分类模块指的是 ConvNets 的全连接层（fully connected layer）。

5　在输入网络之前，需要将图像缩放至固定大小——与网络的第 1 层大小相同。

6　关于大脑如何执行某项任务的大多数论述必须附带多条说明，我刚刚概述的这个故事也不例外。虽
然我所描述的大致准确，但大脑却极度复杂，我所概述的这些发现只是早期研究的一小部分，科学
家仍未完全理解大脑执行任务的内在机理。

7　与每个激活特征图关联的权重数组称为卷积过滤器或卷积核。

8　我对 ConvNets 的描述省去了许多细节。例如，要计算其特征激活值，卷积层中的一个单元会先
进行卷积，然后对卷积结果使用非线性激活函数运算。ConvNets 通常还具有其他类型的层，例
如"池化层"。有关详细信息，请参见 I. Goodfellow, Y. Bengio, and A. Courville, *Deep
Learning* (Cambridge, Mass.: MIT Press, 2016)。

9　在撰写本书时，谷歌的图片搜索引擎可通过单击搜索框中的小相机图标进行访问。

05 ConvNets 和 ImageNet，现代 AI 系统的基石

1　事实上，反向传播算法是由几个不同的研究群体独立发现的。并且，非常具有讽刺意味的是，反向
传播函数是一种"置信度分配"（credit-assignment）算法，而发现该算法的功绩的分配则一
直是神经网络研究者长期的"战争"。

2　D. Hernandez, "Facebook's Quest to Build an Artificial Brain Depends on This
Guy", *Wired*, Aug. 14, 2014.

3　还有另外的"检测"竞赛，其中参赛模型还必须对图像中多种类别的物体进行定位，并接受其他特
定任务的挑战。此处我着重讨论的是分类任务。

4　D. Gershgorn, "The Data that Transformed AI Research—and Possibly the
World", *Quartz*, July 26, 2017.

5　"About Amazon Mechanical Turk", www.mturk. com/help.

6　L. Fei-Fei and J. Deng, "ImageNet: Where Have We Been? Where Are We
Going?".

7　A. Krizhevsky, I. Sutskever, and G. E. Hinton, "ImageNet Classification with
Deep Convolutional Neural Networks", *Advances in Neural Information
Processing Systems* 25 (2012): 1097-1105.

8　T. Simonite, "Teaching Machines to Understand Us", *MIT Technology Review*,
Aug. 5, 2015.

9　Gershgorn, "The Data That Transformed AI Research".

10　Hernandez, "Facebook's Quest to Build an Artificial Brain Depends on This
Guy".

11　B. Agüeray Arcas, "Inside the Machine Mind: Latest Insights on Neuroscience
and Computer Science from Google" (lecture video), Oxford Martin School,
May 10, 2016.

12　A. Linn, "Microsoft Researchers Win ImageNet Computer Vision Challenge", *AI Blog*, Microsoft,Dec.10, 2015.

13　A. Hern, "Computers Now Better than Humans at Recognising and Sorting Images", *Guardian*, May 13, 2015; T. Benson, "Microsoft Has Developed a Computer System That Can Identify Objects Better than Humans", JPI, Feb. 14, 2015.

14　A. Karpathy, "What I Learned from Competing Against a ConvNets on ImageNet", Sept. 2, 2014.

15　S. Lohr, "A Lesson of Tesla Crashes? Computer Vision Can't Do It All Yet", *New York Times*, Sept. 19, 2016.

06　人类与机器学习的关键差距

1　关注 2016 年美国总统大选的读者，能够看出这是伯尼·桑德斯（Bernie Sanders）的支持者们的口号"感受伯尼"（Feel the Bern）的双关语。

2　E. Brynjolfsson and A. McAfee, "The Business of Artificial Intelligence", *Harvard Business Review*, July 2017.

3　O.Tanz, "Can Artificial Intelligence Identify Pictures Better than Humans?", *Entrepreneur*, April 1, 2017.

4　D. Vena, "3 Top AI Stocks to Buy Now", *Motley Fool,* March 27, 2017.

5　C. Metz, "A New Way for Machines to See, Taking Shape in Toronto", *New York Times*, Nov. 28, 2017.

6　J. Tanz, "Soon We Won't Program Computers. We'll Train Them Like Dogs", *Wired*, May 17, 2016.

7　摘自沈向洋 2017 年 6 月在举行于华盛顿州雷德蒙德的微软学术峰会上的演讲。

8   J. Lanier, *Who Owns the Future?* (New York: Simon & Schuster, 2013).

9   Tesla's *Customer Privacy Policy*, accessed Dec. 7, 2018.

10   T. Bradshaw, "Self-Driving Cars Prove to Be Labour-Intensive for Humans", *Financial Times*, July 8, 2017.

11   "Ground Truth Datasets for Autonomous Vehicles", Mighty AI, accessed Dec. 7, 2018.

12   "Deep Learning in Practice: Speech Recognition and Beyond", EmTech Digital video, May 23, 2016.

13   Y. Bengio, "Machines That Dream", in *The Future of Machine Intelligence: Perspectives from Leading Practitioners*, ed. D. Beyer (Sebastopol, Calif.: O'Reilly Media), 14.

14   W. Landecker et al., "Interpreting Individual Classifications of Hierarchical Networks", in *Proceedings of the 2013 IEEE Symposium on Computational Intelligence and Data Mining* (2013), 32–38.

15   M. R. Loghmani et al., "Recognizing Objects in-the-Wild: Where Do We Stand?", in *IEEE International Conference on Robotics and Automation* (2018), 2170–2177.

16   H. Hosseini et al., "On the Limitation of Convolutional Neural Networks in Recognizing Negative Images", in *Proceedings of the 16th IEEE International Conference on Machine Learning and Applications* (2017), 352–358; R. Geirhos et al., "Generalisation in Humans and Deep Neural Networks", *Advances in Neural Information Processing Systems* 31 (2018): 7549–7561; M. Alcorn et al., "Strike (with) a Pose: Neural Networks Are Easily Fooled by Strange Poses of Familiar Objects", arXiv:1811.11553(2018).

17   M.Orcutt, "Are Face Recognition Systems Accurate? Depends on Your

Race", *MIT Technology Review*, July 6, 2016.

18 J. Zhao et al., "Men Also Like Shopping: Reducing Gender Bias Amplification Using Corpus-Level Constraints", in *Proceedings of the 2017 Conference on Empirical Methods in Natural Language Processing* (2017).

19 W. Knight, "The Dark Secret at the Heart of AI", *MIT Technology Review*, April 11, 2017.

20 C. Szegedy et al., "Intriguing Properties of Neural Networks", in *Proceedings of the International Conference on Learning Representations* (2014).

21 A. Nguyen, J. Yosinski, and J. Clune, "Deep Neural Networks Are Easily Fooled: High Confidence Predictions for Unrecognizable Images", in *Proceedings of the IEEE Conference on Computer Vision and Pattern Recognition* (2015), 427–436.

22 M. Mitchell, *An Introduction to Genetic Algorithms* (Cambridge, Mass.: MIT Press, 1996).

23 Nguyen, Yosinski, and Clune, "Deep Neural Networks Are Easily Fooled".

24 M. Sharif et al., "Accessorize to a Crime: Real and Stealthy Attacks on State-of-the-Art Face Recognition", in *Proceedings of the 2016 ACM SIGSAC Conference on Computer and Communications Security* (2016), 1528–1540.

25 K. Eykholtetal., "Robust Physical-World Attacks on Deep Learning Visual Classification", in *Proceedings of the IEEE Conference on Computer Vision and Pattern Recognition*(2018), 1625–1634.

26 S. G. Finlayson et al., "Adversarial Attacks on Medical Machine Learning", *Science* 363, no. 6433 (2019): 1287–1289.

27 W. Knight, "How Long Before AI Systems Are Hacked in Creative New Ways?", *MIT Technology Review*, Dec. 15, 2016.

28 J. Clune, "How Much Do Deep Neural Networks Understand About the Images They Recognize?", lecture slides (2016), accessed Dec. 7, 2018.

07 确保价值观一致，构建值得信赖、有道德的人工智能

1 D. Palmer, "AI Could Help Solve Humanity's Biggest Issues by Taking Over from Scientists, Says DeepMind CEO", *Computing*, May 26, 2015.

2 S. Lynch, "Andrew Ng: Why AI Is the New Electricity", *Insights by Stanford Business*, March 11, 2017.

3 J. Anderson, L. Rainie, and A. Luchsinger, "Artificial Intelligence and the Future of Humans", Pew Research Center, Dec. 10, 2018.

4 关于人工智能和大数据的道德问题的两种最新处理方法参见 C. O'Neil, *Weapons of Math Destruction: How Big Data Increases Inequality and Threatens Democracy* (New York: Crown, 2016) 和 H. Fry, *Hello World: Being Human in the Age of Algorithms* (New York: W. W. Norton, 2018)。

5 C. Domonoske, "Facebook Expands Use of Facial Recognition to ID Users in Photos", National Public Radio, Dec. 19, 2017.

6 H. Hodson, "Face Recognition Row over Right to Identify You in the Street", *New Scientist*, June 19, 2015.

7 J. Snow, "Amazon's Face Recognition Falsely Matched 28 Members of Congress with Mugshots", Free Future (blog), ACLU, July 26, 2018.

8 B. Brackeen, "Facial Recognition Software Is Not Ready for Use by Law Enforcement", *Tech Crunch*, June 25, 2018.

9 B. Smith, "Facial Recognition Technology: The Need for Public Regulation and Corporate Responsibility", Microsoft on the Issues (blog), Microsoft, July 13, 2018.

10　K. Walker, "AI for Social Good in Asia Pacific", Around the Globe (blog), Google, Dec. 13, 2018.

11　B.Goodman and S.Flaxman, "European Union Regulations on Algorithmic DecisionMaking and a 'Right to Explanation'", *AI Magazine* 38, no. 3 (Fall 2017): 50-57.

12　"Article 12, EU GDPR: Transparent Information, Communication, and Modalities for the Exercise of the Rights of the Data Subject", EU General Data Protection Regulation, accessed Dec. 7, 2018.

13　Partnership on AI website, accessed Dec. 18, 2018.

14　关于此主题的延伸阅读，参见 W. Wallach and C. Allen, *Moral Machines: Teaching Robots Right from Wrong* (New York: Oxford University Press, 2008)。

15　I. Asimov, *I, Robot* (Bantam Dell, 2004), 37, (First edition: Grove, 1950).

16　A. C. Clarke, *2001: A Space Odyssey* (London: Hutchinson & Co, 1968).

17　同上，192。

18　N. Wiener, "Some Moral and Technical Consequences of Automation", *Science* 131, no. 3410 (1960): 1355-1358.

19　J. J. Thomson, "The Trolley Problem", *Yale Law Journal* 94, no. 6 (1985): 1395-1415.

20　J. Achenbach, "Driverless Cars Are Colliding with the Creepy Trolley Problem", *Washington Post*, Dec. 29, 2015.

21　J.-F. Bonnefon, A. Shariff, and I. Rahwan, "The Social Dilemma of Autonomous Vehicles", *Science* 352, no. 6293 (2016): 1573-1576.

22　J. D. Greene, "Our Driverless Dilemma", *Science* 352, no. 6293 (2016): 1514-1515.

23 M. Anderson and S. L. Anderson, "Machine Ethics: Creating an Ethical Intelligent Agent", *AI Magazine* 28, no. 4 (2007): 15.

08 强化学习，最重要的是学会给机器人奖励

1 A. Sutherland, "What Shamu Taught Me About a Happy Marriage", *New York Times*, June 25.

2 更确切地说，这是一种被称为"值函数学习"（value learning）的强化学习方法，但并不是唯一可行的方法。还有一种被称为"策略学习"(policy learning) 的强化学习方法，其目标是直接学习一个给定状态下要执行的动作，而非首先学习如何获得更优动作的值。

3 C. J. Watkins & P. Dayan, "Q-Learning", *Machine Learning* 8, nos. 3-4 (1992): 279-292.

4 与强化学习有关的详细技术性介绍，参阅 R. S. Sutton and A. G. Barto, *Reinforcement Learning: An Introduction*, 2nd ed. (Cambridge, Mass.: MIT Press, 2017)。

5 参考示例，请查阅如下文章: P. Christiano et al., "Transfer from Simulation to Real World Through Learning Deep Inverse Dynamics Model", arXiv:1610.03518 (2016); J. P. Hanna and P. Stone, "Grounded Action Transformation for Robot Learning in Simulation", in *Proceedings of the Conference of the American Association for Artificial Intelligence* (2017), 3834-3840; A. A. Rusu et al.,"Sim-to-Real Robot Learning from Pixels with Progressive Nets", in *Proceedings of the First Annual Conference on Robot Learning*, CoRL (2017); S. James, A. J. Davison,and E. Johns, "Transferring End-to-End Visuomotor Control from Simulation to Real World for a Multi-stage Task", in *Proceedings of the First Annual Conference on Robot Learning*, CoRL (2017); M. Cutler, T. J. Walsh, and J. P. How, "Real-World Reinforcement Learning via Multifidelity Simulators", *IEEE Transactions on Robotics* 31, no. 3 (2015): 655-671。

09 学会玩游戏，智能究竟从何而来

1 P. Iwaniuk, "A Conversation with Demis Hassabis, the Bullfrog AI Prodigy Now Finding Solutions to the World's Big Problems", *PCGamesN*, accessed Dec. 7, 2018.

2 "From Not Working to Neural Networking", *Economist*, June 25, 2016.

3 M. G. Bellemare et al., "The Arcade Learning Environment: An Evaluation Platform for General Agents", *Journal of Artificial Intelligence Research* 47 (2013): 253–279.

4 这里更深层的技术性原理是：DeepMind 的程序使用了一种被称为"epsilon-greedy"的方法来选择每个时步的动作。程序以 *epsilon* 的概率随机选择一个动作；以 1–*epsilon* 的概率选择具有最高值的动作。*epsilon* 是一个介于 0 和 1 之间的数值，其初始值被设置为接近 1，经多个片段训练后逐渐减小。

5 R. S. Sutton and A. G. Barto, *Reinforcement Learning: An Introduction*, 2nd ed. (Cambridge, Mass.: MIT Press, 2017), 124.

6 更多细节参见 V. Mnih et al., "Human-Level Control Through Deep Reinforcement Learning", Nature 518, no. 7540 (2015): 529。

7 V. Mnih et al., "Playing Atari with Deep Reinforcement Learning", *Proceedings of the Neural Information Processing Systems (NIPS) Conference, Deep Learning Workshop* (2013).

8 "Arthur Samuel", History of Computer website.

9 塞缪尔的程序使用了可变数量的层，具体选择哪种，取决于行棋动作。

10 塞缪尔的程序在每一轮还使用了一种被称为"alpha-beta 剪枝"的方法来确定博弈树中的哪些节点不需要被评估。alpha-beta 剪枝也是 IBM 的国际象棋程序深蓝的重要组成部分。

11 更多细节，参见 A. L. Samuel, "Some Studies in Machine Learning Using the Game

of Checkers", *IBM Journal of Research and Development* 3, no. 3 (1959): 210-229。

12 同上。

13 J. Schaeffer et al., "CHINOOK: The World Man-Machine Checkers Champion", *AI Magazine* 17, no. 1 (1996): 21.

14 D. Hassabis, "Artificial Intelligence: Chess Match of the Century", *Nature* 544 (2017):413-414.

15 A. Newell, J. Calman Shaw, and H. A. Simon, "Chess-Playing Programs and the Problem of Complexity", *IBM Journal of Research and Development* 2, no. 4 (1958): 320-335.

16 M. Newborn, *Deep Blue: An Artificial Intelligence Milestone* (New York: Springer, 2003), 236.

17 J. Goldsmith, "The Last Human Chess Master", *Wired*, Feb. 1, 1995.

18 M. Y. Vardi, "Artificial Intelligence: Past and Future", *Communications of the Association for Computing Machinery* 55, no. 1 (2012): 5.

19 A. Levinovitz, "The Mystery of Go, the Ancient Game That Computers Still Can't Win", *Wired*, May 12, 2014.

20 G. Johnson, "To Test a Powerful Computer, Play an Ancient Game", *New York Times*, July 29, 1997.

21 "S. Korean Go Player Confident of Beating Google's AI", Yonhap News Agency, Feb. 23, 2016.

22 M. Zastrow, "I'm in Shock: How an AI Beat the World's Best Human at Go", *New Scientist*, March 9, 2016.

23 C. Metz, "The Sadness and Beauty of Watching Google's AI Play Go", *Wired*,

March 11,2016.

24 "For Artificial Intelligence to Thrive, It Must Explain Itself", *The Economist*, Feb. 15, 2018.

25 P. Taylor, "The Concept of 'Cat Face' ", *London Review of Books*, Aug. 11, 2016.

26 S. Byford, "DeepMind Founder Demis Hassabis on How AI Will Shape the Future", *Verge*, March 10, 2016.

27 D. Silver et al., "Mastering the Game of Go Without Human Knowledge", *Nature*,550 (2017): 354-359.

28 D. Silver et al., "A General Reinforcement Learning Algorithm That Masters Chess,Shogi, and Go Through Self-Play", *Science* 362, no. 6419 (2018): 1140-1144.

10 游戏只是手段，通用人工智能才是目标

1 P. Iwaniuk, "A Conversation with Demis Hassabis, the Bullfrog AI Prodigy Now Finding Solutions to the World's Big Problems", *PCGamesN*, accessed Dec. 7, 2018.

2 E. David, "DeepMind's AlphaGo Mastered Chess in Its Spare Time", Silicon Angle, Dec. 6, 2017.

3 还有一个示例，也是在游戏领域：DeepMind 在 2018 年发表了一篇论述强化学习系统的论文，他们声称该系统在不同的雅达利游戏上表现出了某种程度的迁移能力。L. Espeholt et al., "Impala: Scalable Distributed Deep-RL with Importance Weighted Actor-Learner Architectures", in *Proceedings of the International Conference on Machine Learning* (2018), 1407-1416。

4 D. Silver et al., "Mastering the Game of Go Without Human Knowledge", *Nature 550* (2017): 354-359.

5 G. Marcus, *Innateness, AlphaZero, and Artificial Intelligence.* arXiv: 1801.05667(2018).

6 F. P. Such et al., "Deep Neuroevolution: Genetic Algorithms Are a Competitive Alternative for Training Deep Neural Networks for Reinforcement Learning", *Proceedings of the Neural Information Processing Systems (NIPS) Conference, Deep Reinforcement Learning Workshop* (2018).

7 M. Mitchell, *An introduction to genetic algorithms*. (Cambridge, Mass.: MIT Press,1996).

8 Marcus, "*Innateness, AlphaZero, and Artificial Intelligence*".

9 G. Marcus, "Deep Learning: A Critical Appraisal", arXiv:1801.00631 (2018).

10 K. Kansky et al., "Schema Networks: Zero-Shot Transfer with a Generative Causal Model of Intuitive Physics", in *Proceedings of the International Conference on Machine Learning* (2017), 1809–1818.

11 A. A. Rusu et al., "Progressive Neural Networks", arXiv:1606.04671 (2016).

12 Marcus, "Deep Learning".

13 N. Sonnad and D. Gershgorn, "Q&A: Douglas Hofstadter on Why AI Is Far from Intelligent", *Quartz*, Oct. 10, 2017.

14 实际上，一些机器人研发团队已经在开发洗碗机装载机器人了，尽管没有一个团队运用强化学习或任何其他机器学习方法来训练它们。关于这些机器人，有一些令人印象深刻的视频，例如，"Robotic Dog Does Dishes, Plays Fetch", NBC New York, June 23, 2016。很明显这些机器人仍然有很大的局限性，并且还无法解决我们家每天晚上关于谁来洗碗的争论。

15 A. Karpathy, "AlphaGo, in Context", *Medium*, May 31, 2017.

11 词语，以及与它一同出现的词

1 《餐厅际遇》这个故事的灵感来源于罗杰·尚克（Roger Schank）和他的同事在自然语言

理解方面的工作中创造的类似的小故事（Schank, R. C. and Riesbeck, C. K., 2013, *Inside Computer Understanding: Five Programs Plus Miniatures*. Psychology Press），以及约翰·瑟尔的《思想、大脑和程序》[Searle, J. R., 1980, Minds, Brains, and Programs, *Behavioral and Brain Sciences*, 3(3), 417-424]。

2　G. Hinton, et al. (2012). Deep neural networks for acoustic modeling in speech recognition: The shared views of four research groups. *IEEE Signal Processing Magazine*, 29 (6), 82-97.

3　J. Dean, "Large Scale Deep Learning", slides from keynote lecture, Conference on Information and Knowledge Management (CIKM), Nov. 2014, accessed Dec. 7, 2018.

4　S. Levy, "The iBrain Is Here, and It's Already in Your Phone". *Wired*, Aug. 24, 2016.

5　在语音识别相关文献中，最常用的度量指标是在大型短音频片段集合上的"单词错误率"。尽管当下最先进的语音识别系统应用在这种集合上的单词错误率比人类要低，但当使用现实的语音进行测试时，例如，嘈杂的或带口音的讲话、带有歧义的语言，机器语音识别的表现仍然显著不如人类。在 A. Hannun, "Speech Recognition Is Not Solved", accessed Dec. 7, 2018 一文中给出了对于其中一些争论的概述。

6　Hansen, J. H. & Hasan, T. (2015). "Speaker recognition by machines and humans: A tutorial review". *IEEE Signal Processing Magazine*, 32, no. 6 (2015), 74-99 对现代语音识别算法的工作原理给出了一个很好的技术概述。

7　这些评论来自亚马逊网站，我只是稍微编辑了一下。

8　在撰写本文时，人们还在为一家名为"剑桥分析"（Cambridge Analytica）的数据分析公司利用数千万个 Facebook 账户的数据帮助投放政治广告而感到震惊，他们很可能使用了情绪分类等技术。

9　回顾第 02 章，在一个神经网络中，每个单元需要将其输入乘以权重并求和，只有当输入为数字时，才能执行这种计算。

10 J. Firth, (1957). "A synopsis of linguistic theory 1930-1955", in *Studies in Linguistic Analysis*, (Oxford: Philological Society, 1957), 1-32.

11 A. Lenci, (2008). "Distributional semantics in linguistic and cognitive research". *Italian Journal of Linguistics* 20, no. 1 (2008): 1-31.

12 在物理学中，"向量"这一术语通常被定义为：具有大小和方向的量。这个定义也适用于我在本文中提到的词向量：任何词向量都可以用代表单词的点的坐标来唯一地描述，它的大小是从原点到该点的线段长度，方向是这条线段与坐标轴的夹角。

13 T. Mikolov, et al. (2013). "Efficient Estimation of Word Representations in Vector Space", in *Proceedings of the International Conference on Learning Representations* (2013).

14 Word2vec, Google Code Archive, code. google.com/archive/p/word2vec/. 词向量的另一种英文表述为 "word embeddings"。

15 此处，我举例说明了"跳字模型"（skip-gram）方法的一个版本，它是 Mikolov et al., "Efficient Estimation of Word Representations in Vector Space"一文中提出的两种方法之一。

16 同上。

17 我使用了 http://bionlp-www.utu.fi/wv_demo/ 上的 word2vec 原型，并通过"English Google News Negative300"模型来获得这些结果。

18 即在向量算术问题 *man-woman = king-x* 中对 *x* 求解。两个向量坐标的加减运算法则是：将它们对应的坐标进行加减运算，例如，(3, 2, 4) - (1,1,1) = (2,1,3)。

19 bionlp-www.utu.fi/wv_demo/.

20 R. Kiros et al., "Skip-Thought Vectors", in Advances in Neural Information Processing Systems 28 (2015), 3294-3302.

21 H. Devlin, "Google a Step Closer to Developing Machines with Human-Like Intelligence", *Guardian*, May 21, 2015.

22 Y. LeCun, "What's Wrong with Deep Learning?", lecture slides, p. 77, accessed Dec. 14, 2018.

23 T. Bolukbasi et al., "Man Is to Computer Programmer as Woman Is to Homemaker? Debiasing Word Embeddings", in *Advances in Neural Information Processing Systems* 29 (2016), 4349–4357.

24 J. Zhao et al., "Learning Gender-Neutral Word Embeddings", in *Proceedings of the 2018 Conference on Empirical Methods in Natural Language Processing* (2018), 4847–53, and A. Sutton, T. Lansdall-Welfare, and N. Cristianini, "Biased Embeddings from Wild Data: Measuring, Understanding, and Removing", in *Proceedings of the International Symposium on Intelligent Data Analysis* (2018) 328–339.

12 机器翻译，仍然不能从人类理解的角度来理解图像与文字

1 Q. V. Le and M. Schuster, "A Neural Network for Machine Translation, at Production Scale", *AI Blog*, Google, Sept. 27, 2016.

2 Weaver, W. (1955). Translation. In W. N. Locke and A. D. Booth (eds.) *Machine Translation of Languages*. ed. W. N. Locke and A. D. Booth (New York: Technology Press and John Wiley & Sons, 1955), 15–23.

3 这是谷歌翻译在大多数语言上使用的方法。在撰写本书时，对于某些很少见的语言，谷歌翻译还没有将其翻译方式转换为神经网络翻译。

4 Wu, Y. et al. (2016). Google's neural machine translation system: Bridging the gap between human and machine translation.arXiv preprint arXiv:1609.08144.

5 在谷歌的神经机器翻译系统中，对词向量的学习是整个网络训练过程的一部分。

6 更具体地说，解码器网络的输出是网络词汇表中（此处是法语）每个可能单词出现的概率。更多细节见 Wu, Y. et al. (2016). Google's Neural Machine Translation System。

7 在撰写本书时，谷歌翻译和其他翻译系统是逐句进行翻译的。下文介绍了一个超越逐句翻译的研究实例。Werlen, L. M., and Popescu-Belis, A. (2017). "Using coreference links to

improve Spanish-to-English machine translation", In *Proceedings of the 2nd Workshop on Coreference Resolution Beyond OntoNotes* (2017), 30-40.

8　S. Hochreiter and J. Schmidhuber, "Long Short-Term Memory", *Neural Computation* 9, no. 8 (1997): 1735-1780.

9　Wu, Y. et al. (2016). Google's Neural Machine Translation System.

10　同上。

11　T. Simonite, "Google's New Service Translates Languages Almost as Well as HumansCan", *MIT Technology Review*, Sept. 27, 2016.

12　A. Linn, "Microsoft Reaches a Historic Milestone, Using AI to Match Human Performancein Translating News from Chinese to English", *AI Blog,* Microsoft, March 14,2018.

13　"IBM Watson Is Now Fluent in Nine Languages (and Counting)", *Wired*, Oct. 6, 2016.

14　A. Packer, "Understanding the Language of Facebook", EmTech Digital video lecture, May 23, 2016.

15　DeepL Pro, press release, March 20, 2018.

16　K. Papineni et al., "BLEU: A Method for Automatic Evaluation of Machine Translation", in *Proceedings of the 40th Annual Meeting of the Association for Computational Linguistics*, pp. 311-318.

17　Wu et al., "Google's Neural Machine Translation System"; H. Hassan et al., "Achieving HumanParity on Automatic Chinese to English News Translation", arXiv:1803.05567 (2018).

18　关于谷歌翻译对于其所翻译的内容缺乏理解的相关问题的深入讨论，请参见 D. R. Hofstadter, "The shallowness of Google Translate", *The Atlantic*, January 30, 2018。

19 D. R. Hofstadter, *Gödel, Escher, Bach: an Eternal Golden Braid* (New York: Basic Books, 1979), 603.

20 E. Davis and G. Marcus, "Commonsense Reasoning and Commonsense Knowledge in Artificial Intelligence", *Communications of the ACM* 58, no. 9 (2015): 92-103.

21 O. Vinyals et al., "Show and Tell: A Neural Image Caption Generator", in *Proceedings of the IEEE Conference on Computer Vision and Pattern Recognition* (2015), 3156-64; A. Karpathy and L. Fei-Fei, "Deep Visual-Semantic Alignments for Generating Image Descriptions", in *Proceedings of the IEEE Conference on Computer Vision and Pattern Recognition* (2015), 3128-3137.

22 Figure 39 is a simplified version of the system described in Vinyals et al., "Show and Tell".

23 J. Markoff, "Researchers Announce Advance in Image-Recognition Software", *New York Times*, Nov. 17, 2014.

24 J. Walker, "Google's AI Can Now Caption Images Almost as Well as Humans", *Digital Journal*, Sept. 23, 2016.

25 A. Linn, "Picture This: Microsoft Research Project Can Interpret, Caption Photos", *AI Blog*, May 28, 2015.

26 Microsoft CaptionBot, www.CaptionBot.ai.

13 虚拟助理——随便问我任何事情

1 F. Manjoo, "Where No Search Engine Has Gone Before", *Slate*, April 11, 2013.

2 C. Thompson, "What is IBM's Watson?", *New York Times Magazine*, June 16, 2010.

3 K. Johnson, "How 'Star Trek' Inspired Amazon's Alexa", *Venture Beat*, June 7, 2017.

4 Wikipedia, s.v. "Watson (computer)", accessed Dec. 16, 2018.

5 Thompson, "What Is IBM's Watson"?

6 在电视节目《辛普森一家》(*The Simpsons*)中走红的一个流行语。

7 K. Jennings, "The Go Champion, the Grandmaster, and Me", *Slate*, March 15, 2016.

8 D. Kawamoto, "Watson Wasn't Perfect: IBM Explains the 'Jeopardy!' Errors", Aol, accessed Dec. 16, 2018.

9 J. C. Dvorak, "Was IBM's Watson a Publicity Stunt from the Start?", *PC Magazine*, Oct. 30, 2013.

10 M. J. Yuan, "Watson and Healthcare", IBM Developer website, April 12, 2011.

11 "Artificial Intelligence Positioned to Be a Game-Changer", *60 Minutes*, Oct. 9, 2016.

12 C. Ross and I. Swetlitz, "IBM Pitched Its Watson Supercomputer as a Revolution in Cancer Care. It's Nowhere Close", *Stat News*, Sept. 5, 2017.

13 P. Rajpurkar et al., "SQuAD: 100 000+ Questions for Machine Comprehension of Text", in *Proceedings of the 2016 Conference on Empirical Methods in Natural Language Processing* (2016), 2383–2392.

14 同上。

15 A. Linn, "Microsoft Creates AI That Can Read a Document and Answer QuestionsAbout It as Well as a Person", *AI Blog*, Microsoft, Jan. 15, 2018.

16 "AI Beats Humans at Reading Comprehension for the First Time", Technology. org,Jan. 17, 2018.

17 D. Harwell, "AI Models Beat Humans at Reading Comprehension but They've Still Got a Ways to Go" , *Washington Post*, Jan. 16, 2018.

18 P. Clark et al., "Think You Have Solved Question Answering? Try ARC, the AI2 Reasoning Challenge" , arXiv:1803.05457 (2018).

19 同上。

20 ARC Dataset Leaderboard, Allen Institute for Artificial Intelligence, accessed Dec. 17, 2018.

21 以下这些案例来自E. Davis, L. Morgenstern, and C. Ortiz, "The Winograd Schema Challenge" , accessed Dec. 17, 2018。

22 T. Winograd, *Understanding Natural Language* (New York: Academic Press, 1972).

23 H. J. Levesque, E. Davis, and L. Morgenstern, "The Winograd Schema Challenge" , in *AAAI Spring Symposium: Logical Formalizations of Commonsense Reasoning* (American Association for Artificial Intelligence, 2011), 47.

24 T. H. Trinh and Q. V. Le, "A Simple Method for Commonsense Reasoning" , arXiv:1806.02847 (2018).

25 K. Bailey, "Conversational AI and the Road Ahead" , *Tech Crunch*, Feb. 25, 2017.

26 H. Chen et al., "Attacking Visual Language Grounding with Adversarial Examples: A Case Study on Neural Image Captioning" in *Proceedings of the 56th Annual Meeting of the Association for Computational Linguistics*, vol. 1, *Long Papers* (2018), 2587–2597.

27 N. Carlini and D. Wagner, "Audio Adversarial Examples: Targeted Attacks on Speech-to-Text" , in *Proceedings of the First Deep Learning and Security Workshop* (2018).

28 R. Jia and P. Liang, "Adversarial Examples for Evaluating Reading Comprehension Systems", in *Proceedings of the 2017 Conference on Empirical Methods in Natural Language Processing* (2017).

29 C. D. Manning, "Last Words: Computational Linguistics and Deep Learning", *Nautilus*, April 2017.

14　正在学会"理解"的人工智能

1　G.-C. Rota, "In Memoriam of Stan Ulam: The Barrier of Meaning", *Physica D Nonlinear Phenomena* 22 (1986): 1-3.

2　在我关于这个主题的一次讲座中，一位学生问道："为什么人工智能系统需要具有像人类那样的理解方式？为什么我们不能接受人工智能采取一种不同的理解方式？"除了我根本不知道这种"不同的理解方式"可能意味着什么之外，我的观点是：如果人工智能系统要与我们人类进行互动，它们就需要以和人类基本相同的方式去理解其所遇到的情境。

3　"核心知识"一词被心理学家伊丽莎白·斯佩克（Elizabeth Spelke）和她的合作者使用得最多，例如，E. S. Spelke and K. D. Kinzler, "Core Knowledge", *Developmental Science* 10, no. 1 (2007): 89-96。许多其他认知科学家也表达过类似的观点。

4　心理学家使用"直觉"一词，是因为这些基础知识从小就在我们的思想中根深蒂固，这种知识对我们来说是不言自明的，而且其中大部分是存储在我们的潜意识中的。大量心理学家已经证明，人类对物理、概率和其他领域的一些常见的直觉实际上是错误的。例如，A. Tversky and D. Kahneman, "Judgment Under Uncertainty: Heuristics and Biases", *Science* 185, no. 4157 (1974): 1124-1131; and B. Shanon, "Aristotelianism, Newtonianism, and the Physics of the Layman", *Perception* 5, no. 2 (1976): 241-243。

5　劳伦斯·巴斯劳在他的一篇文章中对这种心智模拟做了详细的论述，参见 L. W. Barsalou, "Perceptual Symbol Systems", *Behavioral and Brain Sciences* 22 (1999): 577-660。

6　侯世达指出：当一个人遇到、记起、想到某种情境或读到关于某种情境的描述性文字时，这个人头脑中关于此情境的描述将包括在这一情境下可能出现的若干个变化的"光环"，侯世达将其称为"隐含的反事实领域"（implicit counterfactual sphere），其中包括那些从未有过，但我们忍不住去想的东西。D. R. Hofstadter, *Metamagical Themas* (New York: Basic Books, 1985), 247。

7 L. W. Barsalou, "Grounded Cognition", *Annual Review of Psychology* 59 (2008): 617-645.

8 L. W. Barsalou, "Situated Simulation in the Human Conceptual System", *Language and Cognitive Processes* 18, no. 5-6 (2003): 513-62. A.E.M. Underwood, "Metaphors", Grammarly (blog), accessed Dec. 17, 2018.

9 A.E.M. Underwood, "Metaphors", Grammarly (blog), accessed Dec. 17, 2018.

10 G. Lakoff and M. Johnson, *Metaphors We Live By* (Chicago: University of Chicago Press, 1980).

11 L. E. Williams and J. A. Bargh, "Experiencing Physical Warmth Promotes Interpersonal Warmth", *Science* 322, no. 5901 (2008): 606-607.

12 C. B. Zhong and G. J. Leonardelli, "Cold and Lonely: Does Social Exclusion Literally Feel Cold?", *Psychological Science* 19, no. 9 (2008): 838-842.

13 D. R. Hofstadter, *I Am a Strange Loop* (New York: Basic Books, 2007). 这段引文摘自该书的勒口。我的描述也呼应了哲学家丹尼尔·丹尼特（Daniel Dennett）在其著作 *Consciousness Explained* (New York: Little, Brown, 1991) 中提出的观点。

14 这种"语言性生产力"（linguistic productivity）在下列文献中有论述：D. R. Hofstadter and E. Sander, *Surfaces and Essences: Analogy as the Fuel and Fire of Thinking* (New York: Basic Books, 2013), 129; A. M. Zwicky and G. K. Pullum, "Plain Morphology and Expressive Morphology", in *Annual Meeting of the Berkeley Linguistics Society* (1987), 13:330-340。

15 我从一个真实的法律案件中借用了这个观点。参见 "Blogs as Graffiti? Using Analogy and Metaphor in Case Law", *IdeaBlawg*, March 17, 2012。

16 D. R. Hofstadter, "Analogy as the Core of Cognition", Presidential

Lecture,Stanford University(2009), accessed Dec. 18, 2018.

17　Hofstadter and Sander, *Surfaces and Essences*, 3.

18　M. Minsky, "Decentralized Minds", *Behavioral and Brain Sciences* 3, no. 3 (1980): 439-440.

15　知识、抽象和类比，赋予人工智能核心常识

1　D. B. Lenat and J. S. Brown, "Why AM and EURISKO Appear to Work", *Artificial Intelligence* 23, no. 3 (1984): 269-294.

2　C. Metz, "One Genius'Lonely Crusade to Teach a Computer Common Sense", *Wired*, March 24, 2016.

3　雷纳特指出其公司正变得越来越能自动化地获取新论断（可能是通过网络挖掘）。来源于 D. Lenat, "50 Shades of Symbolic Representation and Reasoning", CMU Distinguished Lecture Series, accessed Dec. 18, 2018。

4　同上。

5　H. R. Ekbia, *Artificial Dreams: The Quest for Non-biological Intelligence* (Cambridge, U.K.: Cambridge UniversityPress, 2008)。此书的第 04 章对 Cyc 项目给出了一个更详细的非技术性描述。

6　Lucid company's webpage: lucid.ai.

7　P. Domingos, *The Master Algorithm* (New York: Basic Books, 2015), 35.

8　"The Myth of AI: A Conversation with Jaron Lanier", *Edge*, Nov. 14, 2014,.

9　N. Watters et al., "Visual Interaction Networks", *Advances in Neural Information Processing Systems* 30 (2017): 4539-4547; T. D. Ullman et al., "Mind Games: Game Engines as an Architecture for Intuitive Physics", *Trends in Cognitive Sciences* 21, no. 9 (2017): 649-665; and K. Kansky et al., "Schema Networks: Zero-Shot Transfer with a Generative Causal Model of Intuitive Physics", in

Proceedings of the International Conference on Machine Learning (2017), 1809-1818.

10　J. Pearl, "Theoretical Impediments to Machine Learning with Seven Sparks from the Causal Revolution", in *Proceedings of the Eleventh ACM International Conference on Web Search and Data Mining* (2018), 3. 关于人工智能领域因果关系的深入讨论，参见 J. Pearl and D. Mackenzie, *The Book of Why: The New Science of Cause and Effect* (New York: Basic Books, 2018)。

11　一个关于深度学习中缺失了什么的更有内涵的讨论，参见 G. Marcus, "Deep Learning: A Critical Appraisal", arXiv:1801.00631 (2018)。

12　DARPA Fiscal Year 2019 Budget Estimates, Feb. 2018, accessed Dec. 18, 2018.

13　English version: M. Bongard, *Pattern Recognition* (New York: Spartan Books, 1970).

14　我这里给出的所有邦加德问题的图片均是从哈里·方达里斯（Harry Foundalis）的邦加德问题网站上下载的，这个网站给出了邦加德的 100 个问题以及许多由其他人创建的此类问题。

15　R. M. French, *The Subtlety of Sameness* (Cambridge, Mass.: MIT Press, 1995).

16　一个试图解决邦加德问题的尤其有趣的程序是由哈里·方达里斯创建的，当时他还是印第安纳大学侯世达研究团队的研究生。方达里斯明确表示：他在构建的不是一个"邦加德问题解决程序"，而是一个"受邦加德问题启发的认知架构"。这一程序具有与人类类似的各个层次的感知，从低级的视觉一直到抽象和类比，非常符合邦加德想要表达的内容，尽管该方案仅成功解决了少数几个邦加德问题。参见 H. E. Foundalis, "Phaeaco: A Cognitive Architecture Inspired by Bongard's Problems" (PhD diss., Indiana University, 2006)。

17　S. Stabinger, A. Rodríguez-Sánchez, and J. Piater, "25 Years of CNNs: Can We Comparet o Human Abstraction Capabilities?", in *Proceedings of the International Conference on Artificial Neural Networks* (2016), 380-387. 一项相关研究也得出了类似的结果，参见报道: J. Kim, M. Ricci, and T. Serre, "Not-So-CLEVR: Visual Relations Strain Feedforward Neural Networks", *Interface*

Focus 8, no. 4 (2018): 2018.0011。

18 这里的"大多数人"指的是：参与我的论文中一部分调研工作的人。参见 M. Mitchell, *Analogy-Making as Perception* (Cambridge, Mass.: MIT Press, 1993)。

19 侯世达在他的"GEB"一书的第19章对邦加德问题的讨论中创造了"概念滑移"这一术语。参见 D. R. Hofstadter, *Gödel, Escher, Bach: an Eternal Golden Braid* (New York: Basic Books, 1979)。

20 同上，349-351。

21 侯世达和灵活类比研究团队（Fluid Analogies Research Group）在 *Fluid Concepts and Creative Analogies: Computer Models of the Fundamental Mechanisms of Thought* (New York: Basic Books, 1995) 一书的第05章对 Copycat 进行了详细说明。基于我的论文而完成的 *Analogy-Making as Perception* 一书给出了一个更加详细的描述。

22 J. Marshall, "A Self-Watching Model of Analogy-Making and Perception", *Journal of Experimental and Theoretical Artificial Intelligence* 18, no. 3 (2006): 267-307.

23 这些程序中的某部分在侯世达和灵活类比研究团队所著的 *Fluid Concepts and Creative Analogies* 一书中有所描述。

24 A. Karpathy, "The State of Computer Vision and AI: We Are Really, Really Far Away", Andrej Karpathy blog, Oct. 22, 2012.

25 *Stanford Encyclopedia of Philosophy*, s.v. "Dualism".

26 Clark, *Being There:Putting Brain,Body,and World Together Again* (Cambridge, Mass.:MIT Press,1996) 一书对认知科学中的具身假说进行了有说服力的哲学探讨。

结语 思考6个关键问题，激发人工智能的终极潜力

1 "Automated Vehicles for Safety", National Highway Traffic Safety Administration website.

2 "Vehicle Cybersecurity: DOT and Industry Have Efforts Under Way, but DOT Needs to Define Its Role in Responding to a Real-World Attack", General Accounting Office, March 2016, accessed Dec. 18, 2018.

3 J. Crosbie, "'Ford's Self-DrivingCars Will Live Inside Urban 'Geofences'", *Inverse*, March 13, 2017.

4 J. Kahn, "To Get Ready for Robot Driving, Some Want to Reprogram Pedestrians", *Bloomberg*, Aug. 16, 2018.

5 "Artificial Intelligence, Automation, and the Economy", Executive Office of the President, Dec. 2016.

6 这可以追溯到艾伦·图灵所谓的"洛芙莱斯女士的反对"(Lady Lovelace's objection),它以埃达·洛芙莱斯女士(Ada Lovelace)的名字命名。洛芙莱斯女士是一位英国数学家、作家,曾与查尔斯·巴贝奇合作开发分析机(一项 19 世纪的未完成的可编程计算机项目)。图灵引用了洛芙莱斯女士的观点:"分析机没有动机去做任何事情,它只能够做任何我们知道如何命令它去执行的事情。" A. M. Turing, "Computing Machinery and Intelligence", *Mind* 59, no. 236 (1950): 433-460。

7 Karl Sims website, accessed Dec. 18, 2018.

8 D. Cope, *Virtual Music: Computer Synthesis of Musical Style* (Cambridge, Mass.: MIT Press, 2004).

9 G. Johnson, "Undiscovered Bach? No, a Computer Wrote It", *New York Times*, Nov. 11, 1997.

10 M. A. Boden, "Computer Models of Creativity", *AI Magazine* 30, no. 3 (2009): 23-34.

11 J. Gottschall, "The Rise of Storytelling Machines", in *What to Think About Machines That Think*, ed. J. Brockman (New York: Harper Perennial, 2015), 179-180.

12 "Creating Human-Level AI: How and When?" , video lecture, Future of Life Institute, Feb. 9, 2017.

13 A. Karpathy, "The State of Computer Vision and AI: We Are Really, Really Far Away" , Andrej Karpathy blog, Oct. 22, 2012.

14 C. L. Evans, *Broad Band: The Untold Story of the Women Who Made the Internet* (New York: Portfolio/Penguin, 2018), 24.

15 M. Campbell-Kelly et al., *Computer: A History of the Information Machine*, 3rd ed. (New York: Routledge, 2018), 80.

16 K. Anderson, "Enthusiasts and Skeptics Debate Artificial Intelligence" , *Vanity Fair*, Nov. 26, 2014.

17 O. Etzioni, "No, the Experts Don' t Think Superintelligent AI Is a Threat to Humanity" ,*MIT Technology Review*, Sept. 20, 2016, and V. C. Müller and N. Bostrom, "Future Progress in Artificial Intelligence: A Survey of Expert Opinion" ,in *Fundamental Issues of Artificial Intelligence* (Basel, Switzerland: Springer, 2016), 555–572.

18 N. Bostrom, "How Long Before Superintelligence?" ,*International Journal of Future Studies* 2 (1998).

19 D. R. Hofstadter, *Gödel, Escher, Bach: an Eternal Golden Braid* (New York: Basic Books, 1979), 677–678.

20 "The Myth of AI: A Conversation with Jaron Lanier" ,*Edge*, Nov. 14, 2014.

21 P. Domingos, *The Master Algorithm* (New York: Basic Books, 2015), 285–286.

22 "Panel: Progress in AI: Myths, Realities, and Aspirations" ,Microsoft Research video, accessed Dec.18, 2018.

23 R. Brooks, "The Origins of 'Artificial Intelligence'" ,Rodney Brooks's blog, April 27,2018.

未来，属于终身学习者

我这辈子遇到的聪明人（来自各行各业的聪明人）没有不每天阅读的——没有，一个都没有。巴菲特读书之多，我读书之多，可能会让你感到吃惊。孩子们都笑话我。他们觉得我是一本长了两条腿的书。

——查理·芒格

互联网改变了信息连接的方式；指数型技术在迅速颠覆着现有的商业世界；人工智能已经开始抢占人类的工作岗位……

未来，到底需要什么样的人才？

改变命运唯一的策略是你要变成终身学习者。未来世界将不再需要单一的技能型人才，而是需要具备完善的知识结构、极强逻辑思考力和高感知力的复合型人才。优秀的人往往通过阅读建立足够强大的抽象思维能力，获得异于众人的思考和整合能力。未来，将属于终身学习者！而阅读必定和终身学习形影不离。

很多人读书，追求的是干货，寻求的是立刻行之有效的解决方案。其实这是一种留在舒适区的阅读方法。在这个充满不确定性的年代，答案不会简单地出现在书里，因为生活根本就没有标准确切的答案，你也不能期望过去的经验能解决未来的问题。

而真正的阅读，应该在书中与智者同行思考，借他们的视角看到世界的多元性，提出比答案更重要的好问题，在不确定的时代中领先起跑。

湛庐阅读 App：与最聪明的人共同进化

有人常常把成本支出的焦点放在书价上，把读完一本书当作阅读的终结。其实不然。

时间是读者付出的最大阅读成本

怎么读是读者面临的最大阅读障碍

"读书破万卷"不仅仅在"万"，更重要的是在"破"！

现在，我们构建了全新的"湛庐阅读"App。它将成为你"破万卷"的新居所。在这里：

● 不用考虑读什么，你可以便捷找到纸书、电子书、有声书和各种声音产品；

● 你可以学会怎么读，你将发现集泛读、通读、精读于一体的阅读解决方案；

● 你会与作者、译者、专家、推荐人和阅读教练相遇，他们是优质思想的发源地；

● 你会与优秀的读者和终身学习者为伍，他们对阅读和学习有着持久的热情和源源不绝的内驱力。

下载湛庐阅读 App，
坚持亲自阅读，
有声书、电子书、阅读服务，
一站获得。

CHEERS

本书阅读资料包
给你便捷、高效、全面的阅读体验

本书参考资料   湛庐独家策划

- ✔ 参考文献
  为了环保、节约纸张，部分图书的参考文献以电子版方式提供

- ✔ 主题书单
  编辑精心推荐的延伸阅读书单，助你开启主题式阅读

- ✔ 图片资料
  提供部分图片的高清彩色原版大图，方便保存和分享

相关阅读服务   终身学习者必备

- ✔ 电子书
  便捷、高效，方便检索，易于携带，随时更新

- ✔ 有声书
  保护视力，随时随地，有温度、有情感地听本书

- ✔ 精读班
  2~4周，最懂这本书的人带你读完、读懂、读透这本好书

- ✔ 课　程
  课程权威专家给你开书单，带你快速浏览一个领域的知识概貌

- ✔ 讲　书
  30分钟，大咖给你讲本书，让你挑书不费劲

湛庐编辑为你独家呈现
助你更好获得书里和书外的思想和智慧，请扫码查收！

（阅读资料包的内容因书而异，最终以湛庐阅读App页面为准）

湛庐阅读 App

思想者的
声音图书馆

倡导亲自阅读

不逐高效，提倡大家亲自阅读，通过独立思考领悟一本书的妙趣，把思想变为己有。

阅读体验一站满足

不只是提供纸质书、电子书、有声书，更为读者打造了满足泛读、通读、精读需求的全方位阅读服务产品 —— 讲书、课程、精读班等。

以阅读之名汇聪明人之力

第一类是作者，他们是思想的发源地；第二类是译者、专家、推荐人和教练，他们是思想的代言人和诠释者；第三类是读者和学习者，他们对阅读和学习有着持久的热情和源源不绝的内驱力。

CHEERS

以一本书为核心
遇见书里书外，更大的世界

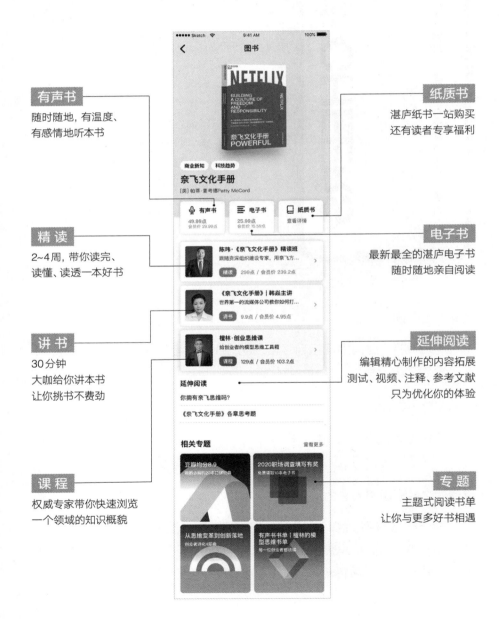

有声书
随时随地，有温度、有感情地听本书

精读
2~4周，带你读完、读懂、读透一本好书

讲书
30分钟
大咖给你讲本书
让你挑书不费劲

课程
权威专家带你快速浏览一个领域的知识概貌

纸质书
湛庐纸书一站购买
还有读者专享福利

电子书
最新最全的湛庐电子书
随时随地亲自阅读

延伸阅读
编辑精心制作的内容拓展
测试、视频、注释、参考文献
只为优化你的体验

专题
主题式阅读书单
让你与更多好书相遇

图书在版编目（CIP）数据

AI3.0 /（美）梅拉妮·米歇尔（Melanie Mitchell）著；
王飞跃等译 . — 成都：四川科学技术出版社，2021.2（2024.4重印）
书名原文：Artificial Intelligence：A Guide for Thinking
Humans
ISBN 978-7-5727-0037-8

Ⅰ . ①A… Ⅱ . ①梅… ②王… Ⅲ . ①人工智能—研究 Ⅳ .
①TP18
中国版本图书馆CIP数据核字（2020）第249220号

著作权合同登记图进字21-2020-404号

AI 3.0

AI 3.0

出 品 人　程佳月
著　　者　[美]梅拉妮·米歇尔
译　　者　王飞跃　李玉珂　王　晓　张　慧
责任编辑　肖　伊
助理编辑　陈　欣
封面设计　ablackcover.com
责任出版　欧晓春
出版发行　四川科学技术出版社
　　　　　地址：成都市锦江区三色路238号　邮政编码：610023
　　　　　官方微博：http://weibo.com/sckjcbs
　　　　　官方微信公众号：sckjcbs
　　　　　传真：028-86361756
成品尺寸　170mm×230mm
印　　张　25
字　　数　355千
印　　刷　唐山富达印务有限公司
版　　次　2021年2月第1版
印　　次　2024年4月第7次印刷
定　　价　99.90元

ISBN 978-7-5727-0037-8